Oldenbourgs

Technische Handbibliothek.

Band VI:

Hintsche, F., Der praktische Bauführer für Umbauten.

München und **Berlin.**
Druck und Verlag von R. Oldenbourg.
1906.

Der praktische Bauführer für Umbauten

Seine Tätigkeit vor und während der Bauausführung, sowohl in konstruktiver wie in geschäftlicher Beziehung.

Von

F. Hintsche,

Architekt und Baumeister.

Mit 63 Textabbildungen und 24 mehrfarbigen lithographischen Tafeln.

Textband.

München und **Berlin.**

Druck und Verlag von R. Oldenbourg.

1906.

Vorwort.

In meiner 35 jährigen Tätigkeit im Baugeschäfte und in Architekturbureaus erfuhr ich an mir selbst und beobachtete bei allen jungen Technikern, daß es nicht immer leicht ist und öfters recht lange dauert, bis man Gelegenheit findet, sich diejenigen praktischen Kenntnisse und Fähigkeiten anzueignen, die heute von einem Bauführer verlangt werden, der in jeder Beziehung seiner Aufgabe gewachsen ist.

Gilt dies schon betreffs der Bauführung von Neubauten, so ist dies in weit höherem Maße für Umbauten der Fall. Die nötige Praxis läßt sich nur auf der Baustelle erwerben und die Erfahrungen, die in unserem Berufe eine so ungeheuer wichtige Rolle spielen, kommen leider immer erst mit den Jahren.

Der Zweck des vorliegenden Buches ist, sowohl jungen Technikern, als auch jüngeren Baumeistern, Bauführern, Polieren, die nicht genügend Gelegenheit fanden, größere und schwierige Umbauten oder Auswechselungen zu bearbeiten und auszuführen, die notwendigen praktischen Anleitungen zu geben, um einen solchen Bau tadellos ausführen zu können.

Sogar jüngere Architekten und Beamte, die größere Umbauten zu beaufsichtigen haben, werden sehr viel Schätzenswertes in dem Buche finden.

Wie aus Abs. 3 des Inhaltsverzeichnisses zu ersehen ist, sind auch für Laien im Baufach, für Hausbesitzer, für Käufer und Verkäufer von Häusern, für Bankbeamte, welche die Höhe der Belehnung von Objekten zu bestimmen haben, für Versicherungsbeamte etc. höchst wertvolle Angaben über den Wert eines alten Hauses zu finden.

Außerdem sind in dem Buch sehr eingehend folgende Punkte behandelt, die einem Baugeschäft guten Ruf und Vertrauen schaffen, und es konkurrenzfähig machen:

1. Anfertigung eines sichern und verläßlichen Kostenvoranschlags, zufolgedessen jede Kostenüberschreitung ausgeschlossen ist.
2. Pünktliche Einhaltung des Fertigstellungstermines.
3. Sichere und sparsame Bauführung und glatte Abwicklung des geschäftlichen Teiles.

In der Reihenfolge, wie die Vor- und Bauarbeiten fortschreiten, soll hier nicht allein die Tätigkeit des Bauführers, sondern auch alles beschrieben werden, was der der Behörde verantwortliche Bauführer zu beobachten hat, was er wissen soll, um seine Anordnungen so zu treffen, daß er bei etwaigem Unglücksfall korrekt gehandelt hat, dann, was er wissen soll um konstruktiv richtig zu arbeiten, und schließlich, was er wissen soll, um bei möglichst solider Bauführung im Interesse des Geschäftes zu arbeiten, resp. den erhofften Gewinn zu erzielen.

Es ist bei weitem schwieriger, mit mäßigen Mitteln gut zu arbeiten, als schön zu bauen, ohne sich um den Kostenpunkt zu kümmern.

Auf Bauführungen, die hauptsächlich darauf basieren, bei übertriebener Sorgfalt alle möglichen konstruktiven und technischen Spitzfindigkeiten zu verwerten, bei denen der Nutzen zumeist in gar keinem Verhältnis zu den Kosten steht, werde ich nicht eingehen.

Mein Bestreben wird es in erster Linie sein, bei allen Vorgängen bis in die kleinsten Details einzugehen, da ich mich bei jungen Technikern unzählige Male überzeugt habe, wie notwendig dies ist. — Ich werde bei den Punkten länger verweilen, wo es auf die konstruktive Sicherheit des Baues ankommt und durch deren Vernachlässigung oder Unkenntnis die meisten Unglücksfälle entstehen.

Ich werde nur in der Praxis bewährte Konstruktionen anführen, die Vorzüge dieser und die Nachteile anderer begründen, wobei ich jedoch keineswegs behaupten will, daß meine Ansichten unfehlbare sind.

Ich weiß ferner, daß meine hier vertretene Ansicht über das, was alles Sache des Bauführers ist, nicht von jedermann geteilt wird; allein ich meinerseits habe es immer so gehalten und bin stets damit gut durchgekommen.

Auf die architektonische Ausgestaltung der Façade ist sehr wenig Gewicht gelegt; dem Zweck des Buches entsprechend, zog ich es vor, auf eine künstlerisch tadellose Façade zu verzichten, um mancherlei außergewöhnliche konstruktive Fälle anwenden zu können. — Auf statische Berechnungen von Trägern, Säulen und Ständern etc. soll auch hier nicht eingegangen werden, obwohl ein Bauführer damit vertraut sein muß; dieser Teil ist in sehr guten Werken schon vielfach publiziert. Obwohl dies letztere auch von Voranschlägen gilt, ist mir jedoch bis heute kein Werk bekannt, das Voranschläge speziell für Umbauten enthält. — Da das vorliegende Werk an der Hand eines eigens hierzu gewählten Projektes geschrieben ist, in dem möglichst viel Fälle geschaffen sind, die sich für den Zweck des Werkes eignen, so will ich auch einen sehr genauen Kostenvoranschlag beifügen, zudem eventuell der Bau zu einer Pauschalsumme übernommen werden kann. Alle diejenigen Arbeiten aber, die bei einem Umbau die gleichen sind wie bei einem Neubau, speziell innere Ausstattung, sollen hier nur flüchtig berührt werden.

Schließlich habe ich es noch für nötig befunden, einen Bauvertrag für den Bauherrn, dann einen Lieferungsvertrag mit den Geschäftsleuten beizufügen, da beide Verträge auch ziemlich abweichend von denen für einen Neubau sind.

München-Planegg, im Januar 1906.

F. Hintsche.

Inhalt des Textes.

Tafel-Verzeichnis.

Alter Bestand (Aufnahmspläne) 1 : 50.

Einreichungspläne 1 : 100.

Werkpläne 1 : 50.

Erläuterungen.

1. In den Zeichnungen sind öfter wegen Raummangel, um die Deutlichkeit der Ziffern nicht zu beeinträchtigen, Koten unter einem Meter statt mit Dezimalen in einfachen Ziffern angegeben. Es bedeutet beispielsweise 45 = 0,45 m, 8 = 0,08 m etc.
2. Schwarze Ziffern sind Koten oder Maße.
3. Schwarze Ziffern mit schwarzem Kreis sind Höhenkoten der Fußböden. Ziffern mit dem Vorzeichen + bedeuten das Maß oberhalb des Wagrisses. Ziffern mit Vorzeichen — bedeuten das Maß unterhalb des Wagrisses.
4. Schwarze Ziffern mit rotem Kreis sind die Nummern der Türen und Fenster.
5. Blaue Ziffern sind die Bezeichnung und Numerierung von Eisenteilen als: Träger, Säulen, Ständer.
6. Blaue Ziffern mit Kreis bedeuten die Auflagehöhe der Träger, + oberhalb und — unterhalb des Wagrisses.
7. Blaue starke Linien sind Träger und Schlaudern, die in der Decke des angegebenen Geschosses liegen.
8. Für die Bedeutung der verschiedenen Farben ist eine Skala auf Tafel VI zu finden.
9. Rote Ziffern mit Vorzeichen *R* bedeuten die Numerierung der einzelnen Räume.
10. Stiegen mit roten Rändern sind neue Stiegen.
11. Stiegen mit gelben Rändern sind alte, zum Abbruch bestimmte Stiegen.
12. Die Schnittlinien (Linien, wo die zugehörigen Schnitte gedacht sind) sind rot gestrichelt.
13. Es sind in dem Werk vielfach nur in Süddeutschland gebräuchliche technische Ausdrücke und Bezeichnungen angeführt, die in weiteren Kreisen unverständlich sein dürften.

In nachstehendem, alphabetisch geordnetem Verzeichnis ist angegeben, was man darunter außerhalb Süddeutschland versteht:

Abbolzung = Absteifung, provisorische Unterstützung.

Auswechselung = Umbauen, alte Baubestandteile durch andere, neue, ersetzen.

Backsteine = Mauersteine.

Bruche = ein kurzes, starkes Tau zur Aufhängung von schweren Baubestandteilen an den Aufzugshaken.

Falzbretter = 3 cm starke Bretter.

Klinkersteine = glashart gebrannte Mauersteine, Qualität wie eisenharte Trottoirsteine.

Kotieren = mit Maßen versehen.

Mittelbretter = $2\frac{1}{2}$ cm starke Bretter.

Putzlicht oder Mauerlicht = Putz- oder Mauermaß (Breite und Höhe) von verputzten oder gemauerten Maueröffnungen.

Riemlinge = 5—6 cm Bohlen.

Schlaudern = eiserne Mauer- und Balkenanker.

Schmarze, abschmarzen = eine Mauer behufs späteren Maueranschlusses vertikal mit Zahnverband versehen.

Stockschlaudern = kurze Bandeisen zur Befestigung der Fensterstöcke mit der Mauer.

Stiegenplatzl = Stiegen- oder Treppenpodest.

Tram = Balken, Tramdecke = Balkendecke.

Türleibung und Fensterleibung = Flächen in der Mauerdicke von Tür- und Fensteröffnungen.

Unterfangen = bestehende Mauerfundamente tiefer führen.

Berichtigungen.

Text: Seite 76 Post 44 ist übersehen folgendes zu veranschlagen:

Versetzen von 2 Blechständern à M. 15.—,
» » 2 Gußeisensäulen » » 6.—,
» » 2 » » » 10.—.

Auf Seite 218, Post 28, ist entweder *1 T* Nr. 28 oder 2 Stück zusammengenietete *U* Nr. 24 nötig. Statt *P* Nr. 20 und *P* Nr. 28 kann 1 Greyscher Spezialträger Nr. 24 B verwendet werden, aber beide Fälle sind irrtümlicherweise unberücksichtigt geblieben.

Tafeln: In Tafel V ist übersehen worden, für den eisernen Rollladen, Vorderfaçade, Platz zu lassen. (Siehe Tafel X.)

Auf Tafel XVIII Fig. 1 fehlen den Trägern *S1—4* die Längenmaße:

S1 und *S4* sind 60 cm lang,
S2 » *S3* » 65 » »

Tafel VI, rückwärtiges Stiegenkellerfenster, fehlen die blauen Trägernummern *S23, 24, 25.*

Auf Tafel XIX Fig. 12 (Grundriß) sind die 2 Winkel unter I. Stock, Fußboden, welche Träger und Ständer verbinden, irrtümlich als einer gezeichnet. Sie sollen so konstruiert sein, wie auf Tafel XVII *P St 3* (Vorderansicht) ersichtlich ist.

Die auf letzterer Vorderansicht ganz richtig eingezeichneten Konsolen für die Träger sind in der Seitenansicht *P St 3* nicht dargestellt.

I. Alter Bestand.

a) Beschaffung vorhandener alter Pläne.

Für die Projektierung eines Umbaues werden meistenteils vorhandene alte Pläne im Maßstabe 1 : 100 verwendet, die man, wenn sie sich nicht im Besitze des Bauherrn befinden, auf der Lokalbaubehörde jederzeit einsehen kann, wozu man jedoch immer einen Erlaubnisschein des Hausbesitzers nötig hat. Hier ist auch gestattet, sich Kopien der aufliegenden alten Pläne anzufertigen. In kleineren Städten wird sogar ein Ausheben alter Pläne aus der Magistratsregistratur gegen Anerkennung eines Reverses auf kurze Zeit gestattet; selbstredend sind hierin die jeweiligen Bestimmungen der verschiedenen Lokalbehörden mehr oder weniger abweichend.

b) Verwertung der alten Pläne.

Ehe man zur Projektierung auf Grund der alten Pläne schreitet, versäume man unter keinen Umständen Grundriß und Schnitt der letzteren zum mindesten in den Hauptmaßen in natura zu kontrollieren; meistenteils werden nach dem Projekte im Maßstabe 1 : 100 auch die Voranschläge angefertigt und ev. auf Grund dessen der Bau vom Baumeister übernommen.

Mir kam in früheren Jahren der Fall vor, daß auch nach einem solch alten Plan projektiert und übernommen, resp. zu einer fixen Summe verakkordiert wurde.

Der vorhandene Plan wurde ohne langes Besinnen zur Projektierung verwendet, in dem guten Glauben, er sei im Maßstab 1 : 100 gezeichnet. Bei Beginn der Ausführung zeigte sich, daß hier ein starker Irrtum unterlaufen war; der alte Plan war statt 1 : 100 1 : 110 gezeichnet, nicht mit Maßstab versehen, da er schon in den 40er Jahren gefertigt war, wo noch keine Lokalbaukommission vorschrieb, in welchem Maßstabe ein Plan eingereicht werden müsse.

Der Kubus des übernommenen Neubaues war demnach in Wirklichkeit ca. 25 % zu gering gerechnet und die Konsequenzen waren sehr unangenehm.

Hätte sich der Betreffende nur die Mühe genommen, vor der Projektierung ein einziges Maß des Planes mit der Wirklichkeit zu vergleichen, hätte er den Fehler vermieden.

Als vorsichtiger Techniker und Geschäftsmann soll und muß man die Zeit finden, jeden alten Bestand schon vor der Projektierungsarbeit genau aufzunehmen, sogar wenn diese Arbeit nicht extra honoriert wird; man kann mit der Tragung dieser verhältnismäßig geringen Unkosten einem Risiko von Tausenden ausweichen.

Unerläßlich ist nun aber eine unbedingt verläßliche und sehr genaue detaillierte Aufnahme, wenn zur Ausführung geschritten werden soll.

Umbauten in der Altstadt müssen gewöhnlich in der tunlichst kürzesten Frist bewerkstelligt werden, da der hohe Zinsverlust resp. Mietentgang zu sehr in die Wagschale fällt, trotzdem durch schnelles Bauen niemals die Solidität gefördert wird.

Zumeist sollen komplizierte Eisenkonstruktionen, Steinfaçaden, Spiegelscheiben, Schaufenster etc. schon fertig am Platze sein, kaum daß die Bauarbeiten recht begonnen haben. Da nun alle diese Sachen auf den Zentimeter passen müssen, begreift man leicht, wie wichtig und verantwortlich die Aufnahme des alten Bestandes ist.

2. Aufnahme des alten Bestandes.

Die Aufnahme des alten Hauses muß unter allen Umständen der Bauführer selbst machen, denn er lernt dabei ev. Schäden und schlechte Beschaffenheit des Baues kennen und kommt auf alle möglichen Sachen, die er zur Anfertigung der Werkpläne und Anfertigung des Voranschlages unerläßlich kennen muß.

a) Vorbereitungen hierzu.

Zur Ausführung jeder exakten Arbeit ist ein tadelloses Werkzeug die allererste Bedingung. Man sorge daher für folgendes: 2 Stück 5,0 m lange und 2 Stück 3,0 m lange Maßlatten, alle beiderseitig mit Eisen beschlagen und amtlich geeicht, 3—4 Mauerschnüre der Größe des Baues angemessen, resp. so lang, als die größte Dimension des Hauses ist, 2 Stück gerade Richtscheite $2\frac{1}{2}$—3 m lang, eine 4 bis 5 m lange Waglatte, sauber abgerichtet und mit parallelen Seiten, eine gute Wasserwage, 2 schwere Senkel mit sauberer Spitze und Schnur auf Haushöhe lang, 1 großes hölzernes Dreieck, Seitenlänge 1 auf 2 m, 2 eiserne Winkeleisen, 1 Dutzend starke Mauerstifte, 2 Dutzend Drahtstifte verschiedener Größe, 1 Rotstift, Blaustift, Zimmermannsbleistifte, Hammer, Handbeil, Säge, Brechzeug und Pickel; ein Reißbrett, so groß, daß der Grundriß des Objektes 1:50 Platz hat, Schiene, Dreiecke, Zirkel, Papier, Heftstifte, Gummi, 1 Stahlbandmaß. An Personal ist nötig: 1 Maurer, 2 Handlanger oder Buben. Waglatte, Wasserwage und Dreiecke untersuche man selbst, ob sie gut und brauchbar sind; ich habe immer die Erfahrung gemacht, daß sich dies rentiert; unterläßt man die Untersuchung, kann es passieren, daß man einen halben Tag lang arbeitet, aber beim Aufzeichnen merkt, daß nirgends etwas paßt. Wo fehlt's? Am Werkzeug erkennt man leider den Fehler erst zu spät, und fängt von vorn an.

Wie kontrolliert man diese Werkzeuge am einfachsten? Die Waglatte mit dem Auge zu untersuchen, ob sie gerade ist, ist nicht jedermanns Sache; es gehört viel Übung dazu und man täuscht sich sehr oft; besser ist es, dieselbe auf einen geraden Fußboden zu legen, beide Seiten mit Bleistift aufzureißen, dann die Latte zu schwenken und verkehrt aufzulegen und wieder anzuschreiben; gehen nicht alle Risse genau zusammen, ist die Latte nicht brauchbar.

Die Wasserwage setzt man auf die Waglatte und läßt sie einspielen, schreibt auf letzterer die Wage an, schwenkt sie und setzt sie genau auf die angemerkte Stelle. Ist sie

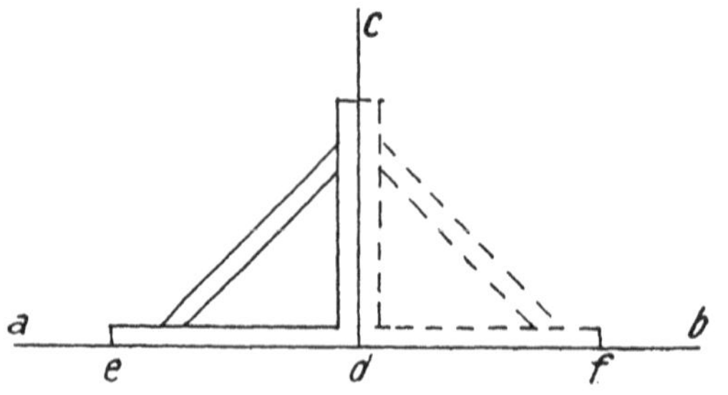

Fig. 1.

richtig, muß sie in der zweiten Stellung so gut einspielen als auf der ersten, wenn nicht, lasse man sie vom Mechaniker richten, versäume auch nicht das Unterteil zu prüfen, ob es schön gerade ist. Um Dreiecke zu untersuchen, reiße man (Fig. 1) eine Gerade *a*—*b* auf, lege das Dreieck in *e*—*d* auf den Riß und reiße vertikale *d*—*c* auf, dann lege man das Dreieck wie punktiert auf *f*, *d*, *c* und reiße wieder den Riß *c*—*d* auf; gehen nicht beide Vertikalen haarscharf aufeinander, ist das Dreieck unbrauchbar.

Ausgerüstet mit diesem nötigen, brauchbaren Werkzeug kommt man am Bau an, und es ist zuerst, womöglich im Parterre, ein Raum zu schaffen, in dem man seine Sachen unterbringen, das Reißbrett auflegen und ungestört arbeiten kann.

b) Bestimmung der Grenzen.

Mit der Arbeit ist immer an der Vorderfaçade (Straßenseite) zu beginnen. Ist das Objekt freistehend, so hat man mit der Bestimmung der Grenzen keine Schwierigkeit, da sie zu Tage liegen. Mitunter recht schwierig sind jedoch die richtigen Grenzen bei geschlossenem Bausystem zu bestimmen.

Auf Tafel I ist im Maßstab 1:50 ein Grundriß veranschaulicht, der in der Form so ungeschickt wie möglich ist, wie man dieselben jedoch massenhaft in den älteren Städtequartieren findet. Es ist nicht ein einziger rechter Winkel im Haus, auf einer Seite ist eine sog. Kommunmauer (eine Mauer, die beiden Anrainern gemeinschaftlich gehört), wo die Grenze in der Mitte dieser Mauer liegt; auf der andern Seite sind zwei zusammengebaute eigene Mauern, welche stumpf (ohne Verband) aneinander gemauert sind, wo aber nicht immer die Grenze in der Mitte liegt, wenn die Mauern verschieden stark sind. Es ist die Aufgabe gestellt: das vierstöckige Haus soll vom Keller bis inkl. 1. Stock große Verkaufsräume erhalten, alle inneren Mauern sollen herausgenommen werden und der stehenbleibende 2., 3. und 4. Stock auf Eisenkonstruktionen gesetzt werden. Die Hofumfassung bleibt stehen, während die andere Umfassung bis zum 2. Stock Hausteinpfeiler und Façade erhalten soll. Nur der rückwärtige Teil des Hauses ist unterkellert, der vordere soll neu unterkellert werden.

Es ist also hier nötig, die Grenzen, alle inneren Mauern, ebenso die Schnitte und Façaden, genau aufzunehmen, da man vor der Projektierung nicht mit Sicherheit sagen kann: diese Mauern bleiben und diese kommen heraus.

Beginnen wir mit Bestimmung der Grenze auf Punkt 1 Tafel I, wo die Kommunmauer liegt.

Nehmen wir an, daß man im Parterre die Situation vorfindet, wie Fig. 2 zeigt. Rechts von Kommunlinie 11 bis 12 ist unser Anwesen, links davon der Nachbar.

Man nehme das mitgebrachte Richtscheit *A* und lege es so zur Tür oder zum Fenster hinaus, daß die Abstände *a* und *b* Fig. 2, rechtwinklig gemessen, gleich sind; so liegt das Richtscheit parallel mit der Kommunmauerflucht. Man beschwere oder befestige das Richtscheit provisorisch in der Lage, messe den Abstand Punkt 1 bis 2 und trage dies Maß von Punkt 5 bis 6, bei 6 markiere man den Punkt durch vertikalen blauen oder roten Strich, je nach

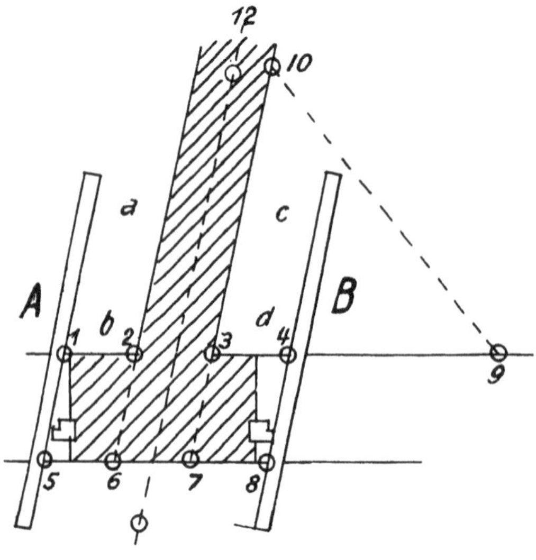

Fig. 2.

der Farbe des Untergrundes. Ist Punkt 6 fixiert, kontrolliere man nochmals, ob sich nichts verschoben hat, hauptsächlich ob Abstand *a* noch gleich *b* ist, dann entferne man die Vorrichtung. Ganz die gleiche Operation mache man bei *B* und trage Abstand 3 bis 4 nach 7 bis 8. In der Mitte von Punkt 6 und 7 liegt die Grenzlinie 11—12, welche man nicht nur mit Buntstift markiert, sondern noch einen Drahtstift so tief wie möglich einschlägt, welcher erhalten bleibt, wenn der Riß durchs Wetter verwaschen wird.

In vielen Fällen wird man die Prozedur jedoch im Parterre wegen Spiegelscheiben, Stellagen etc. nicht machen können, dann bestimme man die Grenzlinie wie oben im 1. Stock und senkle den Punkt 11 nach Fixierung ins Parterre hinunter.

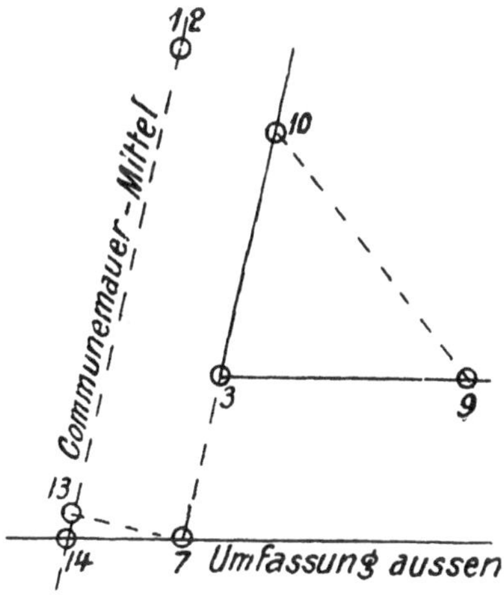

Fig. 3.

Um die richtige Stärke der Kommunmauer zu bestimmen, messe man den Winkel 3, 9, 10 in der Weise, daß man von 3 nach 9 und 3 nach 10 Abstände von 2 bis 4 m mißt (je länger je sicherer), und dann das Maß von 9 bis 10 nimmt. Man trage jetzt den Winkel 3, 9, 10 am Fußboden auf (Fig. 3), dazu die äußere Umfassungslinie 11, 7 und die Grenzlinie 11, 12. Von Punkt 7 rechtwinklig auf Punkt 13 gemessen ist die halbe Stärke der Kommunmauer. Die vielfach eingemauerten offenen Kommunmauerlöcher in Form von Fig. 3a, welche richtig angelegt bis zur Grenzlinie tief sein sollen, sind nicht immer verläßlich, sondern sind vielfach nur 15 cm tief und nur als Zeichen der Kommunmauer anzusehen.

Fig. 3a.

Um die Grenze bei Punkt 19 Tafel I, wo zwei Grenzmauern zusammenstoßen, zu bestimmen, betrachte man vorerst die Façade von außen.

Gewöhnlich sind die Abfallrohre hart aneinander herunter geleitet; in diesem Falle soll die Grenze zwischen den beiden Rohren liegen. Sind die Façaden mit Gesimsen versehen, sollen diese auf der Grenzlinie stumpf abgeschnitten sein; wenn die Façaden geputzt sind, findet man öfter an einem der Häuser Hausteinsockel, der ebenfalls auf der Grenze stumpf abgeschnitten sein muß. Bei ganzen Haustein- oder Rohbaufaçaden ist die Grenze durch die stumpfe Stoßfuge (Vertikalfuge ohne Verband) leicht erkenntlich.

In den seltensten Fällen sind die anstoßenden Häuser gleich hoch. Gewöhnlich ist der überragende Aufbau mit der Außenseite auf der Kommunlinie aufgeführt. Absolut verläßlich ist auch dieser Befund deshalb nicht, weil bei überhängenden (nicht im Sockel stehenden) Mauern nicht der letzte Stock, sondern das Parterre maßgebend ist.

Sind bei Putzfaçaden alle die angeführten Merkmale nicht vorhanden, ist es am einfachsten, auf der mutmaßlichen Grenze außen an der Façade den Putz wegzuhauen und es sind dann am Rohmauerwerk der stumpfe Stoß auf der Grenze (Fig. 4) und die verschiedenen Mauerzeilenhöhen die sichersten Merkmale der Grenze.

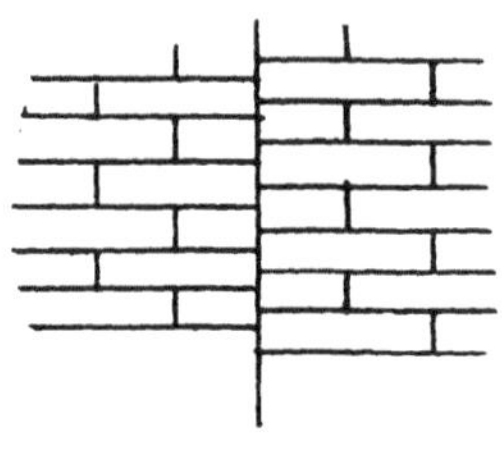
Fig. 4.

Um dann die Stärke der Grenzmauer zu bestimmen, wird dieselbe Manipulation, die man auf Fig. 2 von innen nach außen vornahm, hier von außen nach innen vorgenommen.

Um im Innern des Hauses die Grenze zu bestimmen, bricht man ein Loch in die Grenzmauer; da, wo der Mauerverband aufhört, liegt die Grenze.

c) Das Maßnehmen.

Hier sei gleich die sehr wichtige Frage eingeschaltet und behandelt: Wie mißt man? Unerfahrene junge Leute finden diese Frage meistens sehr überflüssig, hingegen jeder erfahrene Techniker, der diesbezüglich schon genügend Lehrgeld gezahlt hat, wird zugestehen: Ein richtiges und verläßliches Maß an der Baustelle zu nehmen ist auch eine Kunst, die gelernt sein will.

Bandmaße aus Stoff, auch mit Drahteinlage, sind absolut unzuverlässig; selbe können nur zu Ausmaßen verwendet werden, wo es auf einige Zentimeter nicht ankommt. Stahlbandmaße sind bedeutend besser, obgleich dieselben auf Längen von 20 m auch bis zu 4 cm dehnbar sind. Sie sind da zu verwenden, wo man Hindernisse halber mit Maßlatten absolut nicht arbeiten kann, man spanne dieselben aber ja nicht übermäßig an beim Messen, kontrolliere sie auch vorher mit den geeichten Maßlatten.

Mit zusammenlegbaren Maßstäben soll man nur ganz kurze Dimensionen messen.

Das einzig Verläßliche sind nur amtlich geeichte, an beiden Enden rechtwinklig mit Eisen beschlagene Maßlatten mit eingerissenen Teilstrichen. Hiermit messe man immer so, daß eine Latte an die andere gestoßen wird, und halte beim Anstoß die liegende mit dem Fuße fest.

Ein freies Messen und Anstoßen, wie es geübte Geometergehilfen sehr gut können, bringt ein gewöhnlicher Bauhandlanger nicht fertig.

Aus diesem Grunde ist es sehr ratsam, wichtige Maße zweimal zu messen, einmal von rechts nach links und dann umgekehrt.

Weiter ist es sehr wichtig, daß immer horizontal gemessen wird. Auf schiefer Ebene oder unebenem Terrain wird die Sache in folgender Weise behandelt.

Fig. 5 zeigt eine schiefe Ebene mit ein paar Stufen. Die erste Latte 1, 2 wird ca. 10 cm vor dem Ende 2 unterlegt, so daß sie horizontal liegt; die anstoßende Latte 3, 4 wird mittels des Senkels genau mit ihrem Anfang unter das Ende 2 gelegt und vor Punkt 4 wieder unterbaut usw.

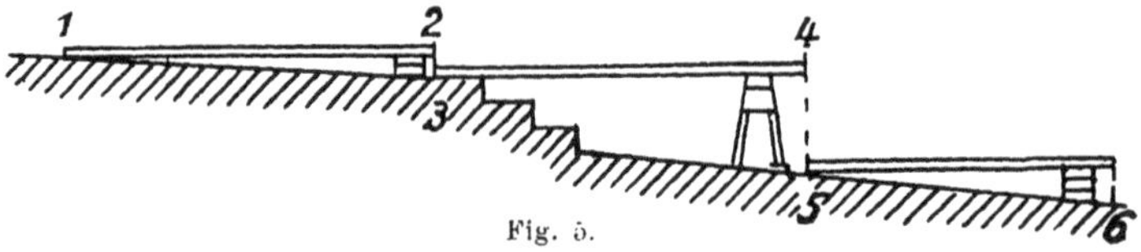

Fig. 5.

Bei langen Fronten, wo mehrere Fenster, Türen, Mauervorsprünge etc. aufzunehmen sind, messe man in folgender Weise: Fig. 6 ist der Grundriß einer Mauerfront. Mißt man Pfeiler 1, 2, dann Fensteröffnung 2, 3 usw., so ergeben sich durch die vielen kleinen Maße und das dadurch bedingte ofte Anreißen und Anstoßen der Maßstäbe Ungenauigkeiten, die vermieden werden, wenn man an Punkt 1 (Fig. 6) eine 5 m lange Latte anlegt, bei Punkt 2 das Maß abliest, z. B. 2,05 m, bei Punkt 3 ergibt sich 2,95 m, bei Punkt 4 4,15 m; jetzt stoßt man eine weitere 5 m-Latte an und

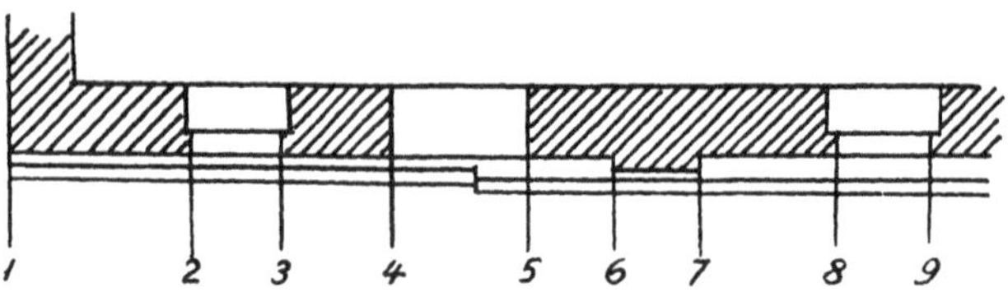

Fig. 6.

findet bei Punkt 5 dann 5,60 m. Es hat dies System außer der Genauigkeit noch den großen Vorteil, daß man am Ende gleich das genaue Gesamtmaß hat und man beim Auftragen am Plan nur das Prisma auflegen darf und die Maße ablesen und anzeichnen kann.

Ist in diesem Fall die Façade glatt, kann man die Latten gleich auf Fensterhohlbankhöhe anlegen und messen;

hat jedoch die Façade erhabene Fenstereinfassungen und Gesimse, dann muß die Latte am Trottoir gelegt werden und die einzelnen Punkte mittels des Winkeleisens und Senkels heruntergenommen werden. Man verfährt damit folgendermaßen: Fig. 7 und 7 a stellen den Grundriß eines

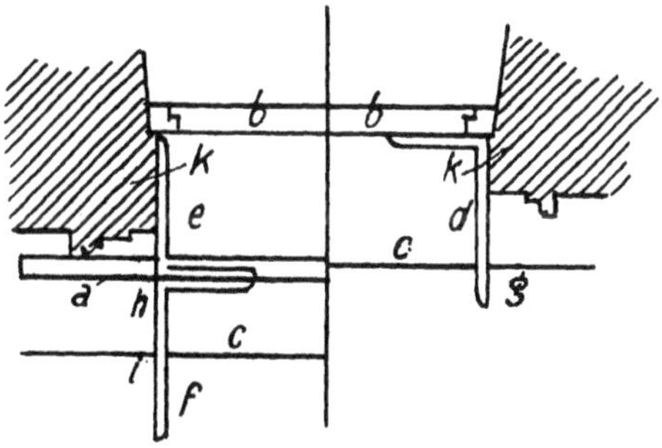

Fig. 7 a. Fig. 7.

Fensters dar; *b* ist der Fensterstock, *c* die Ausladung des Brüstungsgesimses. Bei geringen Ausladungen und Leibungstiefen (Fig. 7) lege man das Winkeleisen (*d*) an den Fensterstock an, von dem man sich vorher überzeugt hat, daß er parallel mit der Mauerflucht sitzt. Dann senkle man bei (*g*) das Fensterlicht herunter. Bei größeren Ausladungen (Fig. 7 a) lege man das Richtscheit (*a*) auf die profilierten Chambranen, lege den Winkel zuerst, wie *e* zeigt, nach der Leibung zu an und merke bei *h* den Punkt an; dann lege man ihn umgekehrt, wie *f* zeigt, bei *h* an und senkle bei *i* herunter. Sind die Leibungsflächen (*k*) rechtwinklig zur Mauerflucht geputzt, was aber selten der Fall ist, dann genügt das Richtscheit in der Leibungsfläche anzulegen und in der Verlängerung herunterzusenkeln.

d) Aufnahme des Parterregrundrisses.

Um die genaue Länge der Vorderfaçade (Tafel I) zu bestimmen, wobei gewöhnlich Stufenvorlagen, Auslagekästen usw. hinderlich sind, konstruiere man zu der Façadenflucht eine Parallele Nr. 2, 18, indem man von 1 nach 2 und 19 nach 18 rechtwinklig gleiche Maße absticht, mit Farbstift auf dem Trottoir anreißt und eine Schnur spannt, die beiderseitig über Punkt 2 und 18 hinaus reicht. Gestattet die Beschaffenheit des Trottoirs und der Verkehr, daß man zwei feste Pflöcke oder Brecheisen einschlägt und die Schnur daran spannt, so ist das das beste; im andern Fall nehme man zwei Winkel, stelle sie am Boden auf Punkt 2 und 18 so ein, daß die Vertikalschenkel im Lot stehen, und lasse von zwei Mann daran die angespannte Schnur so lange halten, bis man einige Punkte auf Waglattenlänge herunter gesenkelt und fixiert hat. Diese Punkte verbindet man dann durch einen durchgehenden Riß. Eingeschaltet sei hier: Auf eine größere Länge als 5 m soll man, um mittels der Schnur eine Gerade zu konstruieren, dieselbe nie am Boden auflegen, sondern frei schwebend erhalten. Da man jedoch dieselbe nie so lange frei halten kann, bis sie zur Ruhe kommt, muß man immer einen festen Punkt schaffen, an den man die Schnur anhält; entweder, wie schon vorhin erwähnt, mittels zweier Winkel, oder daß man einen niederen Schragen oder ein rechtwinklig abgeschnittenes Brettstück mit einer Hand fest hält und mit der andern die Schnur anspannt. — Wir waren oben mit der Aufnahme der Vorderfaçade so weit, daß der parallele Riß zur Hausflucht hergestellt war. Die Punkte 1 und 19 winkle man nun heraus auf die Parallele und erhält die Punkte 2 und 18, welche die genaue Länge der Vorderfaçade bezeichnen.

Kann man, um die Punkte 2 und 18 herauszutragen, den Winkel Unebenheiten halber am Haus nicht anlegen, verfahre man umgekehrt; lege den Winkel auf der Parallele auf und schiebe denselben so lange, bis die Verlängerung des andern Schenkels auf die fraglichen Punkte trifft.

Die Punkte 2 und 18 markiere man durch Einschlagen eines Nagels; wenn dies nicht angängig ist, meißle man mittels Hartmeißel ein Kreuzchen in den Stein.

Man betrachte jetzt die Situation und stelle fest: Wo kommt man, rechtwinklig zu unserm Riß am Trottoir, im Haus am besten mit einer Geraden durch. In unserm Falle am besten durch den mittleren Hausgang. Man probiere es zuerst ungefähr mit Schnur und Winkeleisen; sieht man, daß es geht, lege man bei Punkt 13 den großen Holzwinkel an und spanne die Schnur 13, 36.

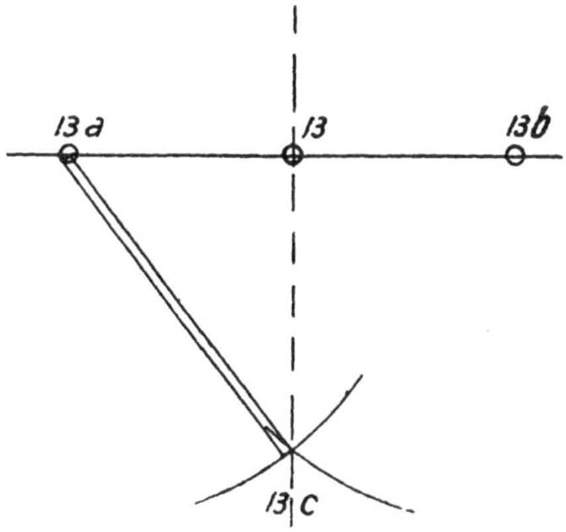

Fig. 8.

Da nun von der richtigen und genauen Konstruktion dieses ersten rechten Winkels sehr viel abhängt, kontrolliere man denselben auf eine der folgenden Angaben, je nachdem es die Situation erlaubt. Entweder: Man nehme, wie Fig. 8 zeigt, von Punkt 13 nach 13*a* und nach 13*b* gleiche Abstände. 3—4 m lang. Nehme die 5 m-Latte, lege die eine Ecke bei 13*a* auf und beschreibe bei 13*c* einen Kreisbogen; dann mache man dieselbe Prozedur bei Punkt 13*b* und so erhält man den Kreuzungspunkt 13*c*, der mit Punkt 13 verbunden einen genauen rechten Winkel gibt. Oder: Man prüfe den Winkel mit Hilfe der Formel des pythagoräischen Lehrsatzes, wonach das Quadrat der beiden Katheten zusammen addiert gleich dem Quadrat der Hypotenuse ist. In unserm Fall (Fig. 8) sind 13, 13*a* und 13, 13*c* die beiden Katheten und 13*a*, 13*c* die Hypotenuse.

Nehmen wir an, 13, 13*a* ist gleich 3 m, 13, 13*c* gleich 4 m lang, so muß 13*a*, 13*c* 5 m lang sein, denn: $(3 \times 3 + 4 \times 4) = 5 \times 5$. (Da es mit diesen ganzen Metern nicht immer geht, nehme man immer einen Bruchteil oder das Vielfache von 3, 4, 5, weil sonst die Rechnung zu umständlich wird.) Um den Winkel zu konstruieren, reiße man von Punkt 13 nach 13*a* 3 m auf, beschreibe mit 4 m langer Latte von 13 nach 13*c* und mit 5 m langer Latte von 13*a* nach 13*c* einen Kreisbogen; den Kreuzungspunkt 13*c* mit 13 verbunden gibt bei Punkt 13 die rechten Winkel.

Ist nun die Schnur 13, 36 gespannt, frei schwebend und zur Ruhe gekommen, fixiere man zuerst die Punkte 13 · 36 mittels Nagel, senkle dann die Kreuzungspunkte mit den Mauerfluchten 10*a*, 10, 33*a*, 35*a* auf die Schnurflucht herunter, zeichne sie an und nehme die Maße.

Ist dies geschehen, trage man zuerst alles bisher Geschehene im Maßstab 1 : 50 am Reißbrett auf.

Jetzt konstruiere man in gleicher Weise, wie bisher beschrieben, die zu den Achsen 2 · 18 und 13 · 36 parallelen 27 · 45, 43 · 6, 21 · 60, 49 · 58 usw. Bei der Wahl, wo diese Hilfsachsen am besten hingelegt werden, ist lediglich die von Fall zu Fall gegebene Situation maßgebend. Man wähle jedoch immer so, daß man womöglich gleichzeitig Tür- und Fensteröffnungen benützen kann, sei aber ja nicht ängstlich, hauptsächlich in Räumen, die doch zusammen gerissen werden, wenn nötig, hie und da Löcher durch bestehende Mauern zu brechen, ehe man die Richtigkeit der Aufnahme dadurch in Frage stellt.

Obwohl die weitere Arbeit eigentlich aus dem Plane genau ersichtlich ist, soll doch in gedrängter Form und der Vollständigkeit halber der weitere Gang der Arbeit hier angeführt sein.

Von Punkt 35 aus konstruiere man mittels Winkel die Achse 27 · 45. Hierbei ist der Mauerdurchbruch von 35 nach 45 unerläßlich. Kommen Fälle vor, wo ein solcher Mauerbruch nicht angängig ist, so würde man in unserm Fall eine Senkrechte auf der Achse 27 · 45 in 35*a* konstruieren, und zwar so, daß man mit einer zweiten rechtwinkligen 51*c* · 43*a* durch die hintere Tür durchkommt.

Ist Achse 27 · 45 fertig, konstruiere man in gleicher Weise auf Punkt 28 · 39 · 42 die Parallelen 21 · 60, 39 · 48 und 43 · 6.

Sind jetzt die Punkte 21, 25, 26, 53, 56, dann 48, 43, 41, 40, 4, 5, 6 eingemessen und auf dem Plan aufgezeichnet, so sind die vordere und rückwärtige Hauptmauer und die mittlere Quertragmauer fixiert. Um die Lang- und Kommunmauern zu bestimmen, ist nur nötig, auf den der Richtung nach bestimmten Quermauern die nötigen Maße zu nehmen und in den Plan einzutragen. An der vorderen Umfassung sind dies die Punkte 3, 7, 8, 11, 12, 20, an der Mittelmauer 46, 47, 37, 38, 33, 34, 29, 32, 30, 31, 23, 24, an der rückwärtigen Umfassung 51, 52, 54, 55. Um die Lage der Hofumfassungen festzustellen, ist ratsam, auf Punkt 57 noch einmal eine rechtwinklige Achse zu schaffen, und ist dann durch die eingemessenen Punkte 49, 50, 58, 59 alles festgelegt; die einzelnen Öffnungen bei kurzen Wänden in Breite und Höhe einzumessen, ist so einfach, daß darüber wohl nichts zu erwähnen ist.

Zur weiteren Sicherheit und als Kontrolle messe man, wie in Fig. 2 angegeben, die inneren Winkel *a* *h* und, wenn man nicht gehindert ist, verschiedene Diagonalen, als: 3 · 34, 7 · 47, 12 · 23, 20 · 29, 24 · 52 usw.; lieber ein paar Maße zu viel, als eins zu wenig.

Beim Auftragen im Plan wird man nun auf verschiedene Sachen kommen, wo die Maße nicht zusammengehen. Warum nicht? Weil, ich möchte sagen, es ein Zufall wäre, daß bei so vielen Messungen und Winkelkonstruktionen nicht ein oder mehrere Irrungen und Ungenauigkeiten vorkommen. Jetzt kommt der Wert jener Vorsichtsmaßregeln zur Geltung, die ich oben habe nicht genug betonen können.

1. Daß man die Aufnahme unbedingt an Ort und Stelle zu Papier bringen muß,

2. daß alle wichtigen Punkte und Achsen durch Nägel, Krampen und Einkratzen in den Boden fixiert wurden. Macht man es nicht so und zieht mit der Aufnahme im möglichst kleinen Notizbüchel nach Hause, so ist gewöhnlich das Ende vom Lied: es wird auf dem Papier passend gemacht und das macht dann später nicht nur viel Unannehmlichkeiten, sondern kann, wie schon früher erwähnt, unter Umständen recht teuer bezahlt werden müssen.

Um also die Irrtümer zu finden, fange man zuerst an, die rechtwinkligen Achsen zu kontrollieren. Die Maße 42 · 35 und 6 · 13 müssen gleiche sein, wenn die Linien 6 · 43 und 13 · 36 parallel sind; desgleichen müssen die Maße 42 · 6 und 35 · 13 die gleichen sein, wenn die Linien 6 · 13 und 42 · 35 parallel sind. So fahre man fort und gehe nicht eher vom Platz, bis alles haarscharf in Plan und Wirklichkeit zusammengeht.

e) Die Aufnahme der Keller- und Stockwerksgrundrisse.

Die Keller- und Stockwerksgrundrisse, hauptsächlich den II. Stock (siehe Tafel II), der mit Eisenkonstruktion abgefangen werden soll, messe man in gleicher Weise wie Parterre, trage aber diese Grundrisse auf Pauspapier auf, welche man dann auf den Parterregrundriß auflegen kann, und sofort sieht, ob und wie die Mauern aufeinander stehen. In alten Häusern kommen da die größten Unregelmäßigkeiten vor, insofern, als die aufeinander stehenden Mauern oft ganz unregelmäßig abgesetzt sind, Mauern auf Holzbalken aufgeführt sind, Kamine auf den Balkenlagen sitzen usw. Früher gab es keine Baukontrolle durch Behörden, da hat jeder Baubeflissene auf eigene Faust und Risiko so gut und so schlecht gearbeitet, als er es eben konnte. Schließlich sei hier noch aufmerksam gemacht, daß man in alten Häusern sehr Obacht geben muß, ob die Mauern noch alle im Senkel stehen; denn sonst verschieben und ändern sich die Grundrisse in jeder Etage und dies erfordert später beim Umbau in konstruktiver Beziehung recht viel Vorsicht.

f) Aufnahme der Schnitte.

Zur Aufnahme der Etagenhöhen (siehe Tafel III) nehme man 3—4 Stück 5 m lange gehobelte Latten und verbinde dieselben untereinander durch Schwalbenschwanzzapfen und durchgesteckten Nagel, wie Fig. 9 zeigt. Man nummeriere diese Latten an den Stößen und setze dieselben dann in der Laterne des Stiegenhauses aufeinander, hefte dieselben leicht mit ein paar Nägeln an und reiße an denselben in jeder Etage Unterkante Decke und Ober- kante Fußboden auf. Die Konstruktionsstärke wird nun selten ganz glatt in der Stiegenlaterne zutage liegen. Am Fußboden (Fig. 10) ist meistens eine Schwelle (x), auf der das Geländer sitzt, und an der Decke ein Gesimsabschluß (y). Man nehme die kurzen Richtscheite (a, b) und lege sie auf der Schwelle (x) und unterhalb des Gesimses (y) auf, richte sie mittels der Wasserwage wagrecht ein, dann trage man das Maß 1 · 2 von 8 nach 7 und 3 · 4 von 5 nach 6.

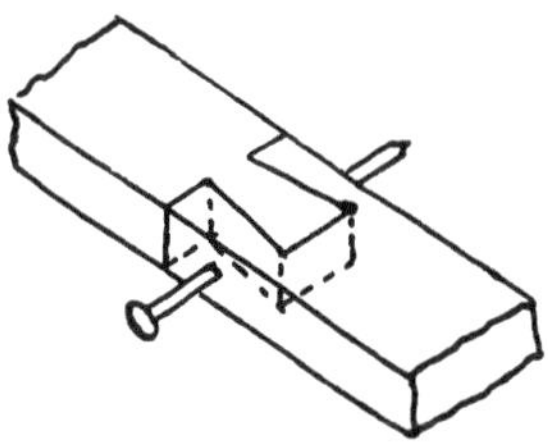

Fig. 9.

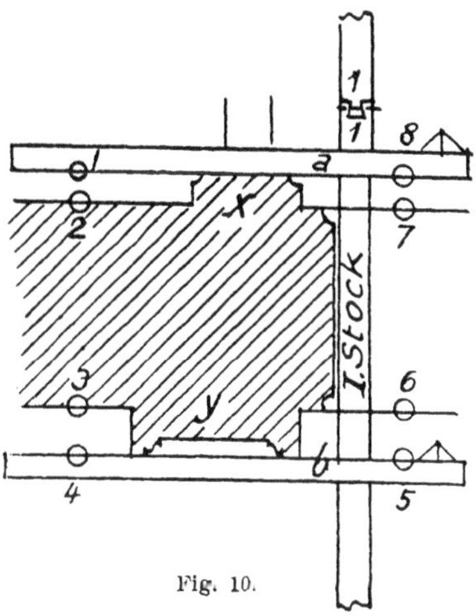

Fig. 10.

Ist diese Manipulation in allen Stockwerken durchgeführt, lege man die Latten auseinander und nehme die Maße.

Sind die Böden zu und in den Räumen uneben, oder existieren sogenannte Differenzstufen, so wiege man mittels Waglatte und Wasserwage vom Stiegenhaus aus hinein und stelle diese Differenzen fest.

Behufs Feststellung der Höhe des Kellers messe man am besten in rechtwinkligen Absätzen die Kellerstiege hinunter, oder vom Hof aus durch die Kellerfenster. Die Aufnahme der Dachkonstruktion bietet selten Schwierigkeiten, da meistens dieselbe frei zutage liegt.

g) Aufnahme der Façaden.

Zur Aufnahme der Façaden (siehe Tafel III) nehme man dieselben Latten, welche man im Stiegenhaus zur Auf-

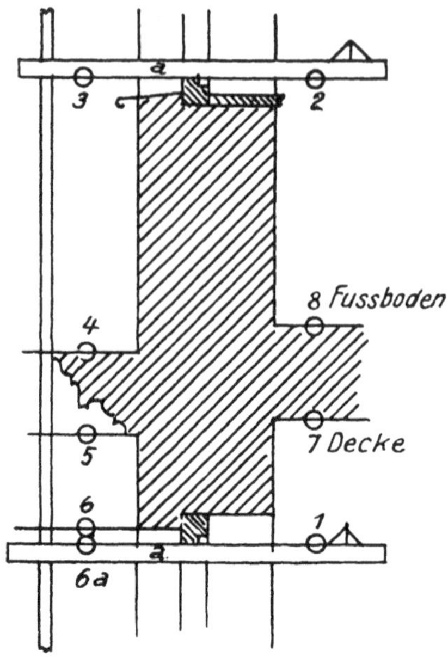

Fig. 11.

nahme der Etagenhöhen verwendete, stelle sie mit der beschriebenen Seite nach außen vor einer Fensterachse an der Façade auf und befestige sie mit schwachen Latten und Drahtstiften in jeder Etage am Fensterstock. Dann werden sämtliche Fensterbrüstungshöhen, Fensterstürze und Gesimshöhen in folgender Weise angezeichnet: Wie aus Fig. 11 ersichtlich, lege man die Richtscheite *a, a* wagrecht zur Fensterbrüstung und zum Fenstersturz heraus, reißt Punkt 3 und 6 an den stehenden Latten *b* auf, nimmt von oben das Maß 3 · 4, von unten das Maß 5 · 6 und 6*a*. Der Rest bleibt die Gesimshöhe. Zugleich nehme man die Maße 2 · 8 und 1 · 7, wodurch auch Lage und Stärke der Deckenkonstruktion bestimmt ist.

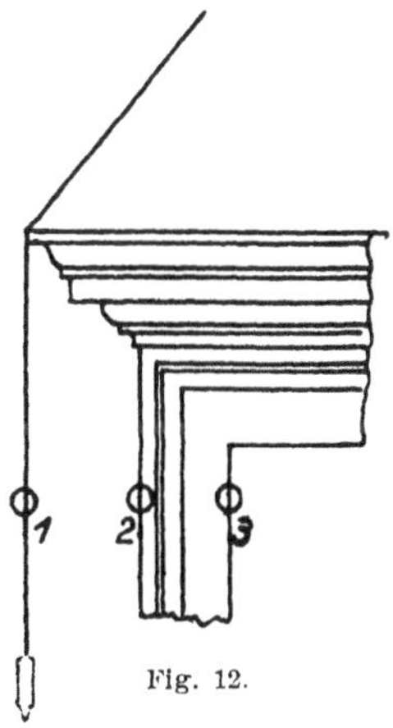

Fig. 12.

Ist dies durch alle Etagen gemacht, lege man die Latten um und nehme sämtliche Maße.

Benötigt man die genauen Ausladungen von den Gesimsen und Breite der Fensterverdachungen, lasse man vom Fenster der nächsthöheren Etage aus den Senkel vorn und seitlich der Gesimse so tief herunter, daß man die Ausladungen 1, 2, 3, wie Fig. 12 zeigt, von dem darunter liegenden Fenster aus messen kann.

h) Aufnahme von freistehenden unregelmäßigen Bauten.

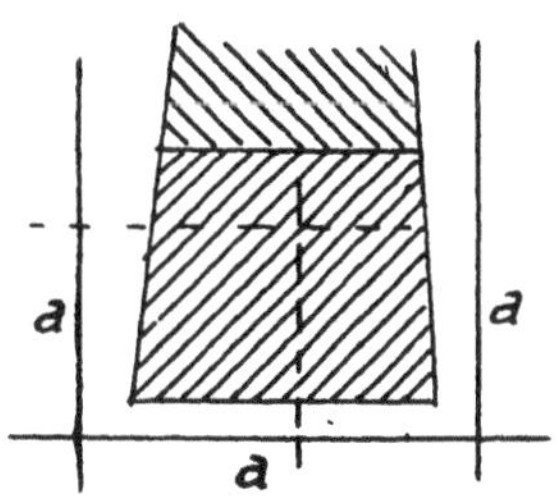

Fig. 13.

Um unregelmäßige resp. nicht rechtwinklige freistehende Gebäude von außen aufzunehmen, ist das Prinzip das gleiche wie oben: Aufnahme des Parterregrundrisses.

Stellt Fig. 13 den Grundriß eines solchen Hauses vor, so konstruiere man auf dem Trottoir oder Umgebung rechtwinklig sich kreuzende Achsen *a, a* her, die man da, wo es geht, ins Innere des Hauses hineinführt. Alle übrigen Manipulationen bleiben dieselben wie oben.

i) Aufnahme rechtwinklig angelegter Objekte.

Vor Beginn der Aufnahme kontrolliere man zuerst, ob denn auch die vier Ecken des Hauses faktisch rechtwinklig sind. Ist dies der Fall, bietet die Aufnahme keinerlei Schwierigkeit. Man nehme, wie in Fig. 6 angegeben, zuerst die vier Umfassungen auf, dann messe man innen parallel der Umfassungen, wo Türen sind von einem Ende zum andern durch. Sind an einer der Quermauern keine Verbindungstüren, so ergibt sich die Mauerstärke durch das Maß der Façade.

---

3. Untersuchung des Bauzustandes.

Der ganze alte Bestand liegt jetzt in Grundrissen, Schnitten und Façaden planmäßig fertig und kotiert vor.

Um jedoch an die Ausfertigung der Pläne für den Umbau gehen und einen verläßlichen Kostenvoranschlag machen zu können, müssen folgende Punkte untersucht werden.

a) Untersuchung des Baugrundes.

Dieselbe ist nötig, um für event. neue Fundierungen mit konzentrierten Belastungen zu wissen, welche Tragfähigkeit man dem Baugrunde zumuten kann.

Hiernach bestimmen sich denn die Größe resp. der Querschnitt der Fundamente.

Behufs dieser Untersuchung nehme man an zwei bis drei Stellen im Keller das Pflaster auf und grabe, wenn möglich, bis auf gewachsenen Grund, das heißt auf Grund, wie ihn die Natur erzeugt hat. Ist dieser nicht zu finden, oder steht das alte Haus überhaupt auf schlechtem Baugrund, muß man mit der Anlage neuer Fundamente um so vorsichtiger sein, da sich dann auch entsprechend große Setzungen einstellen werden. Die Versuchslöcher lege man immer mitten in einen Kellerraum, komme ja nicht den

Fundamenten zu nahe; werden sie tiefer als 50 cm, müssen dieselben vorsichtig ausgesteift werden.

Bei Mauern, auf welche aufgebaut werden soll, bei denen infolgedessen auch Setzungen eintreten können, untersuche man den Grund ebenfalls. Es bleibt hier nichts übrig, als die Fundamentsohle freizulegen und diese auf eine Breite von 30—50 cm und ca. 30 cm Tiefe zu unterminieren.

b) Untersuchung der Fundamente bestehender Kamine.

Bei alten Häusern ist ein Hauptaugenmerk auf die Fundierung resp. Unterstützung der Kaminanlagen in den Etagen zu richten.

Die meisten der alten Kamine sind sog. »deutsche Kamine«. Dies sind solche, die nur $^1/_2$ Stein- = 15 cm Umfassung haben, meist viereckig gemauert sind und 40 bis 50 cm im Lichtraum messen, so daß der Kaminkehrer sie besteigen kann; dieselben wurden so aufgeführt, daß der erste im Parterre auf dem Gewölbe saß, dann wurde in jeder Etage einer hinzugefügt, aber ohne Besinnen auf das Balkenlager gesetzt.

Man lege deshalb derartige Konstruktionen frei und untersuche die Sache genau, da heute bei Umbauten derartige feuergefährliche Zustände beseitigt werden müssen, und bei schadhaften, angefaulten Balken ein Zusammenbruch der ganzen Kaminanlage denkbar ist.

c) Untersuchung der Mauern und Zwischenwände.

Wie muß eine gute Mauer beschaffen sein?

Um dies zu untersuchen, soll wenigstens 1 qm Putz heruntergehauen und die Mörtelfugen ausgekratzt sein.

Die Steine sollen hart gebrannt, nicht weich und nicht verwittert und angefressen sein. Der Mauerverband soll normal sein, das heißt: zwei oder mehrere Mörtelfugen sollen nicht übereinander fallen, sondern jede Mörtelstoßfuge soll beiderseitig ungefähr auf die Mitte des darunter und darüber liegenden Steines treffen. Die Fugen sollen nicht mehr als $1\frac{1}{2}$—2 cm Stärke haben, die horizontalen Schichten sollen möglichst geradlinig und gleichmäßig sein; jedoch hauptsächlich soll der verwendete Mörtel gut sein. Kalkmörtel soll sich schon nach wenigen Jahren nicht mehr mit den Fingern zerdrücken lassen, alter, über 30 Jahre alt, muß steinhart und ziemlich weiß sein. Zementmörtel jeder Art soll schon, nachdem er lufttrocken ist, steinhart sein.

Bei eingefüllten Fundamentmauern soll der Mörtel, wenn auch feucht, doch hart sein. Die Steine, wenn auch feucht, doch hart und nicht verwittert sein; im übrigen gelten alle Bedingungen wie oben.

Bei starken verputzten Mauern muß man wissen: Sind dieselben aus Haustein, Beton, Bruchstein, Backstein, Lehmsteinen etc. oder sind es gar sog. Füllmauern. Das sind Mauern, die beiderseitig mit 15—20 cm Stärke in Backstein oder Bruchstein aufgeführt und in der Mitte mit trockenem Schutt ausgefüllt sind. Letztere findet man in München sehr häufig, hauptsächlich als Zwischen- und Kommunmauern.

Diese letztere Sorte alter Mauern ist sehr gefährlich; bricht man im Parterre ein Loch von $\frac{1}{2}$ qm ein, kann es passieren, daß das Füllmaterial von mehreren Etagen nachrutscht und herausrollt. Sie halten sich überhaupt nur durch die Versteifung der Scheidemauern. Muß man solche Mauern belassen und freistellen, steife und spreitze man dieselben sehr sorgfältig und vorsichtig ab.

Um solche starke Mauern auf ihre Güte und Tragfähigkeit zu untersuchen, genügt nicht allein der äußere Befund, wie eingangs dieses Artikels beschrieben, sondern man breche bis wenigstens zur halben Mauerstärke mit dem Brechwerkzeug 10—20 cm große Löcher in die Mauer, wobei man sieht, wie der innere Verband und das verwendete Material beschaffen ist.

Innere Mauern von 30—50 cm Stärke sind meistens Tragmauern, das heißt Mauern, auf denen die Deckenkonstruktionen ruhen. Diese müssen deshalb mit besonderer Sorgfalt untersucht werden.

Da bei einem Umbau heute baupolizeilich alle massiven Mauern, in größeren Städten sogar Fachwerksmauern, Zwischenwände aus porösem Material durch eiserne Träger unterstützt werden müssen, auch wenn sie bisher auf Holzbalken standen und gut gehalten haben, hingegen sog. spanische Wände (Wände aus gekreuzten Latten oder Brettern, außen mit Rohrputz versehen), Rabitz- und leichte Gipswände, stehende Schwemmsteinwände meistens auf den Tramdecken aufsitzen dürfen, ist es von besonderer Wichtigkeit die Qualität der Scheidemauern genau zu untersuchen.

Man wird durch die Stärke der Mauer hierüber gewöhnlich schon klar, obgleich dies nicht immer maßgebend ist.

Gemauerte Zwischenwände von $^1/_2$ Stein Stärke haben mit Ziegelformat 14/28 17—18 cm, mit Format 12/25 14 bis 15 cm Stärke samt Putz; mit altem bayer. Format 17/33 hingegen 23—25 cm Gesamtstärke. Rabitzwände haben 5—7 cm, Gipsdielenwände 8—12 cm, spanische Wände 9 bis 12 cm, Schwemmsteinwände liegend 16 cm, stehend 12 cm in der Dicke.

Wenn man ein klein wenig Übung hat, wird man sich durch Abklopfen ganz klar werden.

Eine gemauerte Steinwand hat einen kurzen, massiven, hellen Klang. Gipswände, Rabitz- und Gipsdielenwände klingen tiefer, mehr dem Anklopfen einer Holzwand ähnlich. Spanische verputzte Holzwände sind beim Anklopfen unverkennbar, sie klingen überall hohl, fast wie ein hohler, irdener Topf.

Hat man die nötige Übung damit nicht, bohre man eine solche Wand mit dem Nagelbohrer an; das geniert Niemand, wenn das Haus auch bewohnt ist, geht sehr schnell und damit ist jede Täuschung ausgeschlossen.

Zu bemerken ist noch, daß man sich bei sog. Riegelwänden nicht irre führen läßt. Dieselben haben ein gewöhnlich 15 cm starkes Riegelgerippe und sind mit $^1/_2$ Stein ausgemauert. Das Holzwerk dann entweder gerohrt oder auch nur aufgerauht, mit Draht bespannt und alles verputzt.

Solche Wände klingen beim Abklopfen am Riegel wie gerohrte Holzwand, an der Ausmauerung wie massive Steinwand. Meistens sind längs der Holzteile Haarrisse oder Unebenheiten, verursacht durch das Schwinden des Holzes.

Rabitzwände im Portland-Zement klingen sehr massiv, fast wie eine Steinplatte.

Da wir nun heute eine unzählige Masse Material für leichte Zwischenwände haben, als: Korksteine, Schwemmsteine, poröse Ziegel, Gipsfabrikate massiv, hohl mit Rohreinlagen etc, so ist bei solchen Bauten, die neueren Datums sind, ein Anbohren das untrüglichste Mittel. Nur Rabitzwände in Portland-Zement und Betonfabrikate aus diesem Material lassen sich nicht anbohren.

d) Untersuchung von Decken, Wandverputz und Böden.

Diese Untersuchung ist deshalb von ganz besonderem Interesse, weil durch die Qualität der Decken, ob Holzdecken, ob Betondecken, ob Decken mit Hohlsteinen etc., dann durch die Lage der Balken oder Träger die spätere Berechnung für die Unterstützungen bestimmt wird.

Wenn schon bei Scheidemauern die Qualitätsbestimmung Mühe macht, ist sie bei Decken noch viel schwieriger.

Eine gewöhnliche Balkendecke mit Balken, unten Schalung und Rohrputz, oben einfacher Tafel- oder Bretterfußboden ist nicht zu verkennen. Die Decke hat beim Anklopfen den bekannten hohlen Klang, beim Holzfußboden hört man im Gehen oder durch Klopfen, ob zwischen den Tramen Fehlböden und Einfüllung liegen oder nicht. Letztere klingt genau wie ein hohles Faß.

Ist der Fußboden einfacher Bretterboden, so sieht man aus der Richtung, in welcher die Bretter liegen, daß die Trame rechtwinklig zu dieser Richtung liegen müssen.

In alten Häusern ist mir aber auch vorgekommen, daß auf einen alten ausgetretenen Boden ohne weiteres kreuzweise zum alten ein neuer darauf gelegt war.

Decken mit solcher Konstruktion sind gewöhnlich 27 bis höchstens 32 cm im ganzen stark.

Bei besonders solid gebauten alten Häusern sind öfter die Balken mit Fehlböden eingeschnitten, aufgefüllt, dann nochmals quer zur Balkenlage Lagerhölzer gelegt, eingefüllt und darauf erst der Fußboden befestigt; solche Decken erkennt man an der Konstruktionsstärke, sie haben immer 35—45 cm Dicke.

In neueren Häusern wird man je an der Lage der Tragmauer auch sofort die Lage der Balken bestimmen können. Bei alten Häusern jedoch sind öfter gar keine eigentlichen Tragmauern vorhanden, sie sind durch Riegelwände ersetzt etc.

Ist Parkett- oder Riemenboden, Linoleumbelag, Terrazzo oder Pflaster vorhanden, dann hört jede sichere Beurteilung auf, wenn nicht die Lage und Beschaffenheit der Tragmauer jeden Irrtum ausschließt. Öfter läßt sich hier noch durch folgendes die Lage der Trame bestimmen. Bei richtiger Beleuchtung sieht man an dem Deckenputz durch das Schwinden des Putzes ziemlich genau, nach welcher Richtung die Balken liegen, nur vergewissere man sich in dem Fall durch anbohren, daß man sich nicht täuscht.

In allen solchen nur halbwegs zweifelhaften Fällen reiße man am besten an Stellen, wo es weniger geniert, entweder den Boden oder Deckenputz auf und untersuche die Decke. In solchem Falle rate ich dringend, ja der Sache energisch auf den Grund zu gehen.

Dasselbe gilt bei massiven Decken, bei Decken, die durch Rabitzgewölbe maskiert sind, etc.

Wichtig ist schließlich noch die Untersuchung des Deckenverputzes.

Früher kannte man unsere heutigen soliden Decken nicht; dieselben wurden mit Lehm und Stroh auf Stakhölzern hergestellt, sog. Windeldecken, oder: Latten mit Stroh überlegt, dies Stroh nach unten hindurchgezupft und darauf verputzt, Schalung mit konischen Tonknöpfen benagelt und verputzt etc.

Bei einem Umbau tritt jedesmal die Frage heran: Welche Decken und welchen Putz kann man belassen, welche kann man reparieren, und welche müssen durch neue ersetzt werden.

Ist eine Decke noch schön gerade, hat sie keine Buckel und losgelöste Stellen, aber vielleicht eine Masse feine Luftrisse, so kann man eine solche Decke belassen, denn die Luftrisse werden schon durch neu aufgetragene Leimfarben geschlossen.

Hat eine Decke Risse, die schon die Stärke eines Messerrückens und mehr haben, innen schwarz sind und der Putz in der Nähe dieser Risse hohl liegt und klingt, so wird dies nicht dadurch behoben, daß dieselben vom Maler mit Gips ausgestrichen und übertüncht werden, solche Risse öffnen sich immer wieder. Da gibt es nur ein Mittel: in der Richtung der Risse den Deckenputz handbreit gänzlich loshauen und, wenn es keine Rohrdecken sind, mit Draht oder besser hohlliegendem Rabitzgeflecht überspannen und sauber mit Kalkmörtel einputzen.

Sind an Decken nur einzelne Unebenheiten, wo der Putz hohl liegt, so lassen sich diese auch auf vorige Art reparieren. Haben aber die Decken verschiedene hohle Stellen, die durch Andrücken mit dem Finger elastisch sind, dazu noch unzählige Risse, oder ist die Decke schon durch sehr vieles Tünchen und Abkratzen blätterig und uneben, dann ist das Radikalmittel: dieselbe gleich ganz herunterzuhauen, mit neuen Rohrmatten zu überziehen und frisch einzuputzen.

Dasselbe gilt für total unebene Wandputzflächen, die schon unzählige Maler übertüncht und ausgebessert sind. In dem Falle läßt sich ebenfalls nur durch vollständiges Loshauen des Verputzes, Auskratzen der Fugen und Neuherstellung etwas Richtiges schaffen.

e) Untersuchung von Verkleidungen und Ummantelungen.

Rabitzverkleidungen von Säulen, Rabitzgewölbe sind durch Anklopfen unverkennbar. Der Ton ist hohl, ähnlich wie der einer starken leeren Kiste.

Um so eingekastelte eiserne Säulen und Konstruktionsteile zu untersuchen, bleibt natürlich nichts übrig als sie freizulegen. Bei Ummantelungen von Holzunterzügen und Trägern ist sehr viel Vorsicht am Platz.

Holzunterzüge können mit Rohrmatten überzogen und verputzt, oder können mit Rabitz oder Holzschalung verkleidet sein. Alles dies kann bei der Verkleidung von eisernen Trägern auch verwendet sein, außerdem werden die Stege derselben vielfach massiv ausgemauert, die Flanschen mit Portland-Zement verputzt etc. Um hier klar zu sehen, auch Stärke ev. Profilnummer der Träger zu eruieren, bleibt gar nichts übrig als die gesamte Verkleidung ringsum handbreit zu entfernen.

f) Untersuchung von Tram- oder Balkenauflagern.

Beim Umbau ist nicht zu versäumen, überall da, wo die Balken zutag gelegt werden, oder wo man durch vorhandene Feuchtigkeit Bedenken hat, die Balkenköpfe in den Mauern zu untersuchen, ob sie nicht abgefault sind. Das kann, gründlich gemacht, nur in der Weise geschehen, daß man hier und da an beiden Seiten den Balkenkopf freilegt und mit dem Stemmeisen untersucht.

g) Untersuchung von Holzbestandteilen.

Jedes Holz, wie auch gestrichene Böden, Türen und Fenster untersucht man am einfachsten, ohne daß etwas beschädigt wird, mit einem im Griff feststehenden Messer, indem man an mehreren Stellen hineinsticht.

Man erkennt sofort, wo mürbes und wo gesundes Holz vorhanden ist.

In gesundes, weiches Holz sticht man nicht tiefer als bis 1 cm, in hartem nicht tiefer als $^1/_2$ cm, während bei mürbem Holz das Messer bis ans Heft hineinfahren kann.

Ist man im Zweifel, bohre man das Holz an, besonders wo sehr harte und starke alte Ölfarbe aufgetragen ist.

h) Untersuchung von Dachstühlen.

Ein neues Fichten- oder Tannenholz hat ganz weißgelbe Farbe, je älter das Holz wird, desto dunkler wird es. In alten Dachstühlen ist es oft ganz schwarzbraun. Daran ist vom Ansehen schon das Alter ungefähr zu erkennen. Dachstuhlhölzer werden mit dem Alter seltener faul als wurmstichig. Man sieht oft schon das gelbe Wurmmehl am Boden liegen und sieht schon von außen die Wurmstichlöcher. Sticht man hinein oder besser schneidet man es an, so sieht man die Beschaffenheit ganz deutlich. Ist nur der Splint des Holzes angefressen und der Kern gesund, so bricht so ein Holz noch lange nicht. Ist aber der Kern schon angegriffen, dann ist solches Holz ganz wertlos und unbrauchbar. Dasselbe ist der Fall bei Dachschalung, Latten und Böden.

Hauptsächlich untersuche man die Holzverbindungen, wo Zapfen und Löcher sind. Sind die faul oder wurmig, bleibt nur übrig, derartige Teile oder den ganzen Dachstuhl durch einen neuen zu ersetzen.

i) Untersuchung von Dacheindeckungen.

Dachplatten sind unbrauchbar, wenn sie verwittert sind und sich abschiefern. Man untersuche hauptsächlich die Nasen, an denen sie hängen; sind die beschädigt, ist die Platte gar nichts mehr wert.

Hingegen sind alte Dachplatten, die sehr alt und schwarz sind, aber in allen Teilen gesund, besser als wie neue, denn sie sind wetterfest, was bei einer neuen Platte erst nach Jahresfrist, oft noch später, mit Bestimmtheit gesagt werden kann.

Schieferdächer sind unbrauchbar, wenn die Tafeln verwittert und gesprungen sind. Sind nur die Nägel, mit welchen sie geheftet sind, durchgerostet und nur ein Teil der Platten schadhaft, lohnt es sich, ein solches Dach umzudecken. Metalldächer jeder Art sind nicht mehr verwendbar, wenn sie durchgerostet, spröde, brüchig sind, derart, daß Reparaturen fast so viel kosten als neue Eindeckung.

Bei Holzzementdächern ist schlechte Beschaffenheit schwerer zu erkennen. So lange die Kies- und Sandaufschüttung noch intakt ist, ist auch gewöhnlich die Teer- und Pappmasse noch gut erhalten; liegt jedoch letztere an verschiedenen Stellen frei und das Dach ist undicht, ist gewöhnlich mit Reparaturen nicht mehr zu helfen. Meistens sind bei diesen Dächern die Zinkblecheinfassungen und Schalungen früher defekt als das Dach.

Schließlich ist bei jedem Dach das einfachste Zeichen der Undichtheit, wenn es einregnet, jedoch ist mitunter die schadhafte Stelle schwer zu entdecken. Das Wasser läuft oft meterweit an den Sparren und Latten entlang, bis es abtropft und am Boden sichtbar wird. Diese Schäden beobachtet man am besten von innen bei Regenwetter, zeichnet sich die nassen Stellen an der Schalung mit Kreide an, um bei trockenem Wetter von oben den Löchern beizukommen.

k) Untersuchung von Steinmetzarbeiten.

Façaden aus Stein, die zum Teil verwittert sind, lassen sich reparieren durch Einsetzen von sog. Führungen, das sind Neueinsätze von Gesimsteilen, welche aber immer so gearbeitet sein müssen, daß sie nach dem Mauerleib zu keilig sind, so daß sie, wenn das Bindemittel ausläßt, nicht herausfallen können. Wichtig ist hier, daß der Stein der Führung in Korn und Farbe genau dem Bestehenden entspricht.

Sind die Gesimse ganz verwittert, so kann man dieselben an Ort und Stelle zurücksetzen, das heißt so weit nacharbeiten, daß alle Kanten und Profile wieder scharf sind, vorausgesetzt, daß die Wirkung der Façade nicht hierdurch beeinträchtigt wird.

Sehr viel Sorgfalt verwende man auf die Untersuchung von Steinpfeilern, denen ev. eine Mehrbelastung durch den Umbau zugemutet werden soll. Durch Nichtbeachtung dieses Umstandes ist schon sehr viel Unglück passiert.

Sind Steinpfeiler verputzt, haue man behufs Untersuchung wenigstens auf zwei Seiten den Putz herunter.

Heute liegen uns ja von den gebräuchlichsten Hausteinsorten die Resultate von vorgenommenen Druckproben vor und ist sogar amtlich die zulässige Belastung per qcm Querschnitt in Kilogramm angegeben. Danach berechne man die alten Pfeiler.

Mir kamen Fälle vor, daß nach so vorgenommener Berechnung die Pfeiler um das 5—10fache überlastet waren. Sie haben gehalten, weil heute bei Stein eine 10—20fache Sicherheit betreff Tragfähigkeit zugrunde gelegt wird, maßgebend dürfen uns solche gewagte Fälle jedoch keinesfalls sein.

Härtere Steinsorten, wie Granit, harter Kalkstein, Muschelkalk, Marmor, Porphyr usw., geben zu weniger Bedenken Anlaß, aber alles Sandsteinmaterial, Tuffsteine, Nagelflue, weiche Kalksteine etc. sind mit großer Vorsicht zu prüfen.

Man zieht hier am besten einen erfahrenen Steinmetzmeister zu Rate, um vor allem den Ursprung und die Sorte des Materials festzustellen, und gehe dann mit der Berechnung ja nicht zu nahe an die erlaubte Belastung heran.

In halbwegs zweifelhaften Fällen wechsle man solche Steine aus, ehe man ein sehr großes Risiko eingeht.

Verwitterte oder unschön gewordene Sockelverkleidungen lassen sich leicht an Ort und Stelle nacharbeiten oder abstocken. Polierte Steinflächen, die blind geworden sind, lassen sich alle leicht nachpolieren.

Marmorverkleidungen in Platten, die mit Gips oder Zement befestigt sind, bringt man in den seltensten Fällen ganz und heil weg.

l) Untersuchung von Stuck- und Bildhauerarbeiten.

1. Façadearbeiten.

Gesimse sind an Façaden, wenn dieselben nicht aus Stein sind, entweder in Kalkmörtel, Zement oder seltener in Gips hergestellt.

In allen Fällen untersuche man, ob die Gesimse nicht gerissen, gelockert oder verwittert sind. Reparieren lassen sich dieselben in jedem Material. Sind dieselben aber so defekt, daß man mit der Lehre frisch zum ziehen anfangen muß, kosten die Reparaturen gewöhnlich fast so viel, sogar mitunter mehr wie Neuherstellung. Hauptsächlich überzeuge man sich, ob die Blechabdeckungen der Gesimse noch gut erhalten sind.

Bildhauerarbeiten an Façaden, gleichviel aus welchem Material, die verwittert sind, lassen sich sehr schwer richtig und haltbar reparieren. Die ausgebesserten Stellen fallen meistens bei strengem Frost wieder weg, weil eine Blechabdeckung und somit Schutz vor eindringender Feuchtigkeit in den seltensten Fällen anzubringen ist.

Stuckdecken im Innern kann man nur dann belassen, wenn der Deckenputz noch vollständig intakt ist und die

Konturen nicht durch unvernünftiges, oftmaliges Übertünchen vollständig verloren gegangen sind. Zu reparieren sind solche Decken sehr schwer und, wenn es geht, gewöhnlich mit sehr viel Kostenaufwand, obwohl solche Reparaturen im Trocknen haltbar sind.

m) Untersuchung von Fenstern und Türen.

Hierüber ist eigentlich wenig zu bemerken, denn was ein schlechtes Fenster oder eine schlechte Tür ist, kennt jeder Laie, jedoch worauf es ankommt, wenn die Sachen unreparabel sind, soll hier erwähnt sein.

So lange bei Fenstern der Verband noch nicht verfault ist, das heißt: so lange die Zapfen und Zapfenlöcher intakt sind, und so lange die Kittfalze nicht angefault sind, ist ein Fenster noch zu reparieren, vorausgesetzt, daß nicht sonst die Holzteile zu stark verschunden sind. Wetterschenkel und Beschläge sind leicht durch neue zu ersetzen.

Dasselbe ist bei den Türen der Fall. So lange die Zapfen gesund sind, die Nuten und Füllungsteile nicht angefault und die Profilierungen und Kanten nicht verstoßen, ist eine solche Tür immer noch herzurichten.

Alte Formen und schlechte Verhältnisse nötigen vielfach sonst noch gute Fenster und Türen auszumustern.

Bei den Einglasungen der Fenster ist solches Glas, das blind und matt geworden ist, unbrauchbar.

n) Untersuchung von Schlössern und Beschlägen.

Fischbänder an Fenster und Türen sind unbrauchbar, wenn die Zapfen so abgenützt sind, daß sie im Lochteil des Bandes wackeln und infolgedessen das Fenster oder die Tür hängt. Bänder, deren Lappen im Holz wackelig sind, können nur durch Versetzen haltbar gemacht werden. Schlösser und Getriebe müssen behufs gründlicher Untersuchung auseinander genommen werden. Lahme Federn können leicht durch neue ersetzt werden. Ist die sog. Nuß, dann die Schließfalle und Schlüssel zu stark ausgeleiert und abgenützt, kostet in solchem Falle die Reparatur gewöhnlich mehr als ein neues Schloß.

Meistens sind in älteren Häusern die Schlösser älteren Systems, unförmig in der Größe, veraltete, unschöne Drücker, riesengroße Schlüssel, die in keiner Tasche unterzubringen sind, findet man vielfach vor.

Bei der Renovierung eines Hauses soll man da nicht sparen, das sind Sachen, die jedem Laien in die Augen fallen, und deren Qualität oft demselben maßgebend sind für den Wert des ganzen Hauses.

o) Untersuchung von Parketten und Fußböden.

Parkettböden, also verleimte Tafeln, untersuche man, ob dieselben furniert sind oder massiv. Sind die Bestandteile der einzelnen Tafeln aus dem Leim, gerissen und geschwunden, ist der Boden nicht mehr brauchbar.

Sind jedoch die Tafeln noch intakt und nur in den Stößen geschwunden, so lassen sich die Parketten neu abrichten und frisch verlegen; jedoch beobachte man bei furnierter Ware, deren Furnier gewöhnlich nur 3—5 mm stark ist, ob dieselben nicht so weit abgenutzt sind, daß beim Abrichten vom harten Holz fast nichts mehr bleibt.

Bei massiven Tafeln ist wiederum Obacht zu geben, daß dieselben nicht teilweise schon bis auf die Federn abgelaufen sind.

Riemenböden, die immer massiv sind und nur stark geschwunden oder geworfen, können frisch hergerichtet und umgelegt werden, wenn nicht der unter Parkett zuletzt erwähnte Fall vorliegt.

Auf diese Weise neu verlegte Parkett- und Riemenböden bleiben immer besser liegen als neue, weil ein weiteres Schwinden fast ausgeschlossen ist, nur fallen sie meistens etwas scheckig in der Farbe aus.

Tafelböden, die geschwunden sind, lassen sich ausspänen oder umlegen. Sind dieselben jedoch so abgenützt, daß sie schiefern und die Äste weit vorstehen, verlohnt es sich nicht, daran eine Reparatur vorzunehmen.

p) Untersuchung von Pflasterungen und Linoleum.

Pflasterungen jeder Art, die ausgelaufen sind, sind natürlich unbrauchbar. Gut erhaltene Pflasterungen, die nur in Kalkmörtel gelegt sind, allenfalls auch noch in Roman-Zement, lassen sich ziemlich sauber wegnehmen zur Wiederverwendung. Jedoch bessere Pflasterungen, wie Mettlacher und ähnliche Fabrikate, die gewöhnlich in Portland-Zement gelegt sind, werden bei der Wegnahme so beschädigt, daß nur sehr wenig Brauchbares übrig bleibt.

Reparaturen an Terrazzoböden bleiben immer sichtbar und sind daher in den seltensten Fällen zu empfehlen.

Linoleumböden werden entweder auf Zement, Beton, Gipsestrich oder Holzboden direkt mit Schellackkitt aufgeklebt oder auf eine Unterlage aus Pappfilz. In allen Fällen läßt sich das Linoleum losreißen und wieder verwenden, vorausgesetzt, daß es nicht zu viel abgenützt oder schon alt und brüchig ist. Linoleumbelag auf geworfenen Brettern wird gewöhnlich sehr bald wertlos und unbrauchbar, weil sich dasselbe auf den erhöhten Kanten der Bretter sehr bald und stark abnützt.

q) Untersuchung von Eisenbestandteilen.

Bei allen Eisenwaaren ist das erste, sich zu überzeugen, ob dieselben nicht so verrostet sind, daß die Stabilität und Brauchbarkeit dadurch in Frage gestellt ist. Bei angestrichenen Eisenteilen entferne man die Farbe, da oft darunter massenhaft Rost sitzt.

Bei I-Trägern in älteren Häusern untersuche man, ob sie nicht schon bis fast zur Bruchgrenze durchgebogen sind, und berechne, wenn sie bestehen bleiben sollen, die Belastung.

Früher wurde kein Träger berechnet, da wurden dieselben meistens nach dem praktischen Gefühl des Baumeisters gewählt. Mir kamen solche Unterzüge vor, die unten wagrecht verputzt waren, aber eine Durchbiegung bis zu 10 cm hatten auf 5,5 m Spannweite.

Will man bestehende Gußsäulen auf ihre Tragfähigkeit untersuchen, klopfe man sie erst mit einem leichten Hammer an. Der Ton muß hell und klar sein; sobald es klingt wie ein zerbrochener Topf, hat die Säule einen Sprung oder Gußfehler. Behufs der Berechnung bohre man dieselbe oben und unten im Schaft mit einem ungefähr 3 mm starken Bohrer an, nehme einen Draht, der am Ende ganz kurz abgebogen ist, und fahre in das Bohrloch hinein, so daß das angebogene Häkchen an der Innenseite der Säulenwandung anliegt. Auf diese Weise mißt man genau die Wandstärke. Eiserne Dachstühle und sonstige genietete Konstruktionsteile untersuche man hauptsächlich an den Nieten, Schrauben und Verbänden daraufhin, ob sie durch Rost nicht zu stark beschädigt sind.

r) Untersuchung von Ofen und Herden.

Ein Ofen oder Herd, an dem das Eisenzeug verbrannt ist, dünn ist oder Löcher hat, und wo viel Kacheln gerissen und zersprungen sind, ist nicht mehr brauchbar, resp. das Umsetzen nicht mehr wert.

Öfen, an denen nur wenige Kacheln gesprungen aber die Kachelmuster nicht mehr zu haben sind, oder alte, häßliche Façon haben, sind wertlos.

Gußeiserne Öfen, Amerikaner, eiserne Herde etc. sind wertlos, wenn sie zu stark zusammengerostet, oder wenn einzelne gebrochene Gußteile ohne neues Modell nicht mehr nachzuschaffen sind; sie sind entwertet, wenn es alte Systeme sind, mit denen nicht rationell geheizt werden kann, und die durch neue Erfindungen vom Markte verdrängt sind.

s) Untersuchung von Zentralheizungen.

Die zumeist verwendeten Systeme sind: Luftheizung, Niederdruckdampfheizung und Heißwasserheizung.

Bei Luftheizung wird die erwärmte Luft in gemauerten Kanälen, die unter den Böden und zwischen den Decken liegen, zugeführt und entweder innerhalb der Mauern oder in beigelegten Schächten hochgeführt. Die Heizkammer liegt gewöhnlich im Keller. Die Regulierung erfolgt durch Klappen in den einzelnen Räumen. Die Kanäle sind, wenn gut erhalten, verwendbar, so lange der Größenquerschnitt ausreicht, um neugeschaffene Räume mitzuheizen. Die Kaloriferen (Heizkammern) sind zu untersuchen, ob Rost und Heizkörper noch intakt sind, und ob die Größe der neuen Anlage entspricht.

Bei Niederdruckdampfheizung, deren Heizkörper aus Rippenröhren bestehen, und bei Wasserheizung ist festzustellen, ob die Rohrleitungen noch brauchbar sind und ob Heizkammern und Heizkörper in Größe den Anforderungen für vergrößerten Betrieb entsprechen.

Bei allen Systemen ist jedoch die Hauptsache, darüber Klarheit zu schaffen, ob dieselben nicht veraltet sind, die Betriebskosten im Verhältnis zu neueren Systemen nicht zu teuer und Bedienung und Regulierung unpraktisch sind.

t) Untersuchung von Gasbeleuchtungen.

Die Rohrleitungen sind meist verwendbar, müssen aber in erster Linie auf ihre Dichtigkeit geprüft werden. Soll die Anlage vergrößert werden, sind Zuleitungen und Gasuhr auf ihre Größenverhältnisse zu prüfen. Die Wiederverwendung von Beleuchtungskörpern muß dem Bedürfnis und Geschmack des Bauherrn resp. Architekten anheimgestellt werden; eine Neuherrichtung ist, so lange sie nicht verrostet sind, meistens sehr leicht zu bewerkstelligen.

u) Untersuchung von Abortanlagen und Installationsarbeiten.

Wo noch Abortgruben existieren, untersuche man genau, wo dieselben liegen, messe Breite, Länge und Höhe für den Fall, daß eine neue Fundation dahin trifft. Vor Abbruch lasse man dieselben sauber räumen. Sollen sie erhalten bleiben, ist zu konstatieren, wie stark die Umfassungen sind und in welchem Zustand, ob der Zementverputz innen noch intakt ist, ob die Grube überhaupt dicht ist, ob die umliegenden Mauern nicht durchnäßt sind und wie die Abdeckung beschaffen ist.

Ist Schwemmsystem vorhanden, verschaffe man sich vor allem den Kanalisationsplan und stelle fest, wo die Rohrleitungen liegen, um dann bei Ausgrabung neuer Fundamente vorsichtig arbeiten zu können.

Sind die Fallrohrleitungen Steingutröhren, ist nur zu konstatieren, ob dieselben dicht sind. Sind es Gußröhren, ist festzustellen, ob dieselben nicht total zusammengerostet sind, hauptsächlich in den Muffen. Es ist ferner zu konstatieren, ob die alte Anlage den jeweiligen ortspolizeilichen Vorschriften entspricht, da meistens beim Umbau verlangt wird, die alten Übelstände zu beseitigen.

Dasselbe gilt von den Klosetts samt Reserven. Es ist festzustellen, ob das bestehende alte System noch gestattet ist, ob an den Reserven die Mechanik, Schwimmer und Hahn nicht so defekt sind, daß es beseitigt werden muß.

Bei Rohrleitungen für Wasser finden sich in alten Häusern vielfach noch sehr schwachwandige Bleirohrleitungen vor. Es ist festzustellen, ob diese den Druck einer ev. neu einzuleitenden Wasserleitung aushalten.

Eisenröhren sind zu untersuchen, ob sie innen gut verzinkt sind und nicht vom Rost so zerfressen, daß dieselben erneuert werden müssen.

Bei Auslaufhähnen ist zu beobachten, ob dieselben gut schließen, wenn nicht, ob der Schaden überhaupt zu reparieren ist.

v) Untersuchung von elektrischen Läutwerken.

Bei älteren Anlagen ist zu konstatieren: Sind die Elemente noch brauchbar, die Metallkolben nicht schon total zerfressen, passen die Läutapparate und Drücker, die gewöhnlich sehr verunreinigt und alten unschönen Systems sind, noch zu einem renovierten, modernen Haus?

Die Leitungen sind ja gewöhnlich noch brauchbar, aber die umsponnenen Kupferdrähte meist grau und häßlich. Reparieren lassen sich hier höchstens die Elemente, alles andere ersetzt man der verhältnismäßig geringen Unkosten halber besser durch neues Material.

4. Anfertigung der Einreichungspläne für die Baubehörde.

Diese Arbeit gehört eigentlich nicht zu den Obliegenheiten eines Bauführers; es ist das Aufgabe des technischen Bureaus, aber ein Bauführer muß auch hier Bescheid wissen.

Wo eine baupolizeiliche Behörde existiert, liegt auch eine gedruckte Bauordnung vor, in der in erschöpfender Weise behandelt ist, was alles aus einem der Behörde vorzulegenden Bauplan ersichtlich sein muß, in welchem Maßstabe derselbe anzufertigen ist, so daß hier darauf nicht näher eingegangen werden soll.

Man möge aber dabei außerdem folgendes beherzigen:

Wie schon früher erwähnt, dient uns dieser Plan nicht nur dazu, um ihn bei der Behörde genehmigen zu lassen, er dient ferner dazu, um ihn als maßgebenden Plan dem Bauvertrag mit dem Bauherrn beizufügen, und ferner hauptsächlich dazu, den Kostenvoranschlag danach anfertigen zu können, er wird den Geschäftsleuten als Orientierungsplan übergeben etc.

Deshalb sei hier betont: Je genauer, ausführlicher und richtiger der 100teilige Plan angefertigt ist, desto weniger wird es Differenzen und Unannehmlichkeiten mit dem Bauherrn geben, desto sicherer und richtiger wird hauptsächlich der Voranschlag ausfallen, was meiner Ansicht nach die Hauptsache bei dem ganzen Geschäft ist; denn nicht immer stehen erfahrene ältere Techniker zur Anfertigung des Voranschlags zur Verfügung, die imstande sind, das Fehlende zwischen den Zeilen zu lesen oder sich selbst die nötigen Ergänzungsskizzen zu machen.

Mittels Farben ist alter Bestand grau, neues Mauerwerk rot, Abbruch gelb, Eisen blau, neues Holz braun zu bezeichnen. Die in unserem Einreichungsplan eingeschriebenen rot eingeringelten Ziffern, welche die Nummerierung von Fenstern und Türen bedeuten, können für ersteren entfallen, sind jedoch in den für Bauvertrag und Voranschlag etc. bestimmten Kopien sehr wichtig.

Die Einzeichnung der Träger soll sehr sorgfältig und reichlich erfolgen. Die Träger werden blau eingezeichnet und mit blauer Nummerierung versehen, da in der der Behörde vorzulegenden statischen Berechnung darauf verwiesen wird.

Schließlich sei noch bemerkt, daß man diese Pläne möglichst gedrängt auf einem Blatt unterbringen sollte, da dadurch das Ganze übersichtlicher wird.

5. Anfertigung des Kostenvoranschlags.

Es existieren ziemlich viel Publikationen, die dieses Thema behandeln, und die meisten davon sind so erschöpfend bearbeitet, daß man in der Lage ist, an der Hand derselben einen Voranschlag aufzustellen.

Zumeist sind jedoch in diesen Schemas Neubauten behandelt, und zwar fast immer ohne Grundlage eines bestimmten beigefügten Projektes, woraus zu ersehen wäre, wie und warum so gemessen ist, wie es der fertige Voranschlag ausweist.

Man hört so oft Klagen wegen zum Teil sehr großen Überschreitungen der Voranschläge, und zwar nicht nur bei Privaten, sondern auch bei städtischen Ämtern und Baubehörden.

Was sind die Ursachen?

Vielfach sind die Baupläne mangelhaft angefertigt, vielfach sind der oder die Auftraggeber deshalb schuld daran, weil von vornherein das Bauprogramm nicht erschöpfend genug aufgestellt war, oder hintenach Wünsche berücksichtigt werden sollen, von denen bei Aufstellung der Pläne und Voranschläge keine Rede war.

In sehr vielen Fällen sind jedoch auch die Verfasser der Voranschläge die Sünder.

Der größte Theoretiker ist nicht in der Lage, einen richtigen Voranschlag anzufertigen, wenn er nicht hinreichende Praxis und hauptsächlich genügende Erfahrungen besitzt.

Ist es schon nötig, daß man in den Plänen für einen Neubau behufs Anfertigung eines sicheren Voranschlages viel zwischen den Zeilen lesen muß, so ist dies in ungleich höherem Maße nötig, um den Voranschlag zu einem Umbau zu verfassen.

Wird ein Umbau auf Regie ausgeführt und der ausführende Baumeister hat nicht für die Einhaltung des Voranschlages zu haften, dann kann bei namhafter Überschreitung desselben der Schaden nur den Bauherrn treffen, obgleich dadurch das Renommée eines soliden Baugeschäftes empfindlich geschädigt werden kann.

Ein Bauherr, der aber nebenbei auch ein vorsichtiger Geschäftsmann ist, wird heute auch die Arbeiten für den

Umbau eines Hauses lieber zu einer etwas höheren Pauschalakkordsumme vergeben, als sich auf einen Regiebau einzulassen.

Er kann dann von vornherein mit Sicherheit kalkulieren und sich die Rentabilität des Hauses zurechtlegen.

In diesem Falle aber ist es Sache des Unternehmers, doppelt vorsichtig zu sein; denn wenn man zu einer fixen Summe abschließen will, hängt es hauptsächlich davon ab, wie der Voranschlag gemacht ist, um beim Abschluß des Baues den Verdienst zu erzielen, den man erwartet hat. Mit einem ängstlich genauen Rechnen nach den 100teiligen Plänen kommt man bei einem solchen Voranschlag nicht aus. Lieber etwas zu reichlich messen als zu knapp, die kleinen Überschüsse, die man allenfalls durch gute Ausmaße erzielt, sind sehr nötig zur Deckung einer Unmasse unvorhergesehener Kleinigkeiten, die im Plan nicht zu ersehen sind, oder im Voranschlag vergessen werden, was unfehlbar auch dem Geübtesten passiert.

Schließlich versäume man nicht, unter Diverse am Schluß des Voranschlags eine Summe von 5—10% der Gesamtkosten einzusetzen für größere unvorhergesehene Fälle, deren Notwendigkeit erst während des Baues erkannt werden kann. Näheres hierüber siehe Bauvertrag, Baujournal und Voranschlag.

Mit den nackten Ziffern eines Voranschlages ist einem Lernenden wenig gedient, deshalb werden in diesem Voranschlag überall da, wo ich es für nötig erachte, entsprechende Erläuterungen beigefügt sein, die der Klarheit halber immer eingeklammert [—] sind.

Kostenvoranschlag
über den
Umbau im Hause des Herrn N. N.

[Der Vollständigkeit halber werden in dem Voranschlage auch die Preise eingesetzt, die natürlich allerorts verschieden sind, sogar in jeder Stadt von Jahr zu Jahr variierend, und deshalb nicht maßgebend sein können. Die eingesetzten Preise sind durchweg **Selbstkostenpreise,** denen prozentual die Geschäftsunkosten und der Gewinn zuzufügen sind.

Dieser Zuschlag dürfte je nach der Größe des Objektes, der Schwierigkeit und großen Verantwortlichkeit, dann je nach den Zahlungsbedingungen etc. sich zwischen 10 und 20 % bewegen.

Die Preise für Erd-, Maurer- und Betonarbeiten liegen in jedem Baugeschäft auf, da diese Arbeiten fast ausnahmslos in eigener Regie ausgeführt werden. Alle übrigen Preise der verschiedenen Gewerke hole man sich von den Geschäften, welche man mit der Ausführung betrauen will, vor dem Einsetzen der Preise in den Voranschlag ein, sonst gibt's bei Verakkordierung der Arbeiten gewöhnlich unangenehme Enttäuschungen.

Der Voranschlag wird nach den 100teiligen Plänen Tafel IV und V angefertigt, da in der Zeit die Werkpläne noch nicht hergestellt sind.

Schließlich sei noch bemerkt, daß der Voranschlag in möglichst gedrängter Form verfaßt ist, wie es in größeren Baugeschäften der Brauch ist, wo der Wahlspruch lautet: »Zeit ist Geld«.]

Laufende Nr.	Vortrag	Dimensionen Länge	Breite	Höhe	Masse Ganze	$^1/_{100}$	Einzelpreis ℳ	₰	Betrag ℳ	₰
	I. Abbrucharbeiten.									
1	Herausnehmen von Tür- und Fensterstöcken									
	a) Fenster:									
	Vorderfaçade, I. Stock .				5					
	Rückfaçade, Souterrain .				1					
	» Parterre .				4					
	I. Stock				3					
	II., III. und IV. Stock .				6					
	Summa			Stück	19					
	b) Türen:									
	Souterrain . .				2					
	Parterre				9					
	I. Stock				8					
	II., III. u. IV. Stock 3×3 =				9					
	Dachboden				1					
	Summa				29					
	Summa Post 1			Stück	48		1	80	86	40
2	Abbruch von Öfen und Herden									
	Parterre				3					
	I. Stock				4					
	II., III. und IV. Stock .				9					
	Summa Post 2			Stück	16		2	50	40	—
3	Herausnehmen von Schaufensterstöcken samt innerer Verkleidung				2					
	Summa Post 3			Stück	2		3	50	7	—
4	Wegnahme von Fußböden samt Fußleisten. [Zwischenmauern unter 35 cm Stärke werden mitgemessen, da									
									133	40

Laufende Nr.	Vortrag	Dimensionen Länge	Breite	Höhe	Masse Ganze	$^1/_{100}$	Einzelpreis ℳ	₰	Betrag ℳ	₰
	Übertrag								133	40
	ein 100teiliger Plan niemals auf 10—30 cm genau gezeichnet ist.]									
	Parterre: Läden und Hausgang $9{,}10 \times \frac{6{,}2 + 5{,}3}{2}$				52	32				
	» Rückwärtiger Teil $\frac{9{,}5 \times 2{,}7}{2}$				12	82				
	(Der Unregelmäßigkeit halber in zwei Dreiecken gerechnet) $\frac{9{,}5 \times 5{,}4}{2}$				25	65				
	I. und II. Stock:									
	Vorderer Teil $2 \times 9{,}10 \times \frac{6{,}35 + 5{,}45}{2}$				107	38				
	Rückwärtiger Teil $2 \times \frac{9{,}6 \times 2{,}7}{2}$				25	92				
	$2 \times \frac{9{,}6 \times 5{,}5}{2}$				52	80				
	III., IV. Stock und Dachraum:									
	Stiegenplätze 3 ×	2,0	1,2		7	20				
	Abort u. frühere Küche 3 ×	3,8	3,8		43	32				
	[Maße in der Mitte gemessen, kleiner Vorplatz vor Abort mitgemessen, da oben auch die Umfassung schwächer wird und der Raum etwas größer. In den Etagen, wo die neuen russischen Kamine hochgeführt werden, müssen zum Teil in der Um-									
					327	41			133	40

Laufende Nr.	Vortrag	Dimensionen Länge	Breite	Höhe	Masse Ganze	1/100	Einzelpreis M	Pf	Betrag M	Pf
	Übertrag				327	41			133	40
	gebung dieser Kamine nicht nur die Fußböden herausgenommen, sondern zum Teil die ganzen Decken ausgewechselt werden. Die neuen Kamine haben 20 cm Durchmesser, vorderer Abschluß 15 und rückwärtiger Abschluß minimal 10 cm, im ganzen also 45 cm. Es werden deshalb in den Kommunmauern, die vom Mittel weg gemessen schwächer sind, die neuen Kamine vor der Mauerflucht vorstehen und der hart an der alten Mauer liegende Tram ausgewechselt werden müssen. Hier muß in den Ausmaßen ergiebig gerechnet werden, da man auf verschiedenes Unvorhergesehene stoßen kann. Die Auswechselung muß stattfinden: linkseitig vom I. Stock an durch alle Etagen, rechtseitig für den vorderen Kamin im II., III. und IV. Stock.]									
	Kamine linkseitig:									
	III., IV. Stock u. Dach 3 ×	2,5	3,0		22	50				
	[Im I. und II. Stock sind sie schon gemessen.]									
	Kamine rechtseitig:									
	III., IV. Stock u. Dach 3 ×	1,3	3,5		13	65				
	Summa Post 4			qm	363	56	—	15	54	53
									187	93

Laufende Nr.	Vortrag	Dimensionen Länge	Breite	Höhe	Masse Ganze	$^1/_{100}$	Einzelpreis ℳ	₰	Betrag ℳ	₰
	Übertrag								187	93
5	Beseitigung von Rohr- und Lattendecken inkl. Verputz.									
	Der Flächeninhalt ist gleich dem der Post 4 minus Parterre:									
	Post 4 =				363	56				
	hiervon Parterre mit				90	79				
				Sa.	272	77				
	Alte Stiegenhausdecke im Dach	5,7	2,0		11	40				
	Summa Post 5			qm	284	17	—	18	51	15
	[Im I. Stock kann voraussichtlich ein Teil der Decken erhalten werden, man muß jedoch immer da, wo Abbolzungen stattfinden und da, wo Zwischenwände herausfallen, vorsichtshalber neue Decken rechnen, und zwar aus folgenden Gründen:									
	Die Abbolzung soll immer auf den freigelegten Tramen stattfinden.									
	In alten Häusern sind vielfach noch mit der Axt behauene Balken zu finden, welche mitunter teilweise bis zu 4 cm aufgeleistet sind. Werden die Zwischenwände entfernt und sollen mehrere Räume dann eine ebene Decke erhalten, so entstünden aus vorigem Grund Absätze, die nur durch eine neue Decke zu beseitigen sind.]									
									239	08

Laufende Nr.	Vortrag	Dimensionen Länge	Breite	Höhe	Masse Ganze	$^1/_{100}$	Einzelpreis ℳ	₰	Betrag ℳ	₰
	Übertrag								239	08
6	Auffüllung der Fehlböden zu beseitigen und herunterzuschaffen.									
	[Ist immer da nötig, wo die Tramdecke entfernt werden muß.]									
	Decke über dem Parterre: Flächeninhalt gleich den ersten drei Posten in Position 4 =				90	79				
	Decken über I., II., III. und IV. Stock.									
	Abort und frühere Küche 4 ×	3,8	3,8		57	76				
	Stiegenplatzl . . . . 4 ×	2,0	1,2		9	60				
	Stiegenplatzl im II. Stock nach der Tragmauer zu . . .	2,0	1,5		3	00				
	Längs der Mauern, die im Fußboden des II. Stocks mit Trägern unterfangen werden:									
	Vorderer Trakt . 4 ×	6,0	1,4		33	60				
	Rückwärts	5,0	1,4		7	00				
	Altes Stiegenhaus im Dach .	3,0	2,0		6	00				
	An den Kaminen . . 4 ×	3,0	2,5		30	00				
	3 ×	1,5	3,5		15	75				
	Summa Post 6			qm	253	50	—	13	32	96
7	Herausnehmen von Fehlböden und Beseitigung der alten Trame. Flächeninhalt gleich Post 6.									
	Summa Post 7			qm	253	50	—	80	202	80
8	Wegnahme von Pflasterungen:									
	Straßentrottoir . . .	9,9	2,5		24	75				
	Hof	8,0	$\frac{0,55+3,78}{2}$		17	32				
					42	07			474	84

Laufende Nr.	Vortrag	Dimensionen			Masse		Einzelpreis		Betrag	
		Länge	Breite	Höhe	Ganze	$^1/_{100}$	M	Pf	M	Pf
	Übertrag				42	07			474	84
	Alte Kellerräume:									
	Linkseitig . .	5,0	2,1		10	50				
	Stiege	2,8	1,3		3	64				
	Rechtseitiger Teil . . .	3,5	3,5		12	25				
	Summa Post 8			qm	68	46	—	20	13	69
9	Abbruch der alten Holzstiege samt Geländer. [Stiege ist unterhalb sichtbar und nicht verputzt.]		Stufen		92	St.				
	Summa Post 9				92	St.	—	30	27	60
10	Abbruch der Kellerstiege, ist gemauert und mit Riegeln versehen		Stufen		12	St.				
	Summa Post 10				12	St.	—	70	8	40
11	Entfernung der Gas- und Wasserleitung, ein Pauschale . . . [Ist für den Unerfahrenen sehr schwer zu schätzen, befragt sich am besten bei einem Fachmann]								50	—
12	Beseitigung der bestehenden Abortanlagen samt Rohrleitung		Abortsitze		5	St.				
	Summa Post 12				5	St.	4	—	20	—
13	Räumen und Ausbrechen der bestehenden Abortgrube, ein Pauschale								25	—
14	Weghauen von Verputz und Auskratzen der Steinfugen. [Eine Mauer, die abgebrochen wird, befreit man nicht erst vom Verputz, sondern die einzelnen Steine werden abgepickt nach Abbruch der Mauer.									
									619	53

Laufende Nr.	Vortrag	Dimensionen Länge	Breite	Höhe	Masse Ganze	$^1/_{100}$	Einzelpreis ℳ	₰	Betrag ℳ	₰
	Übertrag								619	53
	Wo alter Putz durch neuen zu ersetzen ist, siehe unter 3. Untersuchung des Bauzustandes lit. d.)									
	Alte Kellerräume:									
	linkseitig $2 \times \left(\frac{2{,}20 + 4{,}9}{2}\right)$			2,5	17	75				
	Stiegenhaus:									
	5,20 + 2,0 + 1,0 =	8,2		2,5	20	50				
	rechtseitiger Teil									
	1,0 + 3,0 + 4,0 + 3,0 =	11,0		2,5	27	50				
	Kellergewölbe	5,0	2,3		11	50				
	Parterre:									
	linkseitige Kommunmauer	12,0		3,5	42	00				
	I. Stock:									
	rechtseit. Grenzmauer vorn	5,3		3,0	15	90				
	[Die wenigen Öffnungen im Keller werden nicht in Abzug gebracht, da auch die Türleibungen abzuhauen sind.]									
	Summa Post 14			qm	135	15	—	20	27	03
15	Auffüllung der Gewölbe zu beseitigen:				cbm					
	Kellerstiege-Platzl . . .	2,0	1,4	0,4	1	12				
	rechtseitiger Raum . . .	3,5	3,5	0,5	6	12				
	[Bei größeren Tonnengewölben ist die Auffüllung größer, sobald die Widerlager tiefer liegen als bei kleineren.]									
	Summa Post 15		cbm		7	24	—	90	6	52
16	Abtragen von Gewölben:				qm					
	Keller wie vor . . .	2,0	1,4		2	80				
		3,5	3,5		12	25				
	Summa Post 16			qm	15	05	1	—	15	05
									668	13

Laufende Nr.	Vortrag	Dimensionen Länge	Breite	Höhe	Masse Ganze	$^1/_{100}$	Einzelpreis ℳ	₰	Betrag ℳ	₰
	Übertrag								668	13
17	Abbruch von Mauerwerk samt Abpicken der Steine (Beseitigung des Verputzes und Mörtels). [Hier werden nur ganze Mauern verrechnet, die mit dem Steinpickel abgebrochen werden können. Ausbruch von Öffnungen muß mittels Brechwerkzeug vorgenommen werden, ist teurer und wird separat verrechnet. Souterrainmauerstärken werden samt Verputz gerechnet.]									
	Fundamente (ohne Putz):									
	Vorderfaçade	9,8	1,05	0,30	3	09				
		9,8	0,90	0,70	6	17				
	Langmauer vorn . . .	5,7	0,45	0,60	1	54				
		5,6	0,30	0,60	1	01				
	Kellerstiege 3,0 + 0,80 =	3,8	0,30	2,80	3	19				
	Parterre (mit Verputz):			qm						
	Vorderfaçade	9,8	0,79	7,74						
	Gangmauern	5,7	0,34	1,40						
		5,6	0,18	1,01						
	Mittelmauer 5,8 + 2,2 =	8,0	0,45	3,60						
	Langmauern am alten Stiegenhaus 5,0 + 2,5 =	7,5	0,34	2,55						
	Abortmauer 4,0 + 1,0 =	5,0	0,18	0,90						
	Hintere Umfassung . . .	3,8	0,79	3,36						
	Höhe = 3,50 ×		qm	20,56	71	96				
	I. Stock:									
	Vordere Umfassung . . .	9,8	0,64	6,27						
	„ Scheidemauern 6,0 + 5,80 =	11,8	0,18	2,12						
				8,39	86	96			668	12

Laufende Nr.	Vortrag	Dimensionen Länge	Breite	Höhe	Masse Ganze	$^{1}/_{100}$	Einzelpreis ℳ	₰	Betrag ℳ	₰
				qm	cbm					
	Übertrag			8,39	86	96			668	13
	Mittelmauer	6,70	0,49	3,28						
	Langmauern am alten Stiegenhaus . . 5,0 + 3,0 =	8,00	0,34	2,72						
	Abortmauern	2,80	0,18	0,50						
	Rückwärtige Umfassung .	3,70	0,64	2,37						
	Höhe 3,40 ×		qm	17,26	58	68				
	II., III. und IV. Stock:									
	Abortmauer	2,80	0,18	10,00	5	00				
	Umfassung des alten Stiegenhauses im Speicher (2 × 4,0) + 2,0 =	10,0	0,18	2,50	4	50				
	Summa ohne Abzüge				155	14				
	Abzüge hiervon:									
	Parterre: Vorderfaçadefenster 2,34 + 1,84 =	4,18	0,79	2,50	8	25				
	Mittelmauer Türen	1,00	0,79	2,80	2	21				
	(2 × 0,90) + 1,30 =	3,10	0,49	2,00	3	04				
	Stiegenhausumfassung, Türen . . 2 × 0,90 =	1,80	0,34	2,00	1	22				
	Aborttür . . 2 × 0,90 =	1,80	0,18	2,00	0	65				
	Rückw. Umfassung, Fenster 2 × 1,0 =	2,00	0,79	1,80	2	84				
	I. Stock:									
	Vordere Umfassung (4 × 0,72) + 1,0 =	3,88	0,64	1,80	4	46				
	Türen, Mittelmauern { 2 × 0,90 =	1,80	0,17	2,00	0	65				
	2 × 0,90 =	1,80	0,49	2,00	1	76				
	2 × 0,90 =	1,80	0,34	2,00	1	22				
	Rückw. Umfassung, Fenster 2 × 1,10 =	2,20	0,64	1,75	2	45				
	Summa der Abzüge				28	75				
	Summa ohne Abzüge				155	14				
	Restsumma Post 17			cbm	126	39	4	—	505	56
									1173	69

Laufende Nr.	Vortrag	Dimensionen Länge	Breite	Höhe	Masse Ganze	$^1/_{100}$	Einzelpreis ℳ	₰	Betrag ℳ	₰
	Übertrag								1173	69
18	Ausbruch von Tür- und Fenster-öffnungen etc.:									
	Souterrain: Mittelmauer									
	(2 × 1,0) + 1,50 =	3,50	0,64	2,80	6	27				
	Kellerfenster rückwärts .	1,00	0,94	2,50	2	50				
		0,45	0,94	1,20	0	42				
	Parterre: Rückw. Umfassung									
	Stiegenhaustür. . . .	1,10	0,79	2,30	1	92				
	Aborttür	0,90	0,79	2,30	1	63				
	Stiegenhausfenster									
	I. und II. Stock 2 × 1,20 =	2,40	0,64	2,00	3	07				
	do. III. u. IV. Stck. 2 × 1,20 =	2,40	0,49	2,00	2	35				
	Ausbruch für die neuen Kamine:									
	Souterrain . . 2 × 0,50 =	1,00	0,45	2,50	1	12				
	Parterre u. I. Stck. 2 × 0,50 =	1,00	0,30	6,80	2	04				
	2 × 0,50 =	1,00	0,45	6,80	3	06				
	II., III. u. IV. Stck. 2 × 0,50 =	1,00	0,23	10,0	2	30				
	2 × 0,50 =	1,00	0,37	10,0	3	70				
	2 × 0,50 =	1,00	0,15	6,00	0	90				
	Dachboden . . 2 × 0,50 =	1,00	0,30	6,00	1	80				
	Fenster am alten Stiegenhaus	1,20	0,64	1,60	1	23				
	Ausbruch für Träger:	1,20	0,49	3,40	2	00				
	Vorderfaçade I. Stock									
	oberer Träger	10,0	0,30	0,40	1	20				
	Rückfaçade große Öffnung									
	Parterre . . .	4,40	0,79	0,40	1	39				
	I. Stock do.	4,40	0,64	0,40	1	13				
	Stiegenhausfenster . 5 × 1,8	9,00	0,50	0,35	1	57				
	Summa Post 18			cbm	41	35	5	50	227	43
19	Ausbruch von Trägerauflagern in alten Mauern:				St.					
	Souterrain: Mittelmauer . .				1					
	Parterre:									
	linkseitige Kommunmauer				3					
					4				1401	12

Laufende Nr.	Vortrag	Dimensionen Länge	Breite	Höhe	Masse Ganze	$^1/_{100}$	Einzelpreis ℳ	₰	Betrag ℳ	₰
	Übertrag				4				1401	12
	rechtseit. Kommunmauer .				8					
	rückw. Umfassung . .				2					
	I. Stock				9					
	II., III., IV. Stock Stiegenplatzl				3					
	Summa Post 19		Stück		26		1	20	31	20
20	Ausbruch von Tramauflagen:									
	Für die neuen Tramdecken im alten Stiegenhaus I. Stock . .				3					
	II., III. u. IV. Stock 3 × 10 =				30					
	Summa Post 20		Stück		33		1	40	46	20
21	Ausbruch für Ständer und Säulenfundament auf der alten Mittelmauer		Stück		2		5	—	10	—
22	Ausbruch von Bolz- und Reiterlöchern. [Unter Bolzlöchern sind die Löcher für die vertikalen schiefen Streben, unter Reiterlöchern die Durchbrüche für die horizontalen Eisenträger in der Abbolzung verstanden. Über dies und Anzahl der Locher siehe Tafeln XX, XXI, XXII.]									
	Vorderfaçade				14					
	Mittelmauer				7					
	Rückfaçade und Langmauern				16					
	Summa Post 22		Stück		37		1	80	66	60
23	Für diverse Ausbrüche für Schlaudern, Mauerkloben zur Befestigung der Ständer etc. ein Pauschale von								50	—
									1605	12

Laufende Nr.	Vortrag	Dimensionen Länge	Breite	Höhe	Masse Ganze	$^1/_{100}$	Einzelpreis ℳ	₰	Betrag ℳ	₰
	Übertrag								1605	12
24	Abbruch der spanischen Wände am Abort und der alten Küche	2,5		12,0	30	00				
	Summa Post 24			qm	30	00	—	60	18	—
25	Abbruch des alten Dachfensters und der Dachfläche für ein neues Dachfenster des neuen Stiegenhauses, ein Pauschale .						8	—	8	—
26	Herausschaffen des anfallenden Schutts von den verschiedenen Stockwerken auf die Straße.								1631	12

[Die Berechnung geschieht nach Kubikmetern und wird wie folgt berechnet, wobei die Auflockerung oder das Lockermaß schon inbegriffen ist. Man rechnet an anfallendem Schutt:

1.	für den Ausbruch eines Fensters oder eines Türstockes	0,3 cbm	
2.	eines qm Rohr- oder Lattendecke	0,06 »	
3.	Wegnahme von Pflasterung, die unbrauchbar ist	0,20 »	pro qm
4.	Abbruch von gemauerten Kellerstiegen . .	0,15 »	» Stufe
5.	Abbruch von alten, unbrauchbaren Öfen und Herden	0,50 »	» Stück
6.	Abbruch von spanischen Wänden . .	0,30 »	» qm
7.	Weghauen von Verputz	0,06 »	
8.	Auffüllung von Fehlböden	0,20 »	» »
9.	» » Gewölben	0,50 »	» »
10.	Abtragen von Gewölbe mit 0,15 Stärke . .	0,30 »	»
11.	Abbruch von Mauerwerk, unter Berücksichtigung des brauchbaren Steinmaterials . .	0,6 »	» cbm
12.	do., wenn nichts davon brauchbar ist . .	1,4 »	» »
13.	Ausbruch von Mauerwerk	1,4 »	»
14.	Ausbruch von Löchern für Träger, Balken und Bolzlöcher	0,06 »	» Stück

15. Für Schuttanfall von diversen sonstigen Abbrüchen 10 % der nach obigem ausgerechneten Schuttmassen.]

Laufende Nr.	Vortrag	Dimensionen Länge	Breite	Höhe	Masse Ganze	1/100	Einzelpreis ℳ	₰	Betrag ℳ	₰
	Übertrag								1631	12
	Demnach fällt Schutt an:									
	Aus Abbrucharbeiten									
	Post 1 Stück 48 à 0,3 cbm =				14	40				
	» 2 » 16 à 0,5 » =				8	00				
	» 3 » 2 à 0,4 » =				0	80				
	» 5 qm 284,0 à 0,06 » =				17	04				
	» 6 » 253,5 à 0,20 » =				50	70				
	» 8 » 68,64 à 0,20 » =				13	69				
	» 10 Stück 12 à 0,15 » =				1	80				
	13 Pauschale				5	00				
	14 qm 135,15 à 0,06 cbm =				8	11				
	» 15 cbm 1,24 à 1,20 » =				8	69				
	» 16 qm 15,05 à 0,30 » =				4	51				
	» 17 cbm 60,0 à 0,6 » =				36	00	s Post 26 Ziff. 11			
	» 17 » 66,39 à 1,4 » =				92	94	» » 26 » 12			
	» 18 » 41,35 à 1,4 » =				57	89				
	» 19 Stück 26									
	» 20 » 33									
	» 21 » 2									
	» 22 » 37									
	Sa. St. 98 à 0,06 » =				5	88				
					325	45				
	Hierzu Schuttanfall von verschiedenen sonstigen Sachen: 10 °/₀ aus 325,45 cbm =				32	54				
	Total-Summa Post 26			cbm	357	99	—	90	322	19
27	Abfuhr des anfallenden Schuttes			cbm	357	99	1	50	536	99
	Summa I Abbrucharbeiten								2490	30
	[Der Vollständigkeit halber sollen hier noch verschiedene Posten angeführt werden, die									

Laufende Nr.	Vortrag	Dimensionen			Masse		Einzelpreis		Betrag	
		Länge	Breite	Höhe	Ganze	1/100	M	Pf	M	Pf
	beim Abbruch vorkommen können, obwohl dieselben in unserem Projekte nicht in Betracht kommen.]				qm					
	1. Wegnahme von Täfelungen				1		—	25		
	2. Wegnahme von Asphaltböden samt Betonunterlage				1		—	40		
	3. Abtragen von Steinstiegen je nach Breite und Etage pro Stufe						— bis —	30 bis 90		
	4. Wegnahme von Pferdestalleinrichtungen, Barren, Säulen, Raufen, Standwänden pro Stück						—	90		
	5. Wegnahme von Ziegeldächern				1		—	45		
	6. Abtragen von Holzzementdächern inkl. Kies u. Schalg.				1		—	65		
	7. Abnahme von Dachschalung				1		—	18		
	8. Wegnahme von Blechdachung				1		—	25		
	9. Wegnahme von Schieferdachung				1		—	27		
	10. Abnahme von Dachrinnen und Hängeplatten pro lfd. m						—	45		
	11. Abbruch des Dachstuhls je nach Profil pro qm Vertikalprojektion						— bis —	50 bis 90		
	12. Wegnahme alter Eisenträger je nach Profil pro lfd. m						— bis 1	45 bis 45		
	13. Wegnahme von Spiegelscheiben				1		1	40		
	14. do. do. von eis. Rolläden .				1		—	90		
	15. Abhauen von Mauerabsätzen 8 cm stark				1		—	70		
	15 » »				1		1	10		

Laufende Nr.	Vortrag	Dimensionen Länge	Breite	Höhe	Masse Ganze	$^1/_{100}$	Einzelpreis M	Pf	Betrag M	Pf
	II. Abbolzungs- oder Absteifungs- und Schachtarbeiten.									
	[Als Einheitspreis für zu unterstützende Mauern und Decken wird die Gesamtbelastung berechnet und pro 100 kg 40 Pf eingesetzt, denn entsprechend der Schwere der Mauern muß die Stärke der zu verwendenden Abbolzungsmaterialien, eiserne Träger, Rund- und Vierkanthölzer berechnet werden.]									
1	Abbolzungen.									
	Vordere Umfassungsmauer:									
	Mauerwerk: II. Stock cbm									
	$10{,}0 \times 0{,}64 \times 3{,}30 = 21{,}12$									
	III. und IV. Stock									
	$10{,}0 \times 0{,}49 \times 6{,}30 = 30{,}87$									
	Summa cbm 51,99									
	Abzüge hiervon:									
	[Für die Belastung durch Fenster- und Façadengesimse wird der Einfachheit halber die Fensterhöhe mit 0,30 m geringer berechnet als das Maß in natura beträgt. Dasselbe gilt von Türen.]									
	Fenster II. Stock:									
	$4 \times (0{,}72 \times 0{,}64 \times 1{,}50) = 2{,}76$									
	$1{,}0 \times 0{,}64 \times 1{,}50 = 0{,}96$									
	II. und III. Stock:									
	$8 \times (0{,}72 \times 0{,}49 \times 1{,}35) = 3{,}81$									
	$2 \times (1{,}0 \times 0{,}49 \times 1{,}35) = 1{,}32$									
	Summa Abzug . . 8,85									
	Summa ohne Abzug 51,99				kg					
	Restsumma cbm 43,19	à 1550 kg =			66876					

Laufende Nr.	Vortrag	Dimensionen Länge	Breite	Höhe	Masse Ganze	$^1/_{100}$	Einzelpreis ℳ	₰	Betrag ℳ	₰
					kg					
	Übertrag				66876					
	Decken 10,0×3,0×4 = 120,0 qm	à 300 kg =			36000					
	Ziegeldach 10,0×3,0 = 30,0 qm	à 270 kg =			8100					
	Scheidemauern im vorderen Teil									
	2 × 6,0 × 0,18 × 10,0 = 21,60									
	Hiervon ab:									
	Türen 6 × (0,90 × 0,18 ×									
	1,70) = 1,38									
	Summa cbm 20,22	à 1550 kg =			31341					
	Mittelmauer:									
	Mauerwerk									
	5,80 × 0,34 × 10,0 = 19,72									
	ab Türen									
	6 × (0,90 × 0,34 × 1,70) = 3,11									
	Restsumma cbm 16,61	à 1550 kg =			25745					
	Decken									
	5,80 × 3,0 × 4 = qm 69,60									
	2,50 × 5,80 × 4 = » 58,0									
	Summa qm 127,6	à 300 kg =			38280					
	Kamin									
	0,70 × 0,70 × 7,0 = 3,43 cbm	à 1550 kg =			5316					
	Ziegeldach									
	5,80 × 5,80 = 33,64 qm	à 270 kg =			9082					
	Stiegenhaus-Umfassungen									
	Langmauern									
	(4,60 + 2,80) = 7,40 × 0,34									
	× 10,0 = 25,16									
	Hiervon ab:									
	6 × 0,90 × 0,34 × 1,70 = 3,11									
	Restsumma qm 22,05	à 1550 kg =			34177					
	Rückw. Umfassung									
	3,60 × 0,64 × 3,30 = 7,59									
	3,60 × 0,49 × 6,60 = 11,61									
	Summa 19,20									
					154917					

Laufende Nr.	Vortrag	Dimensionen Länge	Breite	Höhe	Masse Ganze	1/100	Einzelpreis ℳ	₰	Betrag ℳ	₰
	Übertrag				kg 254917					
	Hiervon ab:									
	Fenster									
	2 × (1,10 × 0,64 × 1,35) = 1,89									
	4 × (1,10 × 0,49 × 1,35) = 2,90									
	Summa Abzug 4,79									
	Summa ohne Abzug 19,20									
	Restsumma cbm 14,41	à 1550 kg =			22335					
	Decken 3,60 × 2,50 × 4 = qm 36,0	à 300 kg =			10800					
	Ziegeldach 3,60 × 2,50 = qm 9,0	à 270 kg =			2430					
	Summa Post 1			kg	290482					
2	Ausschachtung für die Unterfangungsarbeiten auf 3,50 m Tiefe:			à	100 kg		—	40	1161	92
	Linkseit. Kommunmauer .		lfd. m		6	00				
	rechtseit. » .				5	00				
	Vordere Umfassung									
	beiderseits . 2 × 10,0 =				20	00				
	Summa Post 2		lfd. m		31	00	6	—	186	—
3	Für verschiedene kleinere Abspreizungen u. Unterstützungen ein Pauschale								80	—
	Summa II Abbolzungen								1427	92

III. Erdarbeiten.

Laufende Nr.	Vortrag	Länge	Breite	Höhe	Ganze	1/100	ℳ	₰	ℳ	₰
1	Erdaushub in den Schachtungen:									
	Kommunmauer linkseitig .	6,0	1,75	3,50	36	75				
	rechtseitig .	5,0	1,52	3,50	26	26				
	Vordere Umfassung . . .	10,0	2,20	3,50	77	00				
	[Die Breitenmaße ergeben sich durch die Stärke der zu unterfangenden Mauer plus 1,0 m Schachtbreite vor der Mauer.]									
	Summa Post 1			cbm	140	35	1	50	210	52

Laufende Nr.	Vortrag	Dimensionen Länge	Breite	Höhe	Masse Ganze	1/100	Einzelpreis ℳ	₰	Betrag ℳ	₰
	Übertrag								210	52
2	Erdaushub für die vordere Unterkellerung	8,8	5,6	3,5	172	48				
	Säulenfundament . . .	1,0	1,0	0,6	0	60				
	Lichtschachte, Straße . . .	4,5	0,9	2,0	8	10				
	» Hof 2,0 + 1,50 =	3,5	1,0	2,3	8	05				
	Summa Post 2			cbm	189	23	—	75	141	92
	[Der Kubus der Ausschachtungen wird nicht in Abzug gebracht, da die Schachtgräben mit dem steigenden Mauerwerk und dadurch bedingte Entfernung der Ausbolzung wieder eingefüllt werden.]									
3	Hinterfüllung der Mauern und Lichtschächte:									
	Schachtungen . . 6,0 + 5,0	11,0	1,0	3,5	38	50				
		10,0	1,5	3,5	52	50				
	Lichtschachte . .	4,5	0,3	2,0	2	70				
		3,5	0,4	2,3	3	22				
	Einfüllung der alten Abortgrube	3,0	2,0	2,0	12	00				
	Summa Post 3			cbm	108	92	—	55	59	91
4	Erdabfuhr:									
	Der Erdaushub von Post 1 und 2 beträgt in Summa . .				329	58				
	Hiervon Post 3 Hinterfüllung ohne Schachtung				17	92				
					311	66				
	Hierzu für Lockermaß 30 %				94	20				
	Summa Post 4			cbm	405	86	1	50	608	97
	Summa III Erdarbeiten								1021	14

Laufende Nr.	Vortrag	Dimensionen Länge	Breite	Höhe	Masse Ganze	1/100	Einzelpreis M	Pf	Betrag M	Pf
	IV. Maurerarbeiten.									
1	Portland-Zementmauerwerk mit hartgebrannten Backsteinen für die Unterfangung der Grenzmauern samt Auskeilen und Zementguß der Sohle:									
	Linkseit. Kommunmauer . .	6,0	0,75	3,0	13	50				
	Rechtseit. Grenzmauer . .	5,0	0,52	3,0	7	80				
	Summa Post 1			cbm	21	30	25	—	532	50
2	Portland-Zementmauerwerk der vorderen Umfassung bis auf Brüstungshöhe: Bankett . .	9,8	1,05	0,3	3	08				
	Mauer . . .	9,8	0,90	1,4	12	44				
	Summa Post 2			cbm	15	52	20	—	310	40
3	Klinkermauerwerk in Portland-Zementmauerwerk für die drei Pfeiler der Vorderfaçade im Souterrain 0,75 + 0,87 + 0,90 =	2,52	0,90	1,30	2	95				
	Summa Post 3			cbm	2	95	40	—	118	—
4	Mauerwerk in Roman-Zementmörtel u. hartgebrannten Backsteinen.									
	Souterrain:									
	Vorderer Trakt . .	5,30	0,45	3,50	8	33				
	Neues Stiegenhaus 3,30 + 1,10 =	4,40	0,30	3,50	4	41				
	Bankett	3,80	0,60	0,30	0	68				
		3,80	0,45	3,50	7	00				
	Parterre:									
	Vordere Gangmauer . . .	5,40	0,30	3,80	6	54				
	Stiegenhaus 3,80 + 1,0 =	4,80	0,30	3,80	5	47				
	Mittelmauer-Pfeiler . . .	1,00	0,45	3,80	1	71				
	Summa			cbm	34	14			960	90

Laufende Nr.	Vortrag	Dimensionen Länge	Breite	Höhe	Masse Ganze	$^1/_{100}$	Einzelpreis ℳ	₰	Betrag ℳ	₰
	Übertrag				34	14			960	90
	Abzüge hiervon:									
	Souterrain	0,80	0,45	2,00	0	72				
		0,90	0,45	2,50	1	00				
		0,65	0,30	1,80	0	35				
	Parterre	0,90	0,30	2,00	0	54				
	Summa der Abzüge				2	61				
	Summa ohne Abzüge				34	14				
	Restsumma Post 4			cbm	31	53	17	—	536	01
5	Zementmauerwerk wie vor im I. und II. Stock:									
	Stiegenhausumfassung . .	3,90	0,30	6,30	7	37				
	Hiervon ab Türen . . 2 ×	0,90	0,30	2,0	0	54				
	Restsumma Post 5			cbm	7	91	17	50	138	43
6	Zementmauerwerk wie vor im III, IV. Stock und Dach:									
	Stiegenhausumfassung . .	3,90	0,30	9,00	10	53				
		2,70	0,30	2,50	2	02				
	Summa				12	55				
	Abzüge hiervon Türen 3 ×	0,90	0,30	2,00	1	62				
	Restsumma Post 6			cbm	10	93	18	—	196	74
7	Aufmauerung der Kamine, neue Fenster- und Türstürze, kleine Ausmauerungen etc. in allen Etagen, in Roman-Zementmörtel. Kamine vom Souterrain bis Dachboden:									
	Souterrain . . . . . . 2 ×	0,52	0,52	3,00	1	62				
	Parterre bis Dach . . 4 ×	0,52	0,52	23,2	25	06				
	Neue Türstürze Souterrain 2,20 + (2 × 1,20) =	4,60	0,60	0,75	2	07				
	do. Fensterstürze Rückfaçade	1,20	0,90	0,60	0	65				
					29	40			1832	08

Laufende Nr.	Vortrag	Dimensionen Länge	Breite	Höhe	Masse Ganze	$^1/_{100}$	Einzelpreis ℳ	₰	Betrag ℳ	₰
	Übertrag				29	40			1832	08
	Rechtseitige Kellerfenster samt Einmauerung . . .	1,0	0,90	2,30	2	07				
	Alte Abortrutsche . . .	0,8	0,90	1,50	1	08				
	Parterre-Aborttürsturz . . .	1,0	0,75	0,75	0	56				
	Einmauerung am neuen Stiegenhausfenster I. u. II. St. 2 ×	0,4	0,60	1,80	0	86				
	do. III. und IV. Stock 2 ×	0,4	0,45	1,70	0	61				
	Tür, Parterre	0,4	0,75	2,00	0	60				
	Runder Zwickel im neuen Stiegenhaus	0,6	0,30	18,0	3	24				
	Einmauerung des alten deutschen Kamins rechtseitig	0,4	0,40	17,0	2	72				
	Einmauerung neuer Stürze und Brüstungen in den Fenstern des alten Stiegenhauses durch alle Etagen .	1,2	0,75	0,70	0	62				
	Höhe (0,50 + 1,50 + 0,70)	1,2	0,60	2,70	1	94				
	» (0,80 + 1,70 + 0,40)	1,2	0,45	2,90	1	57				
	Brüstung im Fenster, Rückfaçade I. Stock links . .	2,2	0,60	1,00	1	32				
	Ausmauerung von Türen in der Mittelmauer I.—IV. St.	1,0	0,45	2,20	0	99				
	3 ×	1,0	0,30	2,20	1	98				
	Für diverse kleine unvorhergesehene Einmauerungen				2	00				
	Summa Post 7			cbm	51	56	19	—	979	64
8	Aufmauerung der neuen Kaminköpfe 1,0 m über Dach samt Abdeckung mit Dachplatten, in Roman-Zementmörtel . .				Stück 4		10	—	40	—
9	Hintermauerung der Steinpfeiler in der Vorderfaçade je auf 2 Seiten . . . . 2 ×			7,0	steig.m 14	00	6	—	84	—
									2935	72

Laufende Nr.	Vortrag	Dimensionen Länge	Breite	Höhe	Masse Ganze	$^1/_{100}$	Einzelpreis ℳ	₰	Betrag ℳ	₰
	Übertrag								2935	72
10	Neues Gewölbemauerwerk der rückseitigen Kellerräume in Roman-Zementmörtel samt Ausgießen mit Zement und Hintermauerung	4,3	1,90		8	17				
		1,6	0,80		1	28				
		1,2	1,00		1	20				
		3,2	1,15		3	68				
	Vorderer Teil	5,0	1,20		6	00				
	Summa Post 10			qm	20	33	5	—	101	65
11	Ausmauerung von eisernen Trägern mit Backsteinen und Portland-Zement. [Wenn a—b 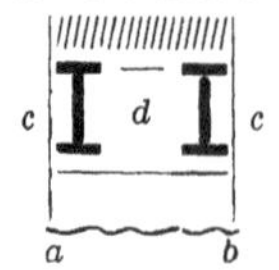 die Mauerstärke einer Mauer ist, welche mit Trägern unterfangen ist, so werden die Seiten *c*, *c* mit Portland-Zement ausgemauert, ohne aber die Träger mit Ölfarbe anzustreichen, da sich sonst der Zement nicht mit dem Eisen verbindet, die Zwischenräume *d* entweder auch so ausgemauert, oder mit Portland-Beton ausgefüllt, je nachdem man dazu kann. Schließlich werden die Seiten *c* und die Untersicht mit Rabitzgeflecht überspannt, und zwar so, daß dasselbe auf dem Eisen hohl liegt, und verputzt.]									
									3037	37

Laufende Nr.	Vortrag	Dimensionen Länge	Breite	Höhe	Masse Ganze	$^1/_{100}$	Einzelpreis ℳ	₰	Betrag ℳ	₰
	Übertrag								3037	37
	Souterrain-Unterzug S. 7. .	2 × 5,7 =			11	40				
	Vorderfaçade, Träger über dem Steingesims				10	00				
	Innere Seite unter Gebälk .				9	00				
	Vorderfaçade, Decke über Parterre	2 × 9,0 =			18	00				
	Mittelmauer, große Öffnung: Parterre und I. Stock . .	4 × 5,80 =			23	20				
	Rückfaçade, große Öffnung: Parterre und I. Stock . .	4 × 4,40 =			17	60				
	Stiegenpodestträger in allen Etagen	5 × 2,50 =			12	50				
	Fensterüberlagen, neues Stiegenhaus, Part. bis IV. Stock	5 × 1,50 =			7	50				
	Summa Post 11			lfd. m	109	20	1	90	207	48
12	Ausmauern oder Ausbetonieren der inneren Zwischenräume *d* dieser Träger:									
	Vorderfaçade über Parterre	6,8	0,5	0,3	1	02				
	» » I. Stock	9,8	0,3	0,4	1	18				
	Mittelmauer » Parterre	5,6	0,35	0,60	1	18				
	» » I. Stock	5,6	0,35	0,30	0	59				
	Rückfaçade, große Öffnung: über Parterre	4,50	0,65	0,30	0	88				
	und I. Stock	4,50	0,50	0,40	0	90				
	Fensterstürze, Stiegenhaus: Parterre	1,80	0,75	0,20	0	27				
	I., II., III. und IV. St. 4 ×	1,80	0,60	0,20	0	22				
	Summa Post 12			cbm	6	24	1	40	8	74
13	Kellerstiege zu mauern oder betonieren und mit eichenen Riegeln zu versehen			Stufen	15	—	4	30	64	50
									3318	09

Laufende Nr.	Vortrag	Dimensionen Länge	Breite	Höhe	Masse Ganze	1/100	Einzelpreis M	Pf	Betrag M	Pf
	Übertrag								3318	09
14	Ausgleichung und Ausbesserung alter Mauern. [Wieviel und wo das nötig ist, ist bei der Untersuchung des Bauzustandes zu konstatieren.]				qm 25	00	1	60	40	—
15	Ausmauerung und Ausgießen von Schienenauflagern in alten Mauern pro Schiene und Loch in Roman-Zement:									
	Anzahl gleich Summa Post 19				Stück 26	—	1	40	36	40
16	Ausmauern der Löcher für neu eingebrochene Trame:									
	Anzahl gleich Summa Post 20				33	—	1	20	39	60
17	Ausmauern von Bolz- und Reiterlöchern									
	Anzahl gleich Summa Post 22				37	—	2	40	88	80
18	Ausbrechen und Herrichten von neuen Widerlagern in den Kellern:									
	4,50 + 4,0 + 0,90 + 1,80 + 3,0 =				lfd. m 14	42				
	Für die Betondecken der neuen Stiegenpodeste 5 ×	2,50			12	50				
	Im Souterrain Mittelmauer .				4	60				
	Summa Post 18			lfd. m	31	52	1	40	44	13
19	Beilagen von alten Mauern mit stehendem Stein und mit Kreuzstiften befestigt, in Roman-Zementmörtel:									
	Im neuen Stiegenhaus zwischen I. und II. Stock . .	3,30		3,0	9	90				
	Summa Post 19			qm	9	90	4	—	39	60
									3606	62

Laufende Nr.	Vortrag	Dimensionen Länge	Breite	Höhe	Masse Ganze	$^1/_{100}$	Einzelpreis M	Pf	Betrag M	Pf
	Übertrag								3606	26
20	Glattgeriebener Wandverputz in fettem Kalkmörtel auf neuen Mauern: Parterre-Grenzmauer $2 \times 5{,}40 =$	lfd. m 10,80								
	Mittelmauer $1{,}10 + 0{,}60 + (2 \times 0{,}49) =$	2,68								
	Stiegenhaus und Abort $4{,}0 + (2 \times 0{,}80) =$	5,60								
		19,08	×	3,50	66	78				
	I. Stock-Mittelmauer $2 \times 1{,}0 =$	2,0								
	Stiegenhaus und Abort $4{,}0 + (2 \times 0{,}80) =$	5,60								
		7,60	×	2,70	20	52				
	Stiegenhaus vom Parterre bis IV. Stock: Abgewickelt .	6,50		19,0	123	50				
	Dachraum	2,60		2,40	6	24				
	Stiegenhausmauer nach Abort. II.—IV. Stock	4,0		8,70	34	80				
	Neue Fenster im alten Stiegenhaus. II.—IV. Stock . .	1,80		8,70	15	66				
	Summa Post 20				267	50				
	Abzüge hiervon:									
	Parterretür . . . . 2 ×	1,0		2,0	2	00				
	Stiegenhaustüren . 10 ×	1,0		2,0	20	00				
	Summa der Abzüge				22	00				
	Summa ohne Abzüge				267	50				
	Restsumma Post 20			qm	245	50	—	75	184	13
21	Glattgeriebener Wandverputz in Kalkmörtel auf Einmauerungen etc., wo sauberer Anschluß mit dem alten anstoßenden Verputz hergestellt werden muß.									
									3790	75

Laufende Nr.	Vortrag	Dimensionen Länge	Breite	Höhe	Masse Ganze	$^{1}/_{100}$	Einzelpreis ℳ	₰	Betrag ℳ	₰
	Übertrag								3790	75
	[Hier sehr ergiebig im Ausmaß rechnen, da durch den Mauerausbruch gewöhnlich der anstoßende Verputz sehr viel gelockert wird.]									
	Neu eingebrochene Kamine 4 × 1,0 =	4,0		16,0	64	00				
	Zugemauerte Türen in der Mittelmauer, I.—IV. St. 4 ×	1,50		2,50	15	00				
	Summa Post 21			qm	79	00	—	90	71	10
22	do. glatter Kalkmörtelwandverputz auf alten Mauern (siehe Abbruch Post 14).									
	Hiervon trifft für diese Post:									
	Parterre-Kommunmauer . .	12,0		3,50	42	00				
	I. Stock » . .	5,3		3,0	15	00				
	Brüstung und Leibungen der großen Öffnung rückw. Part.	4,50		0,70	3	15				
	2 ×	0,60		2,70	3	24				
	I. Stock	4,50		0,60	2	70				
	2 ×	0,45		2,0	1	80				
	Parterre: Aborttür (2 × 2,0) + 0,70 =	4,70		0,75	3	52				
	» Abortmauer . . .	0,50		3,50	1	75				
	» Einputzen des Streifens, wo früher die alte Decke anschloß:	lfd. m								
	Links. Kommunmauer . .	12,0								
	am Abort (2 × 1,80) + 1,10 =	4,60								
	Mittelmauer . . 2 × 1,0 =	2,0								
	rechts. Grenzmauer . . .	9,0								
		27,6		0,60	16	56				
					89	72			3861	85

Laufende Nr.	Vortrag	Dimensionen Länge	Breite	Höhe	Masse Ganze	1/100	Einzelpreis ℳ	₰	Betrag ℳ	₰
	Übertrag	27,6			89	72			3861	85
	Alte Grenzmauer im Dach des neuen Stiegenhauses . . .	3,0		2,30	6	90				
	Für kleinere Ausbesserungen in allen Etagen an Öfen, Herden, Fußleisten etc. . .				30	00				
	Summa Post 22			qm	126	62	—	85	107	63
23	Glattgeriebener Roman-Zementverputz auf neuen Mauern:									
	Souterrain: Vorderer Teil . .	6,00								
	2 × 5,3 =	10,60								
	2 × 1,20 =	2,40								
		5,10								
		24,10		2,75	66	28				
	Brüstung Vorderfaçade . . .	7,20		1,40	10	08				
	Leibungen, Pfeiler . . 2 ×	0,90		1,50	2	70				
	Stiegenhaus . . 2 × 9,50 =	7,0								
		3,70								
		1,50								
	2 × 1,0 =	2,0								
		14,20		2,55	36	21				
	Leibung und Stürze, Öffnungen der Mittelmauer 4 × 2,20 =	8,80	0,90		7	92				
	1,50 + 1,0 =	2,50	0,90		2	25				
	2 × (1,50 + 1,0) =	5,0	0,60		3	00				
	Steinpfeiler-Leibungen innen:									
	Parterre . . . . . 4 ×	3,0	0,90		10	80				
	I. Stock . . . . 4 ×	2,40	0,80		7	68				
	Summa Post 23			qm	146	92	—	85	124	88
24	Glattgeriebener Roman-Zementverputz auf alten Mauern (siehe Abbruch, Post 14):									
	Summa des Flächeninhalts der vier ersten Posten . . =				86	45				
					86	45			4094	36

Laufende Nr.	Vortrag	Dimensionen Länge	Breite	Höhe	Masse Ganze	1/100	Einzelpreis ℳ	₰	Betrag ℳ	₰
	Übertrag				86	45			4094	36
	Kellerfenster . 2 × (2,0 + 1,0)	6,0	1,00		6	00				
	2 × (1,3 + 0,8)	4,2	1,00		4	20				
	Mittelmauer nach vorn									
	3,3 + 1,5 =	4,8	2,75		13	20				
	Summa Post 24			qm	109	85	—	95	104	36
25	Glatter Zementverputz der Betondecke und Gewölbe im Souterr.:	7,0	5,60		39	20				
	Sa. Gewölbmauerwerk Post 10				20	33				
	Summa Post 25			qm	59	53	1	10	65	48
26	Glatter Deckenverputz in fettem Kalkmörtel der Betondecken über Parterre:									
	Vorn . . .	7,4	6,00		44	40				
		5,8	1,35		7	83				
	Rückwärts . . .	4,6	4,90		22	54				
		2,4	1,70		4	08				
		1,4	0,90		1	26				
	Stiegenpodeste in allen Etagen:									
	5 × 2,60 =	13,0	1,10		14	30				
	Summa Post 26			qm	94	41	—	85	80	25
27	Rohrdecken samt 20 mm starker Schalung, Rohrung und glattgeriebenem Kalkmörtelverputz:									
	Neue Decken im alten Stiegenhaus . . . . 4 × 3,30 =	13,2	2,00		26	40				
	Decke im neuen Stiegenhaus									
	3,20 + 3,0 =	6,2	2,60		16	12				
	Stiegenuntersichten:									
	Parterre abgewickelt .	7,5								
	I. Stock	6,4								
	II., III. u. IV. Stock 3 × 6,80 =	20,4								
	Summa lfd. m	34,3								
		34,3			42	52			4344	45

Laufende Nr.	Vortrag	Dimensionen Länge	Breite	Höhe	Masse Ganze	1/100	Einzelpreis ℳ	₰	Betrag ℳ	₰
	Übertrag	34,3			42	52			4344	45
	Zuschlag f. d. Rundung 30 % =	10,2								
	Summa	44,5	1,1		48	95				
	Abort und Vorplatz durch alle Etagen . $4 \times \left(\frac{1{,}5 + 0{,}8}{2} =\right)$	×	4,2		19	32				
	Ergänzung der Decken an den Kaminauswechselungen (s. Abbrucharbeit. Post 4) 3 ×	2,5	3,0		22	50				
	3 ×	1,3	3,5		13	65				
	Decken I. Stock .	9,1	5,9		53	69				
		$\frac{9{,}6 \times 2{,}7}{2}$			12	96				
		$\frac{9{,}6 \times 5{,}5}{2}$			26	40				
	Summa Post 27			qm	239	99	2	40	575	98
28	Rauher Verbandverputz in Kalkmörtel:									
	Neue Stiegenhausumfassung im Speicher . . 4,0 + 3,0 =	7,0	2,5		17	50				
	Neue Kamine im Speicher 4 × 1,3 =	5,2	5,5		28	60				
	Summa Post 28			qm	46	10	—	55	25	36
29	Überspannen der Träger, An- und Untersichten mit Rabitzgeflecht und Verputz derselben mit Kalkmörtel und Gipszusatz.  [Nebenstehende Skizze stellt eine Mauer im Schnitt vor, welche mit eisernen Trägern unterfangen ist. Die Seitenteile der Träger *a*—*b* und									
									4945	79

Laufende Nr.	Vortrag	Dimensionen			Masse		Einzelpreis		Betrag	
		Länge	Breite	Höhe	Ganze	$^1/_{100}$	M	Pf	M	Pf
	Übertrag								4945	79
	c—d sind, wie schon unter Post 11 verrechnet, mit Backsteinen ausgemauert, die Hohlräume *f—f* mit Beton ausgefüllt. Um nun die noch sichtbaren Teile der Träger solid mit Mörtel zu verkleiden, wird ein Rabitzgeflecht von *a* nach *b*, *c* und *d* darum gespannt und dann verputzt. Auf den Flanschen der Untersicht muß das Gewebe hohl liegen, man legt deshalb kurze Rundeisenstangen oder Steinschiefer unter; in gleicher Weise werden Blech- und Gitterständer verkleidet.]									
	Souterrain-Unterzug	5,7	0,80		4	56				
	Vorderfaçade-Träger I. Stock über den Ständern	9,0	0,60		5	40				
	do. zwischen den Ständern über Parterre	9,0	0,90		8	10				
	Mittelmauer, große Öffnung über Parterre	5,8	1,05		6	09				
	do. über I. Stock	5,8	1,20		6	96				
	Rückfaçade, große Öffnung über Parterre . . .	3,7	1,30		4	81				
	do. über I. Stock . .	3,7	1,15		4	26				
	Stiegenpodestträger . . 5 ×	2,5	0,40		5	00				
	Fensterstürze, neues Stiegenhaus . . . . . . 5 ×	1,2	1,00		6	00				
	Summa Post 29			qm	51	18	5	—	255	90
									5201	69

Laufende Nr.	Vortrag	Dimensionen Länge	Breite	Höhe	Masse Ganze	$^1/_{100}$	Einzelpreis ℳ	₰	Betrag ℳ	₰
	Übertrag								5201	69
30	Ergänzung von Façadenverputz in Roman-Zement, glatt abgerieben:									
	Vorderfaçade über dem Gesims, Brüstung I. Stock . .	10,0	0,30		3	00				
	Für Reparatur der alten Façade in allen Etagen .				20	00				
	Summa Post 30			qm	23	00	1	80	41	40
31	Ergänzung des Façadenverputzes der Rückfaçade in Kalkmörtelspritzwurf:									
	Die Fensterachsen im alten und neuen Stiegenhaus durch alle Etagen . . . . . 2 ×	1,50		16,0	48	00				
	Aborttür	2,0		1,0	2	00				
	Große Öffnung . . . . 2 ×	4,5		1,50	13	50				
	Für sonstige Reparaturen daselbst				10	00				
	Summa Post 31			qm	73	50	1	60	117	60
32	Rabitzwände in Gipsmörtel, 5 cm stark, beiderseitig glatt abgerieben:									
	Abschluß Kellerstiege, Parterre	2,0		1,50	3	00				
	I. Stock: Vorplatz, Abort 1,0 + 1,0 =	2,0		2,70	5	40				
	II., III. u. IV. Stock: Kammer und Abortabschluß 2,0 + 1,20 =	3,20		8,70	27	84				
	Summa				36	24				
	Abzüge hiervon:									
	Türen . . . . 7 ×	0,80		2,0	11	20				
	Restsumme Post 32			qm	25	04	4	00	100	16
									5460	85

Laufende Nr.	Vortrag	Dimensionen Länge	Breite	Höhe	Masse Ganze	1/100	Einzelpreis ℳ	₰	Betrag ℳ	₰
	Übertrag								5460	85
33	Zweimaliges Weißen mit Kalkmilch:									
	Kellerräume rückwärts, Deckengewölbe	5,0	2,10		10	50				
		4,30	1,90		8	17				
		2,50	0,90		2	25				
		2,0	0,90		1	80				
		1,60	0,80		1	28				
		3,10	1,15		3	57				
		5,20	1,20		6	24				
	Wände daselbst:	lfd. m								
	2 × (5,0 + 2,10)	14,20								
	2 × (4,30 + 1,90)	12,40								
	2 × (2,50 + 0,90)	6,80								
	2 × (2,0 + 0,90)	5,80								
	2 × (1,60 + 0,80)	4,80								
	2 × (3,10 + 1,15)	8,50								
	2 × (5,20 + 1,20)	12,80								
		65,30		2,25	146	93				
	Verbandverputz im Speicher, Flächeninhalt gleich Post 28				46	10				
	Summa Post 33			qm	226	84	—	12	27	22
34	Verputz der Kaminköpfe mit Roman-Zementmörtel; per Rohr			St.	4	—	5	—		
	Summa Post 34			St.	4	—	5	—	20	—
35	Auffüllung der Fehlböden mit gereinigten Rieseln und Unterlage von Packpapier:									
	Flächeninhalt gleich Post 27, Rohrdecken				239	99				
	Summa Post 35			qm	239	99	1	20	287	99
									5796	06

Laufende Nr.	Vortrag	Dimensionen Länge	Breite	Höhe	Masse Ganze	1/100	Einzelpreis ℳ	₰	Betrag ℳ	₰
	Übertrag								5796	06
36	Auffüllung der Betondecken mit gereinigten Rieseln:									
	Flächeninhalt gleich Post 26, Deckenverputz der Betondecken				94	41				
	Summa Post 36			qm	94	41	—	80	75	53
37	Auffüllung der Gewölbe mit Kies und oberhalb 15 cm hoch gewaschene Rieseln:									
	Flächeninhalt gleich Post 10, Gewölbmauerwerk				20	33				
	Summa Post 37			qm	20	33	2	20	44	75
38	Anglanierung der Kellerräume und Entfernung des anfallenden Schuttes:									
	Flächeninhalt gleich Post 25				59	53				
	Summa Post 38			qm	59	53	—	45	26	79
39	Sicherung von Parketten und Pflasterungen während der Bauzeit mittels Sägspänen samt Wegschaffen derselben:									
	Flächeninhalt gleich Parkettarbeit Post 1				164	22				
	plus Pflastererarbeiten Post 6				12	99				
	Summa Post 39			qm	177	21	—	15	26	58
40	Putzreparaturen bis zur Fertigstellung sämtlicher Arbeiten:									
	Flächeninhalt gleich Maurerarbeiten Post 20, 21, 22, 23, 24, 25, 26, 27, 29 . . .			qm	1162	00	—	03	34	86
									6004	57

Laufende Nr.	Vortrag	Dimensionen Länge	Breite	Höhe	Masse Ganze	$^1/_{100}$	Einzelpreis ℳ	₰	Betrag ℳ	₰
	Übertrag								6004	57
	Versetzarbeiten.									
41	Versetzen von Fenstern . . .			Stück	13		1	50	19	50
42	do. von Türstöcken . . .				17		1	50	25	50
43	do. von Kaminputztürchen . .				8		—	60	4	80
44	do. von Ⲧ-Trägern, gußeisernen Unterlagplatten, Schlaudern, Schrauben etc. Gewicht siehe Eisenwaren . . Post 1—5			kg	150	00				
	Post 11				12	41				
	Post 12—14				6	00				
	Summa Post 44	à 100 kg			168	41	3	—	505	23
	Diverses.									
45	Abziehen der neuen Kamine durch den Kaminkehrer. . .			Stück	4		—	80	3	20
	Summa per se									
46	Lieferung von eichenen Keilen in allen Dimensionen zur Abbolzung und Unterfangung der Mauern				1500					
	Summa Post 46			Stück	1500		—	03	45	—
	Summa IV Maurerarbeit								6607	78
	V. Steinmetzarbeiten.									
1	Granitpfeiler der Vorderfaçade in Hauzenberger Granit fein gestockt samt Versetzen, allem Material, Rüstung u. Arbeit 2 ×	0,75	0,80	1,30	1	56				
	(Die Ausladungen von Sockeln und allen Gesimsen sind mitzumessen.)	0,60	0,80	1,30	—	62				
	Summa Post 1			cbm	2	18	175	—	381	50
									381	50

Laufende Nr.	Vortrag	Dimensionen Länge	Breite	Höhe	Masse Ganze	1/100	Einzelpreis ℳ	₰	Betrag ℳ	₰
	Übertrag								381	50
1a	Unterlegsteine . . 2 × 0,90 =	1,8	0,60	0,40	0	43				
	Summa Post 1a			cbm	0	43	100	—	43	—
2	Kalksteinpfeiler der Vorderfaçade in Kehlheimer Kalkstein genau nach Zeichnung herzustellen samt allem wie unter Post 1:									
	Pfeiler, Parterre seitlich 2 × 0,75 =	1,5	0,85	3,20	4	06				
	» » mitten . . .	0,6	0,85	3,20	1	63				
	» I. Stock seitlich 2 × 0,75 =	1,5	0,75	1,80	2	02				
	» » mitten . . .	0,6	0,75	1,80	0	81				
	Widerlegstücke seitlich 2 × 1,20 =	2,4	0,85	1,00	2	04				
	» mitten . .	1,6	0,75	1,00	1	20				
	Profilierter Sturz	6,2	0,35	0,55	1	19				
	Summa Post 2			cbm	12	95	180	—	2331	—
3	Abschlußgesims in Kehlheimer Kalkstein nach Zeichnung profiliert und fein gestockt samt allem wie Post 1	10,0	0,60	0,30	1	80				
	Summa Post 3			cbm	1	80	200	—	360	—
4	Granitvorlegstufen 18/30 mit einfachem Profil und beiderseitig mit saubern Köpfen zu versehen:									
	Vorderfaçade . . 2 × 1,04 =				2	08				
	Rückfaçade				1	20				
	Summa Post 4			lfd. m	3	28	16	—	52	48
									3167	98

Laufende Nr.	Vortrag	Dimensionen Länge	Breite	Höhe	Masse Ganze	1/100	Einzelpreis M	Pf	Betrag M	Pf
	Übertrag								3167	89
5	Granitvierungen der Lichtschachte 15/25 mit Falz versehen samt allem wie Post 1.									
	Vorderfaçade . . . 2 ×	2,60			5	20				
	1 ×	0,60			0	60				
	6 ×	0,50			3	00				
	Rückfaçade . 0,80 + 0,60 =				1	40				
	4 ×	0,55			2	20				
	Summa Post 5			lfd. m	12	10	7	—	86	80
	Summa V Steinmetzarbeiten								3254	78
	VI. Beton-, Asphalt- und Pflastererarbeiten.									
1	Portland-Stampfbeton des Säulenfundaments in Mischung 1 : 3 : 6 samt Einschalung. Säule . .	1,0	1,0	0,60	0	60				
	Summa Post 1			cbm	0	60	16	50	9	90
2	Portland-Stampfbeton der Lichtschachte in feinem Material, sonst wie vor hergestellt, samt Abstecken der sichtbaren Innenflächen.									
	Vorderfaçade:									
	(2 × 3,45) + 1,30 + 6 × 0,25 =	9,70	0,40	1,90	7	37				
	Sohle 2 ×	2,65	1,12	0,15	0	89				
		0,47	1,12	0,15	0	08				
	Rückfaçade:									
	1,40 + 1,30 + (4 × 0,30) =	3,90	0,40	2,30	3	49				
	0,90 + 0,70 =	1,60	1,20	0,15	0	29				
	Summa Post 2			cbm	12	12	20	—	242	40
									252	30

Laufende Nr.	Vortrag	Dimensionen Länge	Breite	Höhe	Masse Ganze	$^1/_{100}$	Einzelpreis ℳ	₰	Betrag ℳ	₰
	Übertrag								252	30
3	Portlandstampfbeton der Betondecken samt Einschalung und Rüstung, Mischung 1 : 3 : 5, 0,14 cm stark:									
	Souterrain	7,00	5,60		39	20				
	Summa der Maurerarbeiten Post 26, Verputz der Betondecken				94	41				
	Summa Post 3			qm	133	61	2	60	347	39
4	Asphaltierung des Trottoirs, 20 mm stark, samt 15 cm starker Portland-Betonunterlage .	10,0	2,50		25	00				
	Hiervon ab:									
	Lichtschachte (2 × 3,15) + 1,15 =	7,45	0,47		3	50				
	Restsumme Post 4			qm	21	50	6	—	129	—
5	Asphaltierung der Kellerräume, 18 mm stark, samt 10 cm starker Portland-Betonunterlage .									
	Vorderer Teil . . .	7,00	5,60		39	20				
		5,00	1,20		6	00				
	Rückwärtiger Teil .	5,00	2,20		11	00				
		4,30	1,80		7	74				
		1,60	0,90		1	44				
		1,50	0,80		1	20				
		3,20	1,15		3	68				
	Öffnungen und Türen . . .	0,90	0,45		0	40				
	(2 × 1,0) + 1,60 =	3,60	0,60		2	16				
	1,0 + 0,80 =	1,80	0,50		0	90				
		0,75	0,30		0	22				
	Summa Post 5			qm	73	94	5	80	428	85
									1157	54

Laufende Nr.	Vortrag	Dimensionen			Masse		Einzelpreis		Betrag	
		Länge	Breite	Höhe	Ganze	1/100	ℳ	₰	ℳ	₰
	Übertrag								1157	54
6	Pflasterung des Hauseinganges und Stiegenhauses Parterre mit roten Tonplatten samt 10 cm Betonunterlage	1,04	0,45		0	47				
		5,80	1,35		7	23				
		3,50	1,40		4	90				
		1,30	0,30		0	39				
	Summa Post 6			qm	12	99	9	—	116	91
7	Ergänzung der Hofpflasterung mit Hesseloher Trottoirplatten	7,00	2,00		14	00				
	Summa Post 7			qm	14	00	3	20	44	80
	Summa VI: Beton-, Asphalt- u. Pflastererarbeiten								1319	25
	VII. Zimmermannsarbeiten.									
1	Balkenholz 18/24, vollkantig geschnitten, samt Abbinden, samt den Latten für Aufnahme der Fehlböden, samt Kreosotieren der Balkenköpfe und samt Verlegen.									
	Neue Decken in dem abgebrochenen Stiegenhaus:	lfd. m								
	4 × 5 × 2,60 =	52,0								
	Abort und Vorplätze durch alle Etagen 4 × 2 × 4,60 =	36,8								
	4 × 2,60 =	10,4								
	4 × 1,00 =	4,0								
	Neue Kaminwechsel:									
	4 × 3 × 1,60 =	19,2								
	4 × 1,80 =	7,2								
	4 × 2,00 =	8,0								
		137,6								

Laufende Nr.	Vortrag	Dimensionen Länge	Breite	Höhe	Masse Ganze	1/100	Einzelpreis M	Pf	Betrag M	Pf
		lfd. m								
	Übertrag	137,6								
	Ergänzung an schadhaften Tramen	25,0								
		162,6	0,18	0,24	6	99				
	Decke über dem neuen Stiegenhaus . . . 5 × 3,0 =	15,0	0,18	0,20	0	54				
	Summa Post 1		cbm		7	53	46	—	346	38
2	Fufsbodenlager, zweiseitig geschnitten, 15 cm stark, mit Karbolineum gestrichen, samt Verlegen. Die eingewölbten Teile des Parterrefufsbodens, welche Riemenböden erhalten 6 ×	4,8			28	80				
					3	60				
					2	50				
	4 ×	1,6			6	40				
	Summa Post 2		lfd. m		41	30	—	85	35	10
3	Fufsbodenlager, 10/14, geschnitten, zwischen den Schienen eingepafst und befestigt:									
	Parterre, vorderer Teil . 9 ×	6,0			54	00				
	2 ×	2,5			5	00				
	I. Stock, vorderer Teil . 7 ×	7,4			51	80				
	3 ×	3,6			10	80				
	3 ×	5,6			16	80				
	Rückwärtiger Teil 7 ×	4,6			32	20				
	2 ×	2,5			5	00				
	4 ×	1,7			6	80				
	Stiegenpodeste 5 × 4 = 20 ×	1,3			26	00				
	Summa Post 3		lfd. m		208	40	—	90	187	56
4	Türstöcke, 7/14 stark, für einflügelige Türen; doppelte mit Schwalben verbunden:									
									569	04

Laufende Nr.	Vortrag	Dimensionen Länge	Breite	Höhe	Masse Ganze	1/100	Einzelpreis ℳ	₰	Betrag ℳ	₰
	Übertrag								569	04
	Parterre				1	—				
	I. Stock				1	—				
	II., III. und IV. Stock und Dach				7	—				
	Summa Post 4		Stück		9	—	7	50	67	50
5	Türstöcke, 7/14, für einflügelige Türen einfach. I. Stock				1	—				
	Summa Post 5		Stück		1	—	3	60	3	60
6	Türstöcke, 5/15, gehobelt und gefälzt für einflügelige Rabitztüren . . . . I. Stock				1	—				
	II. III. und IV. Stock				3	—				
	Summa Post 6		Stück		4	—	7	20	28	80
7	do. wie vor mit Oberlicht: II., III. und IV. Stock				3	—				
	Summa Post 7		Stück		3	—	8	—	24	—
8	Fehlböden, 25 mm stark, samt Einschneiden, Balken mitgemessen. Flächeninhalt gleich denen der Rohrdecken minus Stiegenuntersichten.									
	Maurerarbeit Post 27 =		qm 239,99							
	Hiervon Stiegenuntersichten mit		48,95							
	Restsumma Post 8			qm	191	04	—	85	162	38
9	Dachschalung, 25 mm, Ergänzung derselben am Ausbruch für das neue Dachfenster im neuen Stiegenhaus				8	00				
	Summa Post 9			qm	8	00	1	20	9	60
									864	92

Laufende Nr.	Vortrag	Dimensionen Länge	Breite	Höhe	Masse Ganze	$^1/_{100}$	Einzelpreis ℳ	₰	Betrag ℳ	₰
	Übertrag								864	92
10	Einlattung für das Plattendach, 3/5 Latten samt Dachpappunterlage. Ergänzung des Daches wie unter Post 9				8	00				
	Neue Dachluke: 2 ×	1,8	1,0		3	60				
		$\frac{1,8 \times 1,0}{2}$			0	90				
	Summa Post 10			qm	12	50	—	50	6	25
11	Blindböden aus 25 mm schmalen trockenen Brettern, samt Aufleisten bis zu 3 cm Höhe:									
	Parterre: Laden . . .	7,4	5,9		43	66				
		5,7	0,45		2	57				
		4,7	4,9		23	00				
		1,6	2,4		3	84				
	I. Stock, sämtliche Räume samt Abort	9,0	6,0		54	00				
		5,8	0,45		2	61				
		5,0	5,0		25	00				
		2,5	1,10		2	75				
		1,3	0,9		1	17				
	Stiegenpodeste: . . . 4 ×	2,9	1,10		12	76				
	Summa Post 11			qm	171	36				
	Hiervon ab:									
	Stiegenöffnungen im Laden:									
	Parterre	1,0	2,7		2	70				
	I. Stock	3,7	1,2		4	44				
	Summa der Abzüge . .			qm	7	14				
	Summa ohne Abzüge . .				171	36				
	Restsumma Post 11			qm	164	22	1	15	188	85
12	Tafelfufsböden aus verleimten, 3 cm starken Brettern samt 6 cm hohen Fufsleisten und event.								1060	02

Laufende Nr.	Vortrag	Dimensionen Länge	Breite	Höhe	Masse Ganze	$^1/_{100}$	Einzelpreis ℳ	₰	Betrag ℳ	₰
	Übertrag								1060	02
	Aufleistung. II., III. u. IV. Stock.									
	Neue Kammer samt Vorplatz									
	und Abort: 3 ×	4,5	2,0		27	00				
	3 ×	1,7	1,4		7	14				
	3 ×	2,6	1,0		7	80				
	Podest Dachraum	2,5	1,10		2	75				
	Reparatur der Kamindurch-									
	brüche . . . . 3 × 3 ×	2,0	0,6		10	80				
	Sonstige Reparaturen . . .				25	00				
	Summa Post 12			qm	80	49	2	80	225	37
12a	Ausspänen sämtlicher alten									
	Tafelfußböden . . . 3 ×	9,2	5,8		160	08				
	3 ×	5,0	2,5		37	50				
	Summa 12a			qm	197	58	—	30	59	27
13	Kastenboden aus gehobelten									
	Falzbrettern:									
	Altes Stiegenhaus	4,5	2,0		9	00				
	Kamindurchbrüche 3 × 3 ×	2,0	0,6		10	80				
	Sonstige Reparaturen . . .				6	00				
	Summa Post 13			qm	25	80	1	85	47	73
14	Neues Dachlukengerippe samt									
	Schalung und Lattung am neuen				Stück					
	Stiegenhaus				1	—				
	Summa Post 14		Stück		1	—	18	-	18	—
15	Auspackeln von Eisenträgern an									
	den Stellen, wo Holzverklei-									
	dungen anzubringen sind.									
	Stiegenöffnungen in d. Decken				lfd. m					
	über Souterrain 1,2 + 2,8 =				4	00				
	über Parterre:									
	3,9 + 1,4 + 3,9 =				9	20				
					13	20			1410	39

Laufende Nr.	Vortrag	Dimensionen Länge	Breite	Höhe	Masse Ganze	1/100	Einzelpreis ℳ	₰	Betrag ℳ	₰
	Übertrag				13	20			1410	39
	An den 2 Schaufensteröffnungen, Souterrain: 2 × 2,80 =				5	60				
	4 × 0,50 =				2	00				
	An den Stiegenpodesten: 5 × 2,50 =				12	50				
	Sonstige kleinere Teile: . .				12	00				
	Summa Post 15			lfd. m	45	30	2	–	90	60
16	Lattenverschläge im Keller und Speicher für die Keller der Mietparteien, samt Türen.									
	Keller: 2,20 + 2,0 + 1,80 + 0,70	4,9		2,50	12	25				
	Speicher: 5,0 + 3 × 3,50 + 6,80 =	22,3		2,30	51	29				
	Summa Post 16			qm	63	54	1	85	117	85
	Stiegen.									
	[Für den Kostenvoranschlag ist es ratsam die Anzahl der Stufen nicht aus dem 100teiligen Plan herauszuzählen. In den seltensten Fällen werden in diesem Plan die Stiegen so genau eingezeichnet, daſs die Anzahl der Stufen mit der Ausführung übereinstimmt. Am sichersten geht man, wenn man bei gewöhnl. Wohngebäuden die ganze Etagenhöhe samt Deckenkonstruktionsstärke, in Zentimetern angenommen, durch 15 dividiert. In unserm Fall beispielsweise der Parterrelauf der Hauptstiege.]									
									1618	84

Laufende Nr.	Vortrag	Dimensionen Länge	Breite	Höhe	Masse Ganze	$^1/_{100}$	Einzelpreis M	Pf	Betrag M	Pf
	Übertrag								1618	84
	Lichte Etagenhöhe . 3,50									
	Hierzu Deckenstärke . 0,30									
	Summa 3,80									
	also $\frac{380}{15}$ cm = 25,5 rd. 26 Stufen.)									
17	Souterrainstiege im Geschäftslokal. Eichene Wangenstiege, $^1/_4$ gewunden, 1,0 m breit, samt poliertem runden Ahornhandgriff, samt Firnissen und Versetzen				21					
	Summa Post 17		Stufen		21		16	—	336	—
18	Stiege vom Parterre zum Geschäftslokal I. Stock. Aufgesattelte $^1/_4$ gewundene Stiege, ganz in Eichenholz, 1,25 m breit, samt profiliertem, dunkelpoliertem Hartholzhandgriff, unten rauh zum Verschalen und Verputzen, samt allem wie vor .				26					
	Summa Post 18		Stufen		26		18	50	481	—
19	Hauptstiege für die Wohnungen. Halbgewundene Wangenstiege, ganz in Eichenholz, 1,10 cm breit, samt halbrundem, dunkelpoliertem Hartholzhandgriff, unten zum Verputzen, samt Firnissen und Versetzen bis IV. Stock .				89					
	Summa Post 19		Stufen		89		17	—	1513	—
20	Dachbodenstiege wie die vorige, jedoch in Fichtenholz . . .				21					
	Summa Post 20		Stufen		21		9	—	189	—
									4137	84

Laufende Nr.	Vortrag	Dimensionen Länge	Breite	Höhe	Masse Ganze	1/100	Einzelpreis ℳ	₰	Betrag ℳ	₰
	Übertrag								4137	84
21	Baueinfang herzustellen mit Säulen aus einseitig geschnittenem Rundholz und Mittelbrettern mit Tür und drei Öffnungen zum Herausheben, 2,0 m hoch $10{,}0 + 2 \times 2{,}50 =$				15					
	Summa Post 21		lfd. m		15		3	—	45	—
	Sa. VII: Zimmermannsarbeiten								4182	84
	VIII. Schreinerarbeiten.									
	[Sämtliche Fenster und Türen sind in den Plänen mit fortlaufenden rot eingeringelten Nummern versehen. Die angegebenen Maße sind bei Fenstern äußere Putzlichtmaße, bei Türen die Futterlichten.]									
	A. Fenster.									
1	2flügel. Kellerfenster Nr. 1 in Föhrenholz mit Kämpfer, die Flügel übereinander, 0,60 m breit, 1,50 m hoch				1					
	Summa Post 1		Stück		1		8	—	8	—
2	Kellerfenster Nr. 3 wie vor, jedoch nur 0,50 breit, 1,50 hoch				1					
	Summa Post 2		Stück		1		8	—	8	—
3	3flügel. Kellerfenster Nr. 2 in Föhrenholz, unten 2 Flügel, mit Einschlagstück, Kämpfer und 1flügel. Oberlicht, 0,84 m breit, 2,0 m hoch				1					
	Summa Post 3		Stück		1		18	—	18	—
									34	—

Laufende Nr.	Vortrag	Dimensionen Länge	Breite	Höhe	Masse Ganze	1/100	Einzelpreis ℳ	₰	Betrag ℳ	₰
	Übertrag								34	—
4	Parterre: Fensterstock Nr. 8 im Laden, 3,40 m breit und 2,50 m hoch. 9 flügel. Fensterstock mit Futter und inneren Winterfenstern, im ganzen demnach 18 Flügel, laut Zeichnung anzufertigen, Stock und äußere Fenster in Föhrenholz, die inneren Fenster Fichtenholz, mit 2 vertikalen festen Mittelstücken und Kämpfer, unten 3 Paar 2flügel. Fenster mit Einschlagstück, oben 3 einflügel Fenster, jeder Flügel mit 1 Eisensprosse, samt Fensterbrett . .				1					
	Summa Post 4			Stück	1		160	—	160	—
5	Fensterstock wie der vorige im Geschäftslokal I. Stock Nr. 12, jedoch nur 3,40 m breit, 1,90 m hoch				1					
	Summa Post 5			Stück	1		140	—	140	—
6	2flügel. Fensterstock zum Dachfenster im Stiegenhaus in Föhrenholz, ohne Winterfenster, mit 2 Holzsprossen und Fensterbrett, 0,90 m breit, 1,20 m hoch				1					
	Summa Post 6			Stück	1		14	—	14	—
	[Die aus dem Abbruch gewonnenen Fensterstöcke sind noch gut erhalten und können, repariert, wieder verwendet werden.]									
									348	—

Laufende Nr.	Vortrag	Dimensionen Länge	Breite	Höhe	Masse Ganze	1/100	Einzelpreis ℳ	₰	Betrag ℳ	₰
	Übertrag								348	—
7	Fenster zu den Kammern im früheren alten Stiegenhaus. Alte zu reparieren. Nr. 17—19				3	—				
	Summa Post 7		Stück		3	—	5	—	15	—
8	Fenster zum neuen Stiegenhaus Nr. 13, 20—22. Alte vorhandene zu reparieren und mit neuen, nach der Form des Stiegenhauses auszuschweifenden Fensterbrettern zu versehen . .				4	—				
	Summa Post 8		Stück		4	—	7	—	28	—
	B. Türen.									
9	Hofausgangstür Nr. 10 vom Stiegenhaus aus, laut Zeichnung 1flügel. Glastür in Föhrenholz, mit Stock, Kämpfer und Oberlicht. Tür auf Karnieß gestemmt, mit 2 Glasrahmen zum Öffnen und Gitterfalz, 0,95 m breit, 2,40 m hoch.				1	—				
	Summa Post 9		Stück		1	—	85	—	85	—
10	Kellertüren Nr. 6 im Geschäftslokal, in Föhrenholz, 2flügel. Tür mit Stock, Türen je 3 Füllungen, einerseits auf Stab gestemmt, anderseits glatt für Blechbeschlag, mit einseitiger Verkleidung, 1,50 m breit, 2,0 m hoch				1	—				
	Summa Post 10		Stück		1	—	36	—	36	—
									512	—

Laufende Nr.	Vortrag	Dimensionen Länge	Breite	Höhe	Masse Ganze	$^1/_{100}$	Einzelpreis M	Pf	Betrag M	Pf
	Übertrag								512	—
11	1 flügel. Füllungstür Nr. 5, sonst genau behandelt wie die vorige, 0,95 m breit, 2,0 m hoch . .				1	—				
	Summa Post 11			Stück	1	—	22	—	22	—
12	1 flügel. 4-Füllungstür Nr. 4 mit Stock, auf Stab gestemmt, mit eichener Schwelle, sonst Föhrenholz, 0,90 m breit, 2,0 m hoch				1	—				
	Summa Post 12			Stück	1	—	22	—	22	—
13	Tür zur Kellerstiege Nr. 7, 4-Füllungstür auf Stab, in Fichtenholz, mit 0,15 m tiefem, 5 cm starkem Stock, mit eichener Schwelle, einerseits Verkleidung, 0,85 m breit, 1,90 m hoch				1	—				
	Summa Post 13			Stück	1	—	19	—	19	—
14	Tür vom Parterreladen zum Hauseingang. Nr. 11. 1 flügel. 4-Füllungs-Karnießtür mit 0,30 m tiefem glatten Futter und beiderseitiger Verkleidung. Tür einerseits glatt für Blechbeschlag, 0,90 m breit, 2,20 m hoch . .				1	—				
	Summa Post 14			Stück	1	—	26	—	26	—
15	Aborttür vom Hof, Nr. 9, 1 flügel. 3-Füllungstür auf Stab mit Kämpfer und Oberlicht, Stock föhren, Tür fichten, 0,75 m breit, und 2,60 m hoch				1	—				
	Summa Post 15			Stück	1	—	22	—	22	—
									623	—

Laufende Nr.	Vortrag	Dimensionen Länge	Breite	Höhe	Masse Ganze	$^1/_{100}$	Einzelpreis ℳ	₰	Betrag ℳ	₰
	Übertrag								623	—
16	Tür vom Stiegenhaus zum Geschäftslokal I. Stock. Nr. 14, 1flügel. 4-Füllungstür, genau wie unter Post 14				1					
	Summa Post 16		Stück		1		26	—	26	—
17	Wohnungseingangstüren II., III. und IV. Stock, Nr. 23—25, 1flügel. 4-Füllungskarnießtür mit 0,30 m tiefem glatten Futter und beiderseitiger Verkleidung, Kämpfer und Oberlicht, 0,90 m breit, 2,60 m hoch				3					
	Summa Post 17		Stück		3		34	—	112	—
18	Aborttür I. Stock, Nr. 16, mit 0,15 m tiefem glatten Futter, 3 Füllungen auf Stab und beiderseitiger Verkleidung, 0,75/2,0 m				1					
	Summa Post 18		Stück		1		18	—	18	—
19	Aborttür Nr. 15 wie vor, jedoch statt 0,15 m tiefem Futter Rabitzstock				1					
	Summa Post 19		Stück		1		15	—	15	—
20	Kammertüren Nr. 29—31 in den Wohnungen, 1flügel. 3-Füllungsglastüren auf Stab mit Rabitzstöcken, 0,85/2,0 m . . .				3					
	Summa Post 20		Stück		3		15	—	45	—
21	Aborttüren Nr. 26—28 in den Wohnungen, Glastüren mit Rabitzstöcken und 3 Füllungen, 0,75 m breit, 2,0 m hoch . .				3					
	Summa Post 21		Stück		3		14	50	43	50
									872	50

Laufende Nr.	Vortrag	Dimensionen			Masse		Einzelpreis		Betrag	
		Länge	Breite	Höhe	Ganze	1/100	ℳ	₰	ℳ	₰
	Übertrag								872	50
22	Zimmertüren Nr. 32—34 vom Stiegenhaus zu dem Vorderzimmer, werden alte verwendet, jedoch mit neuen Verkleidungen versehen				3					
	Summa Post 22			Stück	3		6	—	18	—
23	Dachbodentür, wird alte verwendet, ist vom Schreiner nicht reparaturbedürftig				—	—				
24	Verkleidung der Deckenkonstruktion in den Schaufensteröffnungen der Souterraindecke mit 5 cm starken Riemlingen, 0,30 m hoch, und unterer profilierter Fugdeckleiste (2 × 2,65) + (4 × 0,50) =	7,30	0,30		2	19				
	Summa Post 24			qm	2	19	1	80	3	94
25	Riemlingeinlagen zu vorigen Schaufensteröffnungen, zu beliebiger Vergrößerung dieser Öffnungen, 0,20 m breit, 5 cm stark, übereinander gefalzt . . 2 ×	2,65	0,60		3	18				
	Summa Post 25			qm	3	18	4	—	12	72
26	Verkleidungen der Deckenkonstruktionsstärken in den Stiegenöffnungen der Souterrain- und Parterredecke im Laden, 0,30 m hoch, 4 cm stark, oben mit 0,20 m breiten Eichenholzfriesen versehen, die einerseits angestoßenes Profil haben;									
									907	16

Laufende Nr.	Vortrag	Dimensionen Länge	Breite	Höhe	Masse Ganze	$^1/_{100}$	Einzelpreis M	Pf	Betrag M	Pf
	Übertrag								907	16
	unten mit profilierter Deckleiste versehen.									
	Souterrain . . 1,10 + 2,0 =				3	10				
	Parterre . . 4,0 + 3,0 =				7	00				
	Summa Post 26			lfd. m	10	10	4	50	45	45
27	Für kleinere Reparaturen an alten Türen und Fenstern ein Pauschale von .								80	—
28	Gestemmte Schaufensterverkleidungen in Fichtenholz im Souterrain, Parterre und I. Stock:									
	Seitenteile:									
	Souterrain 4 × 1,80 =	7,2								
	Parterre . 6 × 3,50 =	21,0								
	I. Stock . . . 8 × 2,40 =	19,2								
	Decken und Fensterbretter:									
	Souterrain . . 2 × 2,70	5,4								
	Parterre . 2 × 2,70	5,4								
	1,00	1,0								
	I. Stock . 4 × 2,70	10,8								
	4 × 1,00	4,0			qm					
		74,0 × 0,40			29	60				
	Verkleidung des Trägers unter I. Stockdecke	7,3 × 0,40			2	92				
	Verkleidung der Auslagöffnungen: 2 × 2,50 + 4 × 0,50	7,0 × 0,30			2	10				
	Verkleidung innen:									
	Parterre . . 4 × 3,50 =	14,0								
	I. Stock . . 6 × 2,30 =	13,8								
		27,8 × 0,15			4	17				
	Summa Post 28			qm	38	79	9	50	368	50
	Summa VIII: Schreinerarbeiten								1401	11

Laufende Nr.	Vortrag	Dimensionen Länge	Breite	Höhe	Masse Ganze	$^1/_{100}$	Einzelpreis ℳ	₰	Betrag ℳ	₰
	IX. Schlosserarbeiten.									
	Beschläg- und Gitterarbeiten.									
	NB. Siehe den Beschrieb der betreffenden Nummern unter Schreinerarbeit.									
1	Kellerfenster Nr. 1 und 3 mit 4 Fischbändern, 8 eingelassenen Scheinecken, 3 Eisenreibern, 2 Eisenknöpfen, die Oberflügel mit 2 Scheren zum Aufstellen u. 4 Stockschlaudern angeschlagen				2					
	Summa Post 1			Stück	2		4	—	8	—
2	Kellerfenster Nr. 2, 3flügel. Beschläg: 6 Fischbänder, 24 eingelassene Scheinecken, unten aufgesetztes Getrieb mit Eisenolive, oben 2 Scheren, 2 Eisenreiber, 1 Eisenknopf, 4 Stockschlaudern				1					
	Summa Post 2			Stück	1		5	20	5	20
3	Parterrefenster Nr. 8 und I. Stockfenster Nr. 12. 18 flügel. Beschläg: 48 Fischbänder, 72 eingelassene Scheinecken, unten 6 eingelassene Getriebe mit Messingkreuzoliven, oben 12 Eisenreiber mit Messingknöpfen, 6 Messingknöpfe, 18 Eisenquersprossen, 6 Sturmhaken und 6 starke Stockschlaudern .				2					
	Summa Post 3			Stück	2		33	—	66	—
									79	20

Laufende Nr.	Vortrag	Dimensionen			Masse		Einzelpreis		Betrag	
		Länge	Breite	Höhe	Ganze	$^1/_{100}$	ℳ	₰	ℳ	₰
	Übertrag								79	20
4	Dachfensterstock im Stiegenhaus, 2flügel. Beschläg: 4 Fischbänder, 1 aufgesetztes Getrieb mit Eisenolive, 8 eingelassenen Scheinecken und 4 Stockschlaudern .				1					
	Summa Post 4		Stück		1		3	80	3	80
5	Hofausgangstür Nr. 10. Beschläg: 3 starke Türfischbänder, Kasten-Chubbschlofs mit 2 starken Messingdrückern, Oberlicht 2 Fischbänder, 2 Eisenreiber mit Messingknöpfen, für Messingknopf 4 Fischbänder, 8 eingelassene Scheinecken, 4 Reiber und 2 Messingknöpfe zu den 2 Glasrahmen, 6 starke Stockschlaudern				1					
	Summa Post 5		Stück		1		21	—	21	—
6	Kellertür Nr. 6. Beschläg: 4 Türfischbänder, 2 Kantenriegel mit Messinghülsen, 1 Kasten Chubb schlofs mit Messingdrücker, 3,0 qm, 2 mm starker, aufgeschraubter Blechbeschlag . .				1					
	Summa Post 6		Stück		1		36	—	36	—
7	Kellertür Nr. 5. Beschläg: 2 Türfischbänder, 1 Chubbschlofs und 1,90 qm Blechbeschlag wie vor.				1					
	Summa Post 7		Stück		1		23	—	23	—
									163	—

Laufende Nr.	Vortrag	Dimensionen Länge	Breite	Höhe	Masse Ganze	$^1/_{100}$	Einzelpreis ℳ	₰	Betrag ℳ	₰
	Übertrag								163	—
8	Kellertür Nr. 4 und 7. Beschläg: 2 Türfischbänder, ein Kastenschloſs mit Messingdrücker, 2 tourig				2					
	Summa Post 8		Stück		2		6	—	12	—
9	Türen Parterre Nr. 11 und I. Stock Nr. 14, genau beschlagen wie Post 7				2					
	Summa Post 9		Stück		2		23	—	46	—
10	Aborttür Parterre Nr. 9. Türbeschläg: 2 Fischbänder, Kastenschloſs mit Messingdrückern und Nachtriegel. Oberlicht: 2 Winkelbänder mit aufgeschraubten Kloben, 2 eingelassenen Scheinecken, Reiber mit Messingknopf, Messingfensterknopf, 6 Stockschlaudern.				1					
	Summa Post 10		Stück		1		8	50	8	50
11	Wohnungseingangstüren im II., III. und IV. Stock Nr. 23, 24, 25. Beschläg: Türen mit 2 Fischbändern, Kasten-Chubbschloſs mit zurückziehbarer Falle, 2 verzierte Messingtürknöpfe, 1 messingner Türgucker mit Verdeck, 1 Sicherheitstürkette, Oberlicht 4 eingelassene Scheinecken, 1 Vertikaleisensprosse, 2 Vorreiber und 2 Messingknöpfe .				3					
	Summa Post 11		Stück		3		26	—	78	—
									307	50

Laufende Nr.	Vortrag	Dimensionen Länge	Breite	Höhe	Masse Ganze	$^1/_{100}$	Einzelpreis ℳ	₰	Betrag ℳ	₰
	Übertrag								307	50
12	Aborttür I. Stock Nr. 16. Beschläg: 2 Fischbänder, Fallenschloß mit Messingdrücker, Riegel mit Scheibe »frei, besetzt«				1					
	Summa Post 12			Stück	1		8	50	8	50
13	Aborttür Nr. 15. Beschläg wie die vorige, jedoch ohne Riegel				1					
	Summa Post 13			Stück	1		5	50	5	50
14	Kammer- und Aborttüren in den Etagen Nr. 29—31 und 26—28, beschlagen mit 2 Fischbänder, Fallenschloß mit Messingdrücker und Nachtriegel . . .				6					
	Summa Post 14			Stück	6		5	70	34	20
15	Reparaturen an den bestehenden Türen und Fenstern ein Pauschale									
	Summa Post 15								60	—
	Gitterarbeiten.									
16	Lichtschachtgitter der Kellerfenster mit Winkeleisenvierung, stehender Flacheisenvergitterung mit 20 mm Zwischenräumen:									
	Kellerfenster Nr. 2 .	0,85	0,30		0	26				
	» » 1 . .	0,60	0,30		0	18				
	» » 3	0,50	0,23		0	11				
	Summa Post 16			qm	0	55	25	—	13	75
									429	45

Laufende Nr.	Vortrag	Dimensionen Länge	Breite	Höhe	Masse Ganze	$^1/_{100}$	Einzelpreis ℳ	₰	Betrag ℳ	₰
	Übertrag								429	45
17	Vergitterung der großen Ladenfenster nach dem Hof Nr. 8 und 12. Winkeleisenrahme, Vertikalrundeisenstangen, 18 mm stark, in Zwischenräumen von 12—13 cm, Flacheisenquerverbindung in Zwischenräumen von ca. 60—70 cm Nr. 8	3,40	2,50		8	50				
	» 12	3,40	1,90		6	46				
	Summa Post 17			qm	14	96	9	—	134	64
18	Vergitterung der Hoftür Nr. 10 mit einfacher Rundeisenverzierung:									
	Türgitter . . 2 ×	0,20	0,80		0	32				
	Oberlicht	0,80	0,35		0	28				
	Summa Post 18			qm	0	60	14	—	8	40
19	Wohnungseingangstüren Nr. 23 bis 25. Oberlichte mit einfacher Flacheisenverzierung versehen 3 ×	0,80	0,35		0	84				
	Summa Post 19			qm	0	84	16	—	13	44
	Stiegengeländer.									
	[Um die Ausmaße der Stiegengeländer annähernd richtig bestimmen zu können, wäre eigentlich ein Schnitt des Stiegenhauses nötig. Dieser liegt aber in den 100 teiligen Plänen in den meisten Fällen (wie auch hier) nicht vor. Man behilft sich da in folgender Weise:									
									585	93

Laufende Nr.	Vortrag	Dimensionen Länge	Breite	Höhe	Masse Ganze	$^1/_{100}$	Einzelpreis ℳ	₰	Betrag ℳ	₰
	Übertrag								585	93
	Für Podeststiegen nimmt man die abgewickelte Grundrißlänge des Geländers (nebenstehende Skizze *a*, *b*) und konstruiert darüber unter 40 Grad die Linie *a—c*, wobei der Punkt *c* senkrecht über *b* steht. *a—c* gibt dann das annähernd, jedenfalls 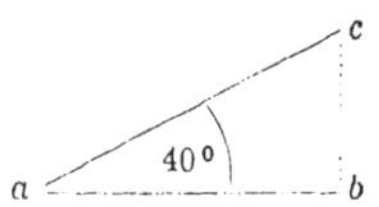 nicht zu geringe Ausmaß des Geländers. Für gewundene Stiegen konstruiert man die Linie *a—c* unter 50—55 Grad, je nachdem die Windung mit größerem oder kürzerem Radius konstruiert ist.]									
20	Ladenstiege vom Souterrain zum Parterre mit gußeiserner Anfangs- und Endigungssäule und einfach verziertem schmiedeisernem Geländer zu versehen, samt Befestigen auf der Wange 1,80 + 4,0 =				5	80				
	Summa Post 20		lfd. m		5	80	12	—	69	60
21	Ladenstiege vom Parterre zum I. Stock mit reich verziertem schmiedeisernen, seitlich der Wange angeschraubtem Geländer, mit Anfangs- u. Endigungssäule in Schmiedeisen, nach									
									655	53

Laufende Nr.	Vortrag	Dimensionen Länge	Breite	Höhe	Masse Ganze	$^1/_{100}$	Einzelpreis ℳ	₰	Betrag ℳ	₰
	Übertrag								655	53
	Zeichnung herzustellen und zu befestigen . 6,0 + 4,0 + 1,30 =				11	30				
	Summa Post 21		lfd. m		11	30	25	—	282	50
22	Stiegengeländer der Hauptstiege. Geländer in Schmiedeisen wie unter Post 20, nur etwas reicher 5,8 + 4,7 + (3 × 5,0) =				25	50				
	Summa Post 22		lfd. m		25	50	14	—	357	—
	Summa IX: Schlosserarbeiten Beschläge, Gitter und Geländer								1295	03

X. Eisenwaren und sonstige Schlosserarbeiten.

[Zur Bestimmung des Bedarfes an I-Trägern und Walzeisen stelle man zuerst nachstehende Hilfstabelle auf, welche jedoch dem eigentlichen Voranschlag nicht beigefügt wird. Im Plan 1 : 100 sind die Bezeichnungen eingetragen, und in der Trägerberechnung, die den Einreichungsplänen beigefügt wurde, sind die Profilnummern ersichtlich. Wo die Berechnung hart an die Tragfähigkeitsgrenze reicht, veranschlage man das nächst höhere Profil und nehme hauptsächlich hier die Ausmaße reichlich; in der Trägeranschaffung werden wir ersehen, daß es notwendig war, um ein Defizit zu vermeiden. Mache hier nochmals ausdrücklich darauf aufmerksam, daß ich absichtlich die Trägereinzeichnung in den Plänen 1 : 100 abweichend von den Werkplänen machte, weil es fast immer der Wirklichkeit entspricht, und gewöhnlich ist der Bedarf gerade an Eisen ein größerer, selten ein geringerer.]

Hilfstabelle.

Zeichen	Profil-Nr.	Stück	Einzellänge	Gesamtlänge
Souterrain:				
S. 1, 2, 3.	20	3	7,90	23,70
S. 1a, b, c, d.	14	4	1,00	4,00
S. 4.	26	1	7,90	7,90
S. 5, 6.	20	2	6,40	12,80
S. 8.	24	1	3,20	3,20
S. 7.	24	1	6,50	6,50
Parterre:				
P. 4—6.	24	1	7,80	7,80
P. 1—3.	14	1	7,60	7,60
P. 7.	22	1	7,0	7,00
P. 8, 9, 10.	24	3	6,90	20,70
P. 10.	22	1	6,80	6,80
P. 10a.	24	1	6,80	6,80
P. 12, 13, 14.	22	3	4,60	13,80
P. 15.	26	1	4,40	4,40
P. 16—20 inkl.	14	5	2,0	10,00
P. 21, 22.	18	2	2,10	4,20
P. 23.	18	1	3,00	3,00
P. 24, 25, 26.	14	3	1,70	5,10
P. 28	22	1	5,50	5,50
P. 29, 30.	24	2	5,70	11,40
P. 31, 32.	24	2	5,30	10,60
P. 33.	20	1	4,80	4,80
P. 34.	16	1	2,70	2,70
P. 27.	20	1	1,50	1,50
P. 35, 36.	24	2	6,80	13,60
P. 37, 38.	14	2	4,60	9,20
P. 39.	26	1	4,80	4,80
P. 28a.	22	1	1,40	1,40
P. 28b.	14	1	0,80	0,80

Zeichen	Profil-Nr.	Stück	Einzel-länge	Gesamt-länge
I. Stock:				
I. 1, 2.	28	2	9,80	19,60
I. 3.	26	1	9,80	9,80
I. 4.	36	1	6,80	6,80
I. 5.	34	1	6,70	6,70
I. 6, 7, 8.	34	3	6,50	19,50
I. 9, 10, 11.	34	3	5,80	17,40
I. 12, 13.	24	2	4,70	9,40
I. 14.	50	1	5,70	5,70
I. 15, 16.	24	2	3,80	7,60
I. 17, 18, 19.	14	3	1,80	5,40
I. 20.	18	1	3,0	3,00
II., III. und IV. Stock:				
1, 1, 1.	18	3	3,0	9,0
2, 3, 4.	14	9	1,80	16,20
Für unvorhergesehene Fälle	16	2	10,0	20,00
	20	2	10,0	20,00

Aus vorstehender Tabelle summieren wir die Gesamtlängen der einzelnen Trägernummern und ermitteln hieraus das Gewicht. Da die Einzelgewichte der Träger in Wirklichkeit immer etwas differieren, sind am Ende jeder Position 6 % für Gewichtsdifferenzen zuzuschlagen.

Die Einzelpreise, die pro 100 Kilo angegeben sind, steigen mit der Höhe der Träger für Stäbe von 4—10 m. Auch für Stäbe unter 4 m sind Preiszuschläge. Da nun das weitaus größte Gewichtsquantum aus Stäben über 4 m besteht, fügen wir dem Originalpreise gleich diesen Preiszuschlag bei. Infolgedessen ergeben sich in unserem Falle 5 Positionen.

Laufende Nr.	Vortrag	Dimensionen Länge	Breite	Höhe	Masse Ganze	1/100	Einzelpreis M	Pf	Betrag M	Pf
		lfd. m		Ein.-Gew. kg	Gesamt-Gew. kg		pro 100 kg			
1	Gewalzte Träger von Nr. 8–26 inkl.: Nr. 14	51,1		14,30	730	73				
	» 16	22,7		17,90	406	33				
	» 18	19,2		21,90	420	48				
	» 20	62,8		26,20	1645	36				
	» 22	34,5		31,00	1069	50				
	» 24	97,6		36,20	3533	12				
	» 26	26,9		41,90	1127	11				
	Hierzu 6 % für Gewichtsdifferenz aus 8932 kg.				535	92				
	Summa Post 1			kg	9468	55	13	50	1278	32
2	Gewalzte Träger . . . Nr. 28	19,6		47,90	938	80				
	Hierzu 6 % für Gewichtsdifferenz				56	28				
	Summa Post 2			kg	995	08	14	—	139	20
3	do. . . . . Nr. 34	43,6		68,00	2964	80				
	Hierzu 6 % für Gewichtsdifferenz				177	84				
	Summa Post 3			kg	3142	64	14	25	447	88
4	do. . . . . Nr. 36	6,80		76,10	517	48				
	Hierzu 6 % für Gewichtsdifferenz				31	02				
	Summa Post 4			kg	548	50	14	75	80	98
5	do. . . . . Nr. 50	5,70		140,5	800	85				
	Hierzu 6 % für Gewichtsdifferenz				48	00				
	Summa Post 5			kg	848	85	15	50	131	60
6	Für Verflanschungen und Verkuppelungen der Träger Post 1–5				15003	—				
	Summa Post 6			kg	15003	—	1	80	270	05
									2348	03

Laufende Nr.	Vortrag	Dimensionen: Länge	Breite	Höhe	Masse: Ganze	1/100	Einzelpreis: M	Pf	Betrag: M	Pf
	Übertrag								2348	03
7	Für Abhauen, Bohren der Löcher, für zugehörige Schrauben, Gasrohrstutzen				15003	—				
	Summa Post 7			kg	15003	—	1	50	225	04
8	Gußeiserne Säulen nach Zeichnung und eigenem Modell herzustellen und mit Grundanstrich zu versehen:									
	Gußsäule im Souterrain, 2,70 m hoch, für ca. 9 Tonnen Belastung				Stück 1	—	45	—	45	—
	do. im Parterre, 3,80 m hoch, für ca. 60 Tonnen Belastung				1	—	180	—	180	—
	do. im I. Stock, 2,60 m hoch, für ca. 53 Tonnen Belastung				1	—	120	—	120	—
	Summa Post 8 per se									
9	[Säulen, die aufeinanderstehen, müssen unbedingt am Kopf der untern und am Fuß der obern abgedreht werden, da sie sonst niemals senkrecht aufeinandersitzen würden.]									
	Für Abdrehen der Säulen im Parterre und I. Stock und deren Verbindung		Stück		2	—	9	—	18	—
	Summa Post 9 per se									
10	Schmiedeiserne Ständer der Vorderfaçade, für ca. 30 Tonnen Belastung, genietete Blechständer mit **U**-Eiseneinbau, mit Fußplatte und abgesetzter Kopfplatte samt 2 angenieteten									
									2936	07

Laufende Nr.	Vortrag	Dimensionen Länge	Breite	Höhe	Masse Ganze	$^1/_{100}$	Einzelpreis ℳ	₰	Betrag ℳ	₰
	Übertrag								2936	07
	Winkeleisen zum Anschlag und Befestigen der Ladenstöcke, samt Konsole in I. Stock-Höhe, von oben nach unten konisch, von der Kellerbrüstung bis zur I. Stock-Decke reichend, 8,20 m hoch, oben 52, unten 60 cm tief, 15 cm breit, samt Grundanstrich				2	—				
	Summa Post 10		Stück		2	—	210	—	420	—
11	Gußeiserne Unterlagplatten . . [Die Unterlagplatten sollen so groß sein, daß der Quadratflächeninhalt in Zentimetern so viel beträgt als der Auflagedruck der darauf ruhenden Träger dividiert durch 7, so daß also das Kalkmauerwerk mit nicht mehr als 7 kg pro qcm belastet ist; Zementmauerwerk darf mit 11 kg belastet sein. Ist der Auflagedruck in der Trägerberechnung angegeben, ist dies dann bald gerechnet, wenn nicht, nehme man bei leicht belasteten Trägern die Breite der abzufangenden Mauer multipliziert mit der $1^1/_2$fachen Trägerhöhe, bei schwer belasteten Trägern die $1^1/_2$ bis 2fache Mauerstärke, multipliziert mit der $1^1/_2$fachen Höhe der Träger. Berücksichtige aber									
									3356	07

Laufende Nr.	Vortrag	Dimensionen Länge	Breite	Höhe	Masse Ganze	$^1/_{100}$	Einzelpreis ℳ	₰	Betrag ℳ	₰
	Übertrag								3356	07
	jedenfalls die Menge der auf Lager gehaltenen Platten. Träger, die auf tragfähigem Haustein aufliegen, benötigen keine Unterlagplatten. Für Gewölbträger, die auf Mauerwerk liegen, rechne man für lange und schwer belastete Trägerplatten 30/30, für leichter belastete 15/30 mm. Vorstehende Angaben sind nur erfahrungsgemäß annähernde, aber jedenfalls genügende. Will man gerade Platten von 25—30 mm Stärke verwenden, rechne man per qm Platte 200 kg Durchschnittsgewicht. Will man gewölbte Platten verwenden, die ohne Zweifel konstruktiv vorzuziehen sind, aber teurer kommen, so muß man sich an die in jedem größeren Eisenwerk vorliegenden Tabellen halten und daraus Größe und Gewicht bestimmen. Hat man genügend Zeit, werden solche Platten auch auf Bestellung angefertigt. Wir legen unserem Voranschlag gerade Platten zugrunde.]									
	Souterrain:	cm	cm	qm						
	Für Träger S. 7 . . 2 ×	30	45	0,27						
	» die Gewölbträger 20 ×	30	30	1,80						
	» S. 1 a, b, c, d keine.									
				2,07					3356	07

Laufende Nr.	Vortrag	Dimensionen Länge	Breite	Höhe	Masse Ganze	$^1/_{100}$	Einzelpreis M	Pf	Betrag M	Pf
		cm	cm	qm						
	Übertrag			2,07					3356	07
	Parterre:									
	Für P. 16—20. . 10 ×	16	30	0,480						
	» P. 15	45	30	0,135						
	» P. 21, 22 . . . 2 ×	45	30	0,270						
	» P. 23 . . . . . 2 ×	30	30	0,180						
	» P. 24, 25, 26 . 1 ×	60	20	0,120						
	1 ×	45	20	0,090						
	» P. 27 . . . 1 ×	30	30	0,090						
	» P. 35, 36 . . . 2 ×	45	45	0,405						
	» P. 28 . . . 1 ×	30	30	0,090						
	» P. 28a	16	30	0,048						
	» P. 37, 38, 39 . . 2 ×	75	45	0,675						
	I. Stock:									
	Für I. 6, 7, 8 . . 2 ×	60	45	0,540						
	» I. 14 . . . . 2 ×	60	30	0,360						
	» I. 12, 13 . . . 2 ×	40	30	0,240						
	» I. 15, 16 . . . . 1 ×	45	30	0,135						
	» Stiegenhauspodestträger 8 ×	30	30	0,720						
	» Fensterträger . . 8 ×	60	20	0,960						
	8 ×	45	20	0,720						
			qm	8,328						
			à 200 kg =		16	65				
	Summa Post 11		100 kg		16	65	13	50	224	78
12	Schlaudern, Klammern und Maueranker: [Das Quantum für die Posten 12, 13, 14 läßt sich aus den Plänen 1 : 100 absolut nicht bestimmen, das muß man schätzen. Eine kräftige Schlauder wiegt je nach Länge 5—10 kg, eine Klammer 1—$1^1/_2$ kg.]									
									3580	85

Laufende Nr.	Vortrag	Dimensionen Länge	Breite	Höhe	Masse Ganze	$^1/_{100}$	Einzelpreis ℳ	₰	Betrag ℳ	₰
	Übertrag								3580	85
	Wir benötigen für unsern Bau									
	ca. 20 St. Schlaudern à 7 kg				140	00				
	60 » Klammern à 1 »				60	00				
	10 » Anker . . à 10 »				100	00				
	Summa Post 12			kg	300	00	—	30	90	—
13	Schrauben, Hängeeisen, Winkel: [In unserem Falle zur Befestigung der Tramlagen bei den Schienen I. 9, 10, 11 zum Anschrauben der Holzbacken an den Trägern der Stiegenwechsel, zum Befestigen der Holzstiegen etc.] Aversal				200	00				
	Summa Post 13			kg	200	00	—	50	100	—
14	Unterlagpackeln, eiserne Keile zu den Unterfangungen und sonstige kleinere Eisenteile: Aversal				100	00				
	Summa Post 14			kg	100	00	—	26	26	—
15	Schmiedeiserne Ladenstöcke, im Parterre bis zur Kellerbrüstung hinabreichend, mit einer Quersprosse zur Teilung der Spiegelscheibe, mit unterem und oberem Ventilationsschuber, mit Nuten für Stahlblechrolläden, laut Zeichnung samt allem Zubehör herzustellen, zu versetzen und mit Grundanstrich zu versehen. 3,50 m hoch, 2,60 m breit				2	—				
	Summa Post 15			Stück	2	—	150	—	300	—
									4096	85

Laufende Nr.	Vortrag	Dimensionen Länge	Breite	Höhe	Masse Ganze	$^1/_{100}$	Einzelpreis ℳ	₰	Betrag ℳ	₰
	Übertrag								4096	85
16	Schmiedeiserne Ladeneingangstür aus Façoneisen, laut Zeichnung hergestellt, mit Falz für Spiegelscheibe, profiliert: Kämpfer und Oberlicht für Spiegelscheibe. Tür mit verziertem Schutzblech und Kastenschloß mit verzierten Messingdrückern. Unten für Stahlblechrolladen, samt allem wie vor, 0,95 m breit, 3,50 m hoch				1	—				
	Summa Post 16		Stück		1	—	140	—	140	—
17	Hauseingangstür wie vor, jedoch ohne Rolladen unten, Glaslicht in der Tür und Oberlicht mit reich verzierten schmiedeisernen Gittern, laut Zeichnung herzustellen samt allem wie Post 14, 1,0 m breit, 3,50 m hoch				1					
	Summa Post 17		Stück		1	—	350	—	350	—
18	Schmiedeiserne Fenster im I. St.; nur Rahme für die Spiegelscheiben, oben mit abgerundeten Ecken, samt Allem wie Post 14, 2,60 m breit, 2,25 m hoch . .				2	—				
	Summa Post 18		Stück		2	—	85	—	170	—
19	Schmiedeiserne Fenster im I. St., oben halbrund mit Fensterrahme zum Lüften, sonst wie Post 17, 1,0 m breit, 2,25 m hoch . .				2	—				
	Summa Post 19		Stück		2	—	32	—	64	—
									4820	85

Laufende Nr.	Vortrag	Dimensionen Länge	Breite	Höhe	Masse Ganze	1/100	Einzelpreis ℳ	₰	Betrag ℳ	₰
	Übertrag								4820	85
20	Schmiedeiserne Firmenschilder mit Façoneisenblech zur Aufnahme der Glasfirmentafeln, samt Montage und Grundanstrich, 0,65 m hoch (2 × 2,60) + (2 × 1,0) =				7	20				
	Summa Post 20		lfd. m		7	20	10	—	72	—
21	Blechverkleidungen der zwei schmiedeisernen Façadenständer mit profiliertem Kapitäl und Sockel, 0,18 m breit, samt 0,20 m tiefem Anschluß bis zum Ladenstock, 6,30 m hoch, samt allem wie vor				2	—				
	Summa Post 21		Stück		2	—	60	—	120	—
22	Blechklappen in Winkeleisenrahmen mit Getriebe vom Keller aus zum Verschluß der zwei Schaufensterschächte an der Vorderfaçade, 2,65 m lang, 0,42 m breit, samt allem wie unter Post 20				2	—				
	Summa Post 22		Stück		2	—	90	—	180	—
23	Lichtschachtgeländer der Schaufensterschächte in Schmiedeisen, mit je zwei Ecksäulen, einfach verziert, 1,0 m hoch, samt Versetzen und Grundanstrich (2 × 2,80) + (4 × 0,50) =				7	60				
	Summa Post 23		lfd. m		7	60	12	—	87	20
									5280	05

Laufende Nr.	Vortrag	Dimensionen Länge	Breite	Höhe	Masse Ganze	$^1/_{100}$	Einzelpreis ℳ	₰	Betrag ℳ	₰
	Übertrag								5280	05
24	Stahlblechrolläden mit Getriebe von innen, auf den Lichtschachtklappen aufsitzend, samt Montage, Grundanstrich und allem zur Funktionierung nötigen Zubehör . . . 2 ×	2,65		3,80	20	14				
		1,00		3,70	3	70				
	[Für das Höhenmaß sind 20 cm Zuschlag auf das Lichtmaß zu geben, da dieselben bis zur Befestigung auf der Achse gemessen werden.]									
	Summa Post 24			qm	23	84	21	—	500	64
25	Kaminputztürchen in Schmiedeisen, doppelt				8	—				
	Summa Post 25		Stück		8	—	3	—	24	—
26	Fußabstreifeisen am Hauseingang in Gußeisen				1	—				
	Summa Post 26		Stück		1	—	2	50	2	50
27	Schutzecken in Mannstädteisen, 1,80 m hoch, im Hauseingang Parterre und an der Hofausgangstür samt Grundanstrich .				8	—				
	Summa Post 27		Stück		8	—	3	80	30	40
	Summa X: Eisenwaren und Schlosserarbeit . .								5837	57

Laufende Nr.	Vortrag	Dimensionen Länge	Breite	Höhe	Masse Ganze	1/100	Einzelpreis ℳ	₰	Betrag ℳ	₰
	XI. Spengler- und Dachdeckerarbeiten.									
1	Zinkblecheinfassungen mit Zink Nr. 13 an den neuen Kaminen und der neuen Dachluke:									
	Kamine . . . . . . 4 ×	0,95	0,40		1	52				
	4 ×	1,30	0,40		2	08				
	Luke . 2 ×	1,70	0,50		1	70				
	2 ×	$\frac{2{,}0 \times 1{,}60}{2}$			3	20				
	2 ×	3,0	0,40		2	40				
		1,0	0,40		0	40				
	Diverse Reparaturen				5	00				
	Summa Post 1			qm	16	30	4	60	74	98
2	Fensterbleche aus Zink Nr. 13:									
	Fenster Nr. 8 und 12 . 2 ×	3,70	0,30		2	22				
	» » 17–19 . 3 ×	1,30	0,30		1	17				
	» » 20–22 . . 3 ×	1,30	0,40		1	56				
	Summa Post 2			qm	4	95	5	60	27	72
3	Abdeckung von Gesimsen mit Zink Nr. 12:									
	Façadeabschlußsteingesims .	9,80	0,40		3	92				
	Reparaturen				2	00				
	Summa Post 3			qm	5	92	5	60	33	15
4	Reparaturen der Dachrinnen; dieselben abzunehmen, auszubessern und wieder versetzen 2 ×	10,0			20	00				
	Ablaufrohre . . . . . 2 ×	17,0			34	00				
	Summa Post 4			lfd. m	54	00	1	20	64	80
									200	65

Laufende Nr.	Vortrag	Dimensionen Länge	Breite	Höhe	Masse Ganze	$^1/_{100}$	Einzelpreis M	Pf	Betrag M	Pf
	Übertrag								200	65
5	Eindecken der neuen Dachluke mit Dachplatten samt Dachpappunterlage . . . 2×	1,80	1,0		3	60				
		$\frac{1,80 \times 1,0}{2}$			0	90				
	Summa Post 5			qm	4	50	3	50	15	75
6	Firstziegel, samt Befestigen, in Zement verlegt:									
	2,0 + (2 × 1,30) =				4	60				
	Summa Post 6		lfd. m		4	60	2	—	9	20
7	Durchsicht und Reparatur des alten Daches . . . . aversal								60	—
	Summa XI: Spengler- und Dachdeckerarbeiten . .								285	60
	XII. Glaserarbeiten.									
8	Unbelegte Kristallspiegelscheiben für die Schaufenster samt Einsetzen:				Stück					
	Souterrain . . .		250	170	2	—	130	—	260	—
	Parterre . . .		250	330	2	—	310	—	620	—
	Türen . .		65	130	2	—	17	—	34	—
			65	75	2	—	9	—	18	—
	I. Stock .		250	210	2	—	168	—	336	—
			90	210	2	—	47	—	94	—
	Summa Post 1 per se									
9	Rhein. Tafelglas 4/4, III. Sorte, für die Winterfenster, Hauptfenster der Kammern, Stiegenhaus und Kellerfenster:									
									1362	—

Laufende Nr.	Vortrag	Dimensionen Länge	Breite	Höhe	Masse Ganze	$^1/_{100}$	Einzelpreis ℳ	₰	Betrag ℳ	₰
	Übertrag								1362	—
	Fenster Nr. 8 und 12 . 2 ×	3,10		2,20	13	64				
	» 1	0,50		1,30	0	65				
	» » 2 . .	0,74		1,80	1	33				
	» 3 . .	0,40		1,30	0	52				
	Dachfenster, Stiege . . .	0,80		1,00	0	80				
	Reparaturen an Fenstern:				2	00				
	Hoftür .	0,60		1,00	0	60				
		0,85		0,50	0	42				
	Oberlicht, Abort, Hof . . .	0,55		0,50	0	27				
	Summa Post 2			qm	20	23	2	50	50	58
3	Rheinisches Glas, II. Sorte 4/4 für die Hauptfenster:									
	Nr. 8 und 12 . . . . 2 ×	3,10		2,20	13	64				
	Reparaturen an Fenstern . .				2	00				
	Summa Post 3			qm	15	64	2	80	43	79
4	Mattglas in den Abort- und Kammertüren etc.:									
	Türen Nr. 29—31 . . 3 ×	0,60		0,70	1	26				
	» » 26—28 . . 3 ×	0,50		0,70	1	05				
	» » 23—25 . . .	—		—						
	Oberlichte . . . 3 ×	0,90		0,40	1	08				
	Summa Post 4			qm	3	39	3	—	10	17
5	Schwarzes Spiegelglas für die Firmenschilder samt Einsetzen									
	2 ×	2,50	0,40		2	00				
	2 ×	0,95	0,40		0	76				
	Summa Post 5			qm	2	76	25	—	69	—
	Summa XII: Glaserarbeiten								1535	54

Laufende Nr.	Vortrag	Dimensionen Länge	Breite	Höhe	Masse Ganze	$^1/_{100}$	Einzelpreis M	Pf	Betrag M	Pf
	XIII. Anstreicherarbeiten.									
	[Um hier nichts zu übersehen, nehme man nach der Reihe Schreiner-, Zimmermanns-, Eisen-, Schlosser- und Spenglerarbeiten durch. Der Quadratflächeninhalt für den Anstrich der Fenster wird in der Weise ermittelt, daß man für Fenster ohne Winterfenster das äußere Fensterputzlicht mit 1,5, und für Fenster mit Futter und Winterfenster dasselbe mit 3 multipliziert. Türen werden per Stück berechnet. Alles andere nach den wirklichen Ausmaßen.]									
1	Kellerfenster mit gelbem Tonanstrich, dreimal gestrichen:									
	Fenster Nr. 1 . . 1,5 ×	1,50		0,60	1	35				
	» » 2 1,5 ×	2,0		0,84	2	52				
	» » 3 . . . 1,5 ×	1,50		0,50	1	13				
	Summa Post 1			qm	5	00	—	90	4	50
2	Neue Fenster mit Winterfenster und Fensterbrett, außen dreimal in Ton zu streichen, innen in Öl eichenholzartig maseriert:									
	Fenster Nr. 8 und 12									
	3 × 2 ×	3,40		2,50	51	00				
	3 × 2 ×	3,40		1,90	38	76				
	Summa Post 2			qm	89	76	1	10	98	74
3	Alte Fenster zu streichen wie vor, jedoch nur zweimaliger Grundanstrich:									
									103	24

Laufende Nr.	**Vortrag**	Dimensionen Länge	Breite	Höhe	Masse Ganze	$^{1}/_{100}$	Einzelpreis ℳ	₰	Betrag ℳ	₰
	Übertrag								103	24
	Vorderfaçade:									
	II. St. 3 × ([4 × 0,80] + 1,0) =		12,60	1,75	22	05				
	III. St. 3 × ([4 × 0,80] + 1,0) =		12,60	1,70	21	42				
	IV. St. 3 × ([4 × 0,80] + 1,0) =		12,60	1,55	19	53				
	Rückfaçade:									
	I. u. II. St. 3 × (4 × 1,15) =		13,80	1,75	24	15				
	III. St. 3 × (3 × 1,15) =		10,35	1,70	17	60				
	IV. St. 3 × (3 × 1,15) =		10,35	1,55	5	69				
	Abortfenster . . . 1,5 × 3 ×		0,40	1,50	2	70				
	Dachfenster . . . 1,5 × 2 ×		0,80	1,20	2	88				
	Summa Post 3			qm	116	02	1	—	116	02
4	Hofausgangstür dreimal zu streichen und in Öl zu maserieren, 0,75 m breit, 2,40 m hoch . .				1	—				
	Summa Post 4		Stück		1	—	6	50	6	50
5	Kellertür Nr. 6 mit Stock dreimal in Ton zu streichen, 1,50 m breit, 2,0 m hoch				1	—				
	Summa Post 5		Stück		1	—	7	50	7	50
6	do. wie vor Tür Nr. 4 und 5, 0,95 m breit, 2,0 m hoch . .				2	—				
	Summa Post 6		Stück		2	—	5	—	10	—
7	Kellertür Nr 7 einerseits im Ton, anderseits maseriert, 0,85 m breit, 1,90 m hoch				1	—				
	Summa Post 7		Stück		1	—	5	60	5	60
8	Türen Nr. 11 und 14 mit 0,30 m tiefem Futter, 0,90 m breit, 2,20 m hoch, in Öl maseriert				2	—				
	Summa Post 8		Stück		2	—	7	—	14	—
									262	86

Laufende Nr.	Vortrag	Dimensionen Länge	Breite	Höhe	Masse Ganze	1/100	Einzelpreis M	Pf	Betrag M	Pf
	Übertrag								262	86
9	Aborttür Nr. 9 mit Stock und Oberlicht, in Ton zu streichen, 0,75 m breit, 2,60 m hoch . .				1	—				
	Summa Post 9			Stück	1	—	5	50	5	50
10	Türen Nr. 32—34 wie unter Post 8, aber mit Oberlicht, 0,90 m breit, 2,60 m hoch . .				3	—				
	Summa Post 10			Stück	3	—	7	80	23	40
11	Abort- und Kammertüren Nr. 15, 16, 29—31 und 26—28, mit 15 cm tiefem Futter oder Rabitzstöcken, in Öl zu maserieren				8	—				
	Summa Post 11			Stück	8	—	6	—	48	—
12	Sämtliche vorhandene oder wieder verwendete Türen werden zweimal gestrichen und in Öl maseriert:									
	Türen mit 0,30 m tiefem Futter				13	—	7	—	91	—
	» » 0,15 m » »				6	—	6	50	39	—
	Summa Post 12 per se									
13	Verkleidungen und Riemlingeinlagen der Posten 24 und 25 Schreinerarbeit, dreimal in Ton zu streichen				2	19				
	Summa Post 13			qm	2	19	—	90	1	97
14	Verkleidungen unter den Posten 26 und 28, Schreinerarbeit, in Öl eichenholzartig zu maserieren . . . . Post 26	10,10	0,60		6	06				
	» 28				38	79				
	Summa Post 14			qm	44	85	1	10	49	34
									521	07

Laufende Nr.	**Vortrag**	Dimensionen Länge	Breite	Höhe	Masse Ganze	$^1/_{100}$	Einzelpreis M	Pf	Betrag M	Pf
	Übertrag								521	07
15	Dreimaliger Ölfarbanstrich und Lackieren der neuen Tafelfußböden, Flächeninhalt gleich Post 12 der Zimmerarbeiten .				80	49				
	Summa Post 15			qm	80	49	1	15	92	56
16	Anstrich aller schon bestehenden Fußböden in den Wohnungen. Auskitten, Grundieren der Ausspänung, zweimaliger Ölfarbanstrich und Lackieren:									
	Vordertrakt: . . . 3 ×	9,0	6,0		162	00				
	3 ×	5,3	2,3		36	57				
	3 ×	2,10	4,6		28	52				
	3 ×	4,10	1,2		14	76				
	4 ×	2,6	1,2		12	48				
	Summa				254	33				
	Hiervon ab Quadratfläche Post 15 =				80	49				
	Restsumme Post 16			qm	173	84	1	05	182	53
17	Sämtliche eiserne Stiegen sind, soweit Holzteile sichtbar sind, zweimal zu firnissen und matt zu lackieren:				Stufen					
	Souterrainstiege, Laden .		1,0		21	—				
	Parterrestiege »		1,25		26	—				
	Hauptstiege		1,10		89	—				
	Summa Post 17			Stufen	136	—	—	80	108	80
18	Dachbodenstiege in Fichtenholz, dreimal mit Ölfarbe zu streichen und in Öl zu maserieren . .		1,10		21	—				
	Summa Post 18			Stufen	21	—	—	90	18	90
									923	86

Laufende Nr.	Vortrag	Dimensionen Länge	Breite	Höhe	Masse Ganze	1/100	Einzelpreis ℳ	₰	Betrag ℳ	₰
	Übertrag								923	86
19	Lichtschachtgitter unter Post 16 der Schlosserarbeit, dreimal eisengrau zu streichen . . .				0	55				
	Summa Post 19			qm	0	55	—	90	—	50
20	do. wie vor, Gitter unter Post 17 bis 19 inkl. der Schlosserarbeit				16	40				
	Summa Post 20			qm	16	40	—	95	15	58
21	Stiegengeländer der Souterrainstiege, dreimal zu streichen und mit Kupferbronze zu verzieren				5	80				
	Summa Post 21			lfd. m	5	80	1	10	6	38
22	do. der Parterreladenstiege, mit Goldbronze zu behandeln . .				11	30				
	Summa Post 22			lfd. m	11	30	2	50	28	25
23	Stiegengeländer der Hauptstiege, grün zu streichen und mit Goldbronze zu verzieren . . .				25	50				
	Summa Post 23			lfd. m	25	50	1	70	43	35
24	Gußeiserne Säule im Souterrain, zweimal eisengrau zu streichen, 2,70 m hoch				1	—				
	Summa Post 24			Stück	1	—	2	50	2	50
25	do. im Parterre, in Ton zu streichen und zu bronzieren, 3,80 m hoch				1	—				
	Summa Post 25			Stück	1	—	4	—	4	—
26	do. im I. Stock, wie vor, 2,60 m hoch				1	—				
	Summa Post 26			Stück	1	—	3	—	3	—
									1027	39

Laufende Nr.	Vortrag	Dimensionen Länge	Breite	Höhe	Masse Ganze	1/100	Einzelpreis M	Pf	Betrag M	Pf
	Übertrag								1027	39
27	Schmiedeis. Ladenstöcke zweimal in Ton mit Ölfarbe zu streichen:				Stück					
	Parterrestöcke		2,60	3,50	2	—	8	—	16	—
	Ladentür Parterre u. Haustür		0,95	3,50	2	—	7	—	14	—
	Fenster I. Stock		2,60	2,25	2	—	5	—	10	—
			1,00	2,25	2	—	3	—	6	—
	Summa Post 27 per se									
28	Firmenschilder do. wie vor zu streichen				7	20				
	Summa Post 28		lfd. m		7	20	—	40	2	88
29	Blechverkleidungen der Ständer, zu streichen wie unter Post 27				2	—				
	Summa Post 29		Stück		2	—	7	—	14	
30	Blechklappen der Schaufensterschächte do.				2	—				
	Summa Post 30		Stück		2	—	3	—	6	—
31	Lichtschachtgeländer do. . . .				7	60				
	Summa Post 31		lfd. m		7	60	1	—	7	60
32	Stahlblechrolläden, innen und außen zweimal mit Ölfarbe zu streichen:	qm								
	Post 24 der Eisenlieferung =	23,84	× 2 =		47	68				
	Summa Post 32			qm	47	68	—	80	38	14
33	Kaminputztürchen und Fußabstreifer, zweimal in Ölfarbe schwarz zu streichen				9	—				
	Summa Post 33		Stück		9	—	—	25	2	25
									1144	26

Laufende Nr.	Vortrag	Dimensionen Länge	Breite	Höhe	Masse Ganze	1/100	Einzelpreis M	Pf	Betrag M	Pf
	Übertrag								1144	26
34	Dachrinnen zweimal in Ton mit Ölfarbe zu streichen . 2 ×	10,0			20	00				
	Summa Post 34		lfd. m		20	00	—	50	10	—
35	do. Abfallröhren . . . 2 ×	17,5 =			35	00				
	Summa Post 35		lfd. m		35	00	—	30	10	50
36	Für diverse kleinere Ölfarbanstriche, Abortrohre, Reserve-Wasserleitungsrohre etc. ein Pauschale								50	—
	Sa. XIII: Anstreicherarbeiten								1214	76

XIV. Malerarbeiten.

Kalk- und Leimfarbarbeiten.

[Bei einem solchen Umbau, wo die Geschäftsleute schließlich in allen Räumen des Hauses mehr oder weniger Reparaturen vorzunehmen haben und die Wandflächen dabei immer Not leiden, ist es nötig, alles neugemalt zu rechnen. Der Quadratflächeninhalt für die Malerarbeiten wird gewöhnlich den Ausmaßen für Verputzarbeiten entnommen. In unserem Fall sind aber 1. die Verputzarbeiten in soviel Positionen verstreut, daß leicht ein Irrtum vorkommen kann, und 2. auch nicht sämtliche Wände und Decken neu verputzt gerechnet, weshalb es notwendig ist, neue Berechnung aufzustellen.]

Laufende Nr.	Vortrag	Dimensionen Länge	Breite	Höhe	Masse Ganze	$^1/_{100}$	Einzelpreis ℳ	₰	Betrag ℳ	₰
1	Die Vorder- und Rückfaçaden mit Keimschen Mineralfarben dreimal zu streichen, nachdem aller alter Kalkfarbenanstrich möglichst gut entfernt ist:									
	Vorderfaçade .	9,80		10,0	98	00				
	Rückfaçade	8,40		17,0	142	80				
	Summa Post 1			qm	240	80	—	60	144	48
2	Geschäftslokal im Souterrain, Decke weiß mit Zierlinie, Wände in hellem Leimfarbton zu streichen:									
	Decke	7,0	5,5		38	50				
	Wände . . 2 × (7,0 + 5,5) =	25,0		2,75	68	75				
	Summa Post 2			qm	107	25	—	30	32	18
3	Decken in den Geschäftslokalen im Parterre und I. Stock, dann in den Zimmern der Etagen nach der Straße heraus, in hellem Ton in Leimfarben mit schablonierten Friesen und Eckstücken zu versehen:									
	Parterre . .	7,3	6,0		43	80				
		5,3	5,5		29	15				
	I. Stock .	9,0	6,0		54	00				
		5,3	5,5		29	15				
	Zimmer . . . 3 × 9,0	27,0	5,9		159	30				
	Summa Post 3			qm	315	40	—	80	252	32
4	Decken im Hauseingang, Stiegenhaus und Korridoren in Leimfarbe und hellen Tönen zu malen und mit einfachen Friesen zu versehen:									
									428	98

Laufende Nr.	Vortrag	Dimensionen Länge	Breite	Höhe	Masse Ganze	1/100	Einzelpreis M	Pf	Betrag M	Pf
	Übertrag								428	98
	Parterre	5,5	1,20		6	60				
	Podeste . . . 5 × 2.60 =	13,0	1,20		15	60				
	Stiegenuntersichten 5 × 7,0 =	35,0	1,10		38	50				
	Stiegenhausdecke	3,5	2,50		8	75				
	Korridore . . . . 3 × 3,8 =	11,4	1,50		17	10				
	Summa Post 4			qm	86	55	—	60	51	93
5	Decken der Küchen, Kammern und Aborte in hellen Tönen in Kalkfarbe zu streichen und abzuliniieren:									
	Küchen . . 3 ×	5,20	2,40		37	44				
	Kammern . 3 ×	3,0	2,00		18	00				
	Aborte . . .	1,3	1,0		1	30				
		2,4	1,0		2	40				
	3 ×	2,60	1,0		7	80				
	Summa Post 5			qm	66	94	—	30	20	08
6	Wände der Geschäftslokale Parterre und I. Stock in Leimfarbe in hellen Tönen dreimal zu streichen:									
	Part. 12,0 + 6,0 + 0,70 + 1,70 =	20,4		3,50	71	40				
	4,5 + 0,45 + 5,50 =	10,45		3,50	36	58				
	Unterzug . . . . 2 × 5,8 =	11,60		0,40	4	64				
	I. St. 12,0 + 6,0 + 0,80 + 3,50 =	22,30		2,70	60	21				
	4,20 + 5,30 + 1,80 =	11,30		2,70	30	51				
	Unterzug . . . . 2 × 5,6 =	11,20		0,50	5	60				
	Summa Post 6			qm	208	94	—	25	52	24
7	Wände im Hauseingang, Stiegenhaus und Korridoren in Leimfarbe mit 1,0 m hohem dunklen Sockel und abliniierten Feldern zu bemalen 2 × (5,5 + 1,20) =	13,40		3,50	46	90				
									553	23

Laufende Nr.	Vortrag	Dimensionen Länge	Breite	Höhe	Masse Ganze	$^1/_{100}$	Einzelpreis ℳ	₰	Betrag ℳ	₰
	Übertrag				46	90			553	23
	Stiegenhaus . . 2,50 + 8,0 =	10,5		16,5	173	25				
	Korrid. II. St. 2 × (3,8 + 1,5) =	10,60		3,0	31	80				
	» III. St.	10,60		2,9	30	74				
	» IV. St.	10,60		2,8	29	68				
	Summa Post 7			qm	312	37	—	50	156	19
8	Zimmerwände in Leimfarbe mit hellen Tönen zu streichen und doppelschlägig zu patronieren:									
	II. St. (2 × 9,0) + (6 × 5,8) =	52,8		3,0	158	40				
	III. St. (2 × 9,0) + (6 × 5,95) =	53,7		2,90	155	73				
	IV. St. (2 × 9,0) + (6 × 5,95) =	53,7		2,80	150	36				
	Summa Post 8			qm	464	49	—	65	301	92
9	Die Küchenwände mit 1,30 m hohem einfarbigen Ölsockel zu streichen:									
	3 × (2 × [5,3 + 2,40]) =	46,20	×	1,30	60	06				
	Summa Post 9			qm	60	06	—	80	48	48
10	Den oberen Teil der Küchenwände, Kammern und Aborte mit Leimfarbe in hellen Tönen zu streichen:									
	2 × (5,3 + 2,40) = 15,4 × (1,70 + 1,60 + 1,50) = 4,80	15,4		4,80	73	92				
	Kammern . 2 × (3,0 + 2,0) =	10,0		8,7	87	00				
	Aborte:									
	Parterre . 2 × (1,3 + 1,0) =	4,60		3,50	16	10				
	I. St. (2 × 2,40) + (4 × 1,0) =	8,80		2,70	23	76				
	II., III. und IV. Stock 2 × (2,60 + 1,10) =	7,20		8,70	62	64				
	Summa Post 10			qm	263	42	—	25	65	86
									1125	68

Laufende Nr.	Vortrag	Dimensionen: Länge	Breite	Höhe	Masse: Ganze	$^1/_{100}$	Einzelpreis: M	Pf	Betrag: M	Pf
	Übertrag								1125	68
	[Bei allen alten Wänden und Decken ist das Abkratzen von lockeren Farbschichten und Abspachteln mit Leimgips in den Preisen inbegriffen.]									
	Summa Post XIV: Malerarbeiten								1125	68
	XV. Hafnerarbeiten.									
	Öfen und Herde.									
1	Gußeiserne Regulierfüllöfen, die Feuerungen mit Schamottesteinen ausgemauert:									
	Souterrain für 150 cbm Heizraum, einfache Ausstattung				Stück 1	—	60	—	60	—
	Parterre für 180 cbm Heizraum, verziert				2	—	80	—	160	—
	I. Stock für 150 cbm Heizraum, verziert				2	—	70	—	140	—
	Summa Post 1 per se									
2	Kachelöfen in grüner, brauner oder Elfenbeinfarbe, 6 Kacheln im Feld hoch, 2 Kachel hohem Sockel und Abschlußgesims. 2 Durchsichten mit schönen Bronzetüren, hermetisch verschließbaren Feuerungstüren, Feuerung mit Schamotte ausgesetzt, samt Bogenrohr für II., III. und IV. Stock . . .				6	—				
	Summa Post 2			Stück	6	—	90	—	540	—
									900	—

Laufende Nr.	Vortrag	Dimensionen Länge	Breite	Höhe	Masse Ganze	1/100	Einzelpreis M	Pf	Betrag M	Pf
	Übertrag								900	—
3	Alte 5 Kachel hohe Öfen der kleinen Mittelzimmer, Vorderfaçade, umzusetzen, schlechte Kacheln durch vorhandene alte zu ersetzen samt einer neuen Durchsicht und Bogenrohr				3	—				
	Summa Post 3			Stück	3	—	24	—	72	—
4	Küchenherd im II. Stock, eiserner Herd mit Blechmantel, Schamotteeinsätzen, kupfernem verzinnten Wassergrand, 3 Satz Herdplattenringen mit schmiedeiserner, geschliffener Herdeinfassung, auf 3 Seiten Messingschutzstangen, samt 2 Kachel hoher, oben und seitlich herumlaufender blauen Kachelverkleidung mit Abschlußgesims . .				1	—				
	Summa Post 4			Stück	1	—	150	—	150	—
5	Kochherde im III. und IV. Stock, zusammengesetzt aus den gewonnenen 3 alten Kachelherden samt Zugabe von einem neuen kupfernen Wassergrand wie vor und neuer Kachelverkleidung .				2	—				
	Summa Post 5			Stück	2	—	33	—	66	—
	Summa XV: Hafnerarbeiten								1188	—

Laufende Nr.	Vortrag	Dimensionen Länge	Breite	Höhe	Masse Ganze	1/100	Einzelpreis ℳ	₰	Betrag ℳ	₰
	XVI. Parkettarbeiten.									
1	Eichene Riemenböden I. Qualität samt Legen, samt eichenen, 0,04 m hohen Sockelleisten und samt 2maligem Einlassen mit heißem Leinölfirnis, Flächeninhalt gleich Post 11 der Zimmermannsarbeiten.									
	Blindböden . . =				164	22				
	Summa Post 1			qm	164	22	6	50	1067	43
	Summa XVI: Parkettarbeiten								1067	43

Alle weiteren Arbeiten, die eigentlich genau dieselben Arbeiten wie bei einem Neubau sind und mit Umbauarbeiten gar nichts zu tun haben, sollen der Vollständigkeit des Voranschlags halber nur in Pauschalsummen angeführt werden. Da dieselben ohne genaue Pläne, die uns hier nicht vorliegen, nicht genau berechnet werden können, sind die Beträge schätzungsweise angenommen.

XVII. Wasserleitungsarbeiten.

Dieselben umfassen folgendes: Anzapfung des Straßenrohres und Zuleitung zum Haus. Zuführung des Wassers in galvanisierten schmiedeisernen Rohren in 5 Aborte, 1 Hofbrunnen, 2 Ausläufe in den Geschäftslokalen, 3 Küchenausläufe, samt Abführung.

	Betrag ℳ	₰
Hierfür eine Pauschalsumme von	1200	—
Summa XVII: Wasserleitungsarbeiten	1200	—

	ℳ	₰
XVIII. Klosettarbeiten.		
Dieselben umfassen folgendes: 5 Stück freistehende weiße Porzellan Unitas-Klosetts samt polierten Klappsitzen in hartem Holz, samt der 120 mm weiten gußeisernen Abfallrohrleitung, samt allen Gabel- und Bogenstücken, samt den Wasserreserven mit Zubehör, samt Ventilation der einzelnen Klosetts und samt Dunstrohrabführung über Dach. Hierfür ein Pauschale von	800	—
Summa XVIII: Klosettarbeiten	800	—
XIX. Kanalisationsarbeiten.		
Dieselben umfassen folgendes: Anlage der Kanäle für Schwemmsystem. Ausführung in allen Teilen, den behördlichen Vorschriften entsprechend, teils in Gußeisen, teils in Tonröhren, samt allen schottischen Abwasserleitungen, samt allen Revisionsschächten, aller Grabarbeit und samt Ablösungsbeitrag für den städtischen Hauptkanal auf die Länge des Anwesens. Hierfür ein Pauschale von	750	—
Summa XIX: Kanalisationsarbeiten	750	—
XX. Gasbeleuchtungsarbeiten.		
Dieselben umfassen folgendes: Anzapfung der Straßenleitung und Zuführung zum Haus. Anlage der Gaszuleitung für sämtliche Geschäftslokalitäten, Straßen- und Auslagenbeleuchtung, Beleuchtung von Hauseingang, Stiegenhaus und Hof, Zuleitung für Gaskochapparate in den 3 Küchen, samt allen Beleuchtungskörpern, den nötigen Gasmessern und 3 Gasrechauds in den Küchen. Hierfür ein Pauschale von	900	—
Summa XX: Gasbeleuchtungsarbeiten	900	—
XXI. Haustelegraphen.		
Hier inbegriffen sind: Die Anlage einer entsprechend großen elektrischen Trockenbatterie mit 3 Tastern am Steinpfeiler des Hauseingangs, 1 Taster und Glocke an jeder Wohnungstür, samt allen Drahtleitungen betriebsfähig hergestellt. Hierfür ein Pauschale von	60	—
Summa XXI: Haustelegraphen	60	—

XXII. Diverse.

		M	Pf
1	Für Reinigungsarbeiten im ganzen Hause während des Baues und nach Fertigstellung der Arbeiten ein Pauschale von	250	—
2	Für Platzmiete des Baueinfanges während der ganzen Bauzeit ein Pauschale von	70	—
3	Für Anfertigung der Einreichungspläne, des Voranschlags und der Werkpläne und für Aufnahme des alten Bestandes ein Pauschale von	1000	—
	Summa	1320	—
	Hiervon kommt in Abzug:		
	Für anfallende Baumaterialien und Baubestandteile, die aus dem Abbruch gewonnen werden	500	—
	Restsumma XXII: Diverse	820	—

[Die unter Diverse eingesetzte Summe für Anfertigung der Pläne ist wesentlich niedriger bemessen, als sie nach dem Honorartarif für architektonische Arbeiten angesetzt werden müßte. Es ist dies in den meisten Baugeschäften Sitte, da hier der Architekt zugleich Unternehmer ist und schon als Akkordant seinen Gewinn berechnet hat.]

Reservefonds.

	M	Pf
Hierfür wird eine Summe von 5% rund . . . eingesetzt.	2000	—

Aus dieser Reserve sollen alle jene Mehrkosten bestritten werden, die allenfalls dadurch entstehen, daß sich während des Baues wesentliche Defekte des alten Bestandes zeigen, die dem Baumeister unmöglich vorher ersichtlich sein konnten, aber gemacht werden müssen. Ferner sollen hieraus alle Unkosten bestritten werden, die durch notwendige tiefere oder künstliche Fundationen erwachsen. Nach Fertigstellung der Rohbauarbeiten wird dann entweder die ganze Summe, oder der verbleibende Restbetrag dem Bauherrn zur Verfügung gestellt.

Rekapitulation.	ℳ	₰
I. Abbrucharbeiten	2490	30
II. Abbolzungs- und Schachtarbeiten	1427	92
III. Erdarbeiten	1021	14
IV. Maurerarbeiten	6607	78
V. Steinmetzarbeiten	3254	78
VI. Beton-, Asphalt- und Pflastererarbeiten	1319	25
VII. Zimmermannsarbeiten . . .	4182	84
VIII. Schreinerarbeiten	1401	11
IX. Schlosserarbeiten, Beschläge und Gitter, Geländer	1295	03
X. Eisenwaren und sonstige Schlosserarbeiten . .	5837	57
XI. Spengler- und Dachdeckerarbeiten . . .	285	60
XII. Glaserarbeiten . .	1535	54
XIII. Anstreicherarbeiten .	1214	76
XIV. Malerarbeiten . .	1125	68
XV. Hafnerarbeiten .	1188	—
XVI. Parkettarbeiten . .	1067	43
XVII. Wasserleitungsarbeiten	1200	—
XVIII. Klosettarbeiten	800	—
XIX. Kanalisationsarbeiten . . .	750	—
XX. Gasbeleuchtungsarbeiten . .	900	—
XXI. Haustelegraphen	60	—
XXII. Diverse	820	—
Totalsumma	39784	73

[Zu dieser Summa ist, wie schon früher erwähnt, der zu erzielende Bruttogewinn hinzuzufügen, was dann die im Vertrag einzusetzende Pauschalakkordsumma giebt. Ausdrücklich wird jedoch nochmals bemerkt, daß in demjenigen Exemplar des Voranschlages, welches dem Vertrage beigefügt wird, und somit dem Bauherrn in Vorlage kommt, der Bruttogewinn nicht als ganze Summe am Ende der Zusammenstellung eingesetzt wird, sondern prozentual jedem Einzelpreis des Voranschlages zugeschlagen wird.

Schließlich sei noch bemerkt, daß meistenteils auch in dem dem Vertrage beigegebenen Voranschlagsexemplar nur die Endsummen der einzelnen Positionen, ohne alle Ausmaße, eingesetzt werden.]

6. Anfertigung des Bauvertrages mit dem Bauherrn.

Obwohl die Aufstellung des Bauvertrages mit dem Bauherrn nicht Sache des Bauführers, sondern des Chefs der Baufirma ist, soll doch das Schema eines Bauvertrages hier eingeschaltet werden, da ja jeder Bauführer auch einmal Chef werden will, und damit er, im Falle er letzteren vertreten soll, nicht ratlos einer solchen Aufgabe gegenübersteht.

Bauvertrag.

Zwischen Herrn N. N. (Bauherr) und dem Baugeschäft N. N. (Baufirma) wird am heutigen nachstehender rechtsverbindliche Bauvertrag abgeschlossen.

§ 1.

Herr N. N. (Bauherr) übergibt dem Baugeschäfte N. N. den Umbau seines Hauses (Straße und Haus-Nummer) auf Grund der mitunterzeichneten Baupläne vom (Datum) und des ebenfalls durch Unterschrift anerkannten Kostenvoranschlages vom (Datum).

§ 2.

Der gesamte Umbau wird zu der Pauschalakkordsumme von Mk. mit Worten

übernommen, welche Summe nicht dadurch verändert werden kann, ob die im Voranschlage angeführten Quantitäten bei der Ausführung mehr oder weniger ergeben.

Der Kostenvoranschlag beziffert sich auf M.

Am Schluß des Voranschlages sind M. .... als Reservekonto eingesetzt und daselbst auch die ev. Verwendung der Summe genau präzisiert. Für die Pauschalakkordsumme kann deshalb nur die Voranschlagssumme von M. .. in Betracht kommen.

§ 3.

Die Zahlungsbedingungen werden festgesetzt:

§ 4.

Der unter § 1 angegebene Voranschlag und die ebenfalls daselbst bezeichneten Baupläne sind einzig und allein maßgebend für den Umfang der Arbeiten und für die Qualität der einzelnen Baubestandteile. Die Preise des Voranschlags sind auch einzusetzen für ev. in diesem Anwesen weiter zu übernehmenden Akkordarbeiten. Für Regiearbeiten ist der jeweilige Jahrespreistarif der Innungen maßgebend.

§ 5.

Eine Abänderung der Pauschalakkordsumme ist nur unter folgenden Bedingungen möglich: Zu jeder Art von Abweichung von Plan und Kostenvoranschlag ist unbedingt eine schriftliche Vereinbarung nötig, welche in dem zu führenden Baujournal vor Beginn der Arbeiten eingetragen und durch beiderseitige Unterschrift anerkannt wird.

Für Minderungen oder Mehrungen werden die Preise des Voranschlags zugrunde gelegt.

Abänderungen, die rechtzeitig beantragt werden und die weder Mehr- noch Minderungen verursachen, werden unentgeltlich vorgenommen.

Abänderungen, durch deren Verzug eine Gefahr zu befürchten ist, kann das Baugeschäft N. N. auch ohne Genehmigung des Bauherrn vornehmen und nachträglich Abrechnung vorlegen.

Abänderungen, die dem Baugeschäft N. N. in bezug auf Stabilität und Schönheit notwendig erscheinen, kann die Baufirma so lange aus eigener Initiative vornehmen, als keine Mehrkosten erwachsen.

Abänderungen, die die zuständige Baubehörde verlangt und denen sofort Folge zu leisten ist, werden ebenfalls im Baujournal abgerechnet. Bei jeder Mehrung oder Minderung wird die abgeänderte Pauschalakkordsumme richtiggestellt und auch eine etwa dadurch bedingte Verschiebung des Fertigstellungstermines angegeben.

§ 6.

Die Baufirma N. N. vergütet laut Post 5 unter Diverse M. 500 für alle aus dem Abbruch anfallenden Baumaterialien und Baubestandteile. Es steht derselben demzufolge das Recht zu, entweder diese Sachen zu veräußern oder, soweit gut und brauchbar, beim Bau wieder zu verwenden.

§ 7.

Mit den Bauarbeiten wird am (Datum) begonnen und werden für die Vollendung folgende Termine festgesetzt:

Sollten bis zu dem festgesetzten Anfangstermin die genehmigten Baupläne nicht eintreffen, verlängert sich Baubeginn und Baufertigstellung um die Zeit bis zum Einlauf der Baupläne.

Bei Nichteinhaltung vorstehender Fertigstellungstermine — vis major und Arbeiterstreik ausgenommen — zahlt das Baugeschäft N. N. eine Konventionalstrafe von M. .... pro Woche, vorausgesetzt, daß laut § 5 keine Verschiebungen der Fertigstellungstermine erfolgen.

§ 8.

Für gute und solide Arbeit haftet das Baugeschäft N. N. auf die Dauer eines Jahres und verpflichtet sich alle Reparaturen, die zufolge schlechter Arbeit notwendig werden, unentgeltlich zu reparieren. Da das Baugeschäft N. N. für ein Trockensein der Mauern nicht garantieren kann, fallen ihm auch Reparaturen, die durch die Feuchtigkeit verursacht werden, nicht zur Last.

Ein künstliches Austrocknen wird von der Baufirma N. N. besorgt, wenn der Bauherr die Kosten übernimmt.

§ 9.

Wünschen des Bauherrn betreff Berücksichtigung von Geschäftsleuten oder Einstellung und Entlassung von Arbeitern wird nachgekommen, so lange es mit den Geschäftsinteressen der Baufirma N. N. vereinbarlich ist.

§ 10.

Für die Besorgung von Arbeiten, welche der Bauherr von Geschäftsleuten auf seine Rechnung ausführen läßt, erhält die Baufirma N. N. .... % der Rechnungsbeträge. Die dafür zu leistenden Arbeiten umfassen: Abschluß der Verträge, Überwachung der Ausführung und Revision der Rechnungen. Etwa dazu benötigte Pläne werden besonders vergütet.

§ 11.

Alle Differenzen, die während dieser Geschäftsabwicklung zwischen Auftraggeber und Unternehmer entstehen, werden mit Ausschluß des Gerichtes rechtsverbindlich durch ein Schiedsgericht geordnet, welches aus je einem von den Parteien zu stellenden Sachverständigen, die einen Dritten wählen, zu bestehen hat.

Vorstehender Vertrag wurde samt Plan und Voranschlag in duplo ausgefertigt, beide Exemplare durch eigenhändige Unterschriften als rechtsverbindlich anerkannt und jedem der Kontrahenten ein Exemplar ausgehändigt.

München, den

Der Bauherr: Die Baufirma:

7. Anfertigung der Werkpläne für den konstruktiven Teil.

a) Allgemeines.

Es wird vielfach bestritten, daß die Anfertigung der Werkpläne Sache des Bauführers sei. In größeren Geschäften, wo ein Bauführer mehrere Objekte gleichzeitig zur Ausführung übernimmt, sollte er doch wenigstens die Anfertigung dieser Pläne leiten und überwachen; bei Neubauten, wo der konstruktive Teil sehr einfach ist, kann er sich immerhin weniger darum kümmern. Hat aber ein Bauführer der Behörde gegenüber die Verantwortlichkeit übernommen, so ist es meiner Ansicht nach geradezu ein Leichtsinn, bei schwierigen Umbauten die Werkpläne und hiermit den konstruktiven Teil von andern Leuten bestimmen zu lassen. Ich, meinerseits, habe das niemals aus der Hand gegeben, und ist mir aber auch bei den Hunderten, zum Teil sehr umfangreichen Objekten, die ich ausgeführt habe, niemals ein Unglück passiert.

Es ist für den Aufnahmeplan schon der Maßstab 1:50 gewählt worden, um Lichtpausen davon für die Werkpläne verwenden zu können.

Man verwende eine weiße Lichtpause des alten Bestandes, jedoch ohne die dort eingetragenen Koten und sonstige für die Projektierung störende Eintragungen, und zeichne hierauf das neue Projekt.

Der genehmigte Bauplan, der uns in Tafel IV und V im Maßstab 1:100 vorliegt, läßt in der Hauptsache ersehen, in welchem Sinne der Umbau ausgeführt werden soll, zumeist ist derselbe sehr mangelhaft oder gar nicht kotiert.

Grundbedingung für alle Sorten Werkpläne ist: Alle Maße, die zur Anlage und Ausführung des Baues notwendig sind, müssen aus dem Werkplan ersichtlich sein, der deshalb auch der Deutlichkeit halber niemals kleiner als im Maßstab 1:50 gezeichnet werden sollte. Sobald der ausführende Palier genötigt ist, Maße irgendwelcher Art selbst zu bestimmen, oder sie mit dem Maßstabe aus dem Plane herauszumessen, ist der gegebene Plan mangelhaft.

In solchem Falle ist es unvermeidlich, daß Sachen gemacht werden, von denen der Bauführer nichts weiß und gewöhnlich auch früher nichts erfährt, bis sich die daraus entstehenden Konsequenzen recht unangenehm bemerkbar machen.

Wie schon aus den Plänen 1:100 ersichtlich, soll auch auf den Werkplänen zum Umbau der ganze alte Bestand deutlich sichtbar sein. Es wird hierdurch die Orientierung für den Palier ungemein erleichtert. Außerdem soll alles mit intensiven Farben angelegt sein.

Man soll auf den ersten Blick klar sein, was ist altes, was ist neues Mauerwerk usw. Auf Tafel VI ist zu dem Zweck eine Farbenskala angeführt, nach welcher die betreffenden Baubestandteile anzulegen sind.

Es sind ferner mit verschiedenen Farben Höhenkoten eingeringelt, die das Zeichnen und Nachsehen verschiedener Hilfsschnitte zum Teil entbehrlich machen. Schwarz eingeringelte Koten bedeuten die Höhe der Fußböden vom Wagriß aus.

Blau eingeringelte Koten bedeuten die Unterkante der Träger und somit die Höhe der Trägerauflagen vom Wagriß aus.

Schließlich sind die Bezeichnungen resp. Nummerierungen aller Eisenkonstruktionsteile, Türen, Fenster etc. in verschiedenen Farben ersichtlich. Eisen ist mit blauen, Türen und Fenster mit rot eingeringelten schwarzen Ziffern versehen.

In jeder Etage soll ein sog. Wagriß in der Weise angelegt werden, daß man an allen Wänden 1,0 m vom Fußboden mit Kalkmilch einen handbreiten Streifen streicht, auf dem mittels Wasserwage und Waglatte ein horizontaler deutlicher Riß angeschrieben wird. Von diesem Wagriß aus werden alle Höhenkoten in den Schnitten gerechnet und bei der Anlage von diesem Riß aus gemessen. Es hat dies den großen Vorteil, daß man bei ungleichen Fußboden- und Deckenhöhen immer einen unverrückbaren Fixpunkt hat und keine Mißverständnisse vorkommen. Diesen Wagriß haben dann später alle anderen Geschäftsleute, Bodenleger, Schreiner, welche die Türen setzen usw., zu benützen.

b) Anfertigung der Grundrisse und Schnitte.

Man beginne in unserem Falle mit der Bearbeitung des Grundrisses der Vorderfaçade im Parterre (Tafel VII). Man trage Pfeiler und Ständer ein, so gut sie aus dem Plan 1 : 100 heraus zu messen sind.

Hierbei ist zu berücksichtigen, daß neuzuschaffende Stützen in Stein und Eisen, die vom Parterre bis 2. Stock durchgehen, nicht so tief gemacht zu werden brauchen, als die alte Umfassung im Parterre und 1. Stock stark war, sondern nur so stark, als die zu unterstützende Umfassung im 2. Stock ist, vorausgesetzt, daß die Auflagerung der Tramköpfe im Tramlager unter dem 2. Stock so groß ist, daß sie für die Lagerung auf eiserne Träger genügt.

Ehe man weitergeht, untersuche man, ob die Querschnitte der Pfeiler und auch Ständer für die gegebenen Belastungen genügen.

Es ist dies sehr leicht aus den Plänen für den alten Bestand auszurechnen, wenn es nicht schon in der mit dem genehmigten Plan eingegebenen statischen Berechnung geschehen ist.

Im letzteren Falle versäume man nicht, diese Berechnung auf ihre Richtigkeit zu prüfen.

Auf statische Berechnungen soll jedoch hier nicht eingegangen werden, da für diesen Zweck schon mehr als genügend gute Werke existieren. Diesener, Festigkeitslehre, ist für den Bureaugebrauch sehr zu empfehlen.

Bei jedem entstehenden Unglücksfalle ist die erste Frage der Behörde und der Sachverständigen: Wo sind die Tragfähigkeitsberechnungen? Sind dieselben richtig und sind dieselben auch bei der Ausführung respektiert worden?

Diesen Fall sollte jeder, der zum Bauführer berufen ist, immer vor Augen haben, denn dem gewandtesten, befähigtsten und erfahrensten Manne kann beim Bau, hauptsächlich beim Umbau, ein Unglück passieren.

Auch den Fall angenommen, daß das entstandene Malheur seinen Grund nicht in mangelnder Tragfähigkeit der Konstruktion hat, so wird das Fehlen einer verlangten statischen Berechnung den Bauführer von vornherein ungemein belasten.

Deshalb sei nochmals bemerkt: Bei Anfertigung der Werkpläne soll jeder Pfeiler, jeder Ständer, Träger, Säulen, altes und neues Mauerwerk, was stark belastet erscheint, berechnet werden.

Gleich beim Beginne der Werkpläne lege man ein entsprechend starkes Heft an, in dem alle vorkommenden Berechnungen hintereinander eingetragen werden, und zu jeder womöglich das Datum des Eintrages.

Sind nun Pfeiler und Ständer der Vorderfaçade bestimmt, kotiere man dieselben, und zwar in dem Sinne, daß die Maße in drei Kolonnen eingetragen werden. Zunächst des Grundrisses kommen alle Detailmaße, dann die Axenmaße und schließlich das ganze Längenmaß, ebenso sind die nötigen Tiefenmaße einzutragen.

In unserm Projekt sind zwei neue Stiegen vorgesehen.

Die eine im Raum *R 1* (Tafel VI) führt als Verbindung der Verkaufsräume vom Parterre zum Kellergeschoß und vom Parterre zum 1. Stock.

Die andere Stiege ist die neue Wohnungsstiege, welche vom Raum *R 5* nach *R 3* verlegt wurde und durch alle Etagen geführt werden soll.

Diese zwei Stiegen werden zuerst konstruiert, eingezeichnet und die hierzu nötigen Deckenauswechslungen bestimmt.

Die Breitenmaße sind bereits in den Plänen 1:100 bestimmt, hingegen Steigung und Eintritt, also Grundriß und Höhendimensionierungen müssen jetzt rechnerisch festgelegt werden.

Man soll schon beim Entwerfen der Grundrisse 1:100 immer zuerst die Stiege rechnen und dann die Dimensionen des Stiegenhauses bestimmen, ja nicht umgekehrt, sonst wird entweder die Stiege recht unbequem, wenn der Raum für dieselbe zu klein ist, oder es entstehen unnötig große Podeste, wenn der geschaffene Raum zu groß ist.

Wie auf dem Schnittplan (Tafel III), alter Bestand, ersichtlich, hatte das Parterre samt Konstruktionsstärke der darüber liegenden Decke früher nur 3,42 m Höhe. Dasselbe Maß des neuen Parterregeschosses wird auf 3,83 m festgesetzt.

Die vordere Stiege im großen Laden ist die Verbindungsstiege der Verkaufsräume und dient zumeist für die Käufer. Sie soll möglichst bequem sein und wäre eine Steigung von 15 cm und Eintritt von 30 cm angezeigt.

Eine alte, am meisten gebräuchliche Regel für die Anlage von Stiegen ist die, daß 2 Steigungen (Tritthöhe) und 1 Eintritt (Trittbreite) zusammen 60 cm betragen sollen, wobei die profilierten Vorsprünge der Trittbretter nicht mitgerechnet sind.

In Anbetracht der Größenverhältnisse des Gesamtraumes begnügen wir uns mit 16 cm Steigung und 28 cm Eintritt.

Die ganze Höhe, 383 cm, geteilt durch 16, gibt 24 Steigungen, zu welcher 23 Eintritte à 28 cm gehören, und demnach beträgt die Gesamtlänge des Stiegenlaufes 6,44 m (siehe Parterregrundriß [Tafel VII]).

Die Kellerstiege führt unter dieser Stiege hinunter. Wir nehmen ungefähr dieselbe Verhältniszahl wie oben.

Vom Parterre bis Kellerfußboden ist die Höhe von 3,10 m gegeben. Mit 19 Steigungen erhalten wir eine Tritthöhe von 16,3 cm und ergibt sich daraus nach obiger Regel eine Eintrittsbreite von 27,5 cm (siehe Kellergrundriß [Tafel VI]).

Der Raumersparnis halber ist die Stiege im Parterre mit einer Viertelswendung und die im Souterrain mit zwei Viertelswendungen versehen. Bei letzterer war dies nicht mehr zu vermeiden, wenn im Parterre der Abgang im Verkehr nicht genieren sollte, und im Keller bedingte die Abgrenzung der Auslage die Anlage so.

In den Plänen 1:100 (Tafel IV und V) sind nun allerdings für die Stiegen Öffnungen in den Trägerdecken vorgesehen. Wir werden uns aber bald überzeugen, daß dieselben nach Ermittlung der genauen Details nicht genügend sind.

Bei übereinander geführten Stiegen ist das erste Augenmerk darauf zu richten, daß die einzelnen Stiegenläufe und Deckenauswechselungen so angelegt werden, daß man beim Begehen überall die nötigen Höhen hat, um nicht nur notdürftig darunter durchzukommen, sondern daß bei besseren Stiegen auch das Gefühl benommen wird, man könne ev. mit dem Kopf oder Hut anstoßen.

Auf Tafel IX Fig. 1 sind die zwei übereinander geführten Läufe der Ladenstiegen im Schnitt und die obere Viertelwendung abgewickelt dargestellt.

Hier sind die kritischen Punkte a, a', a'' sichtbar und dürfte für diese Höhe 2,10 m das Minimum bei besseren Stiegen sein; für Kellerstiegen kann man bis 1,95 m heruntergehen.

Diese Höhenmaße bestimmt man am sichersten durch Rechnung.

Nehmen wir den Fall a, Tafel IX Fig. 1, um die Höhenlage des Trägers *P13* zu kotieren.

Unsere Stiege hat 16 cm Steigung und 28 cm Eintritt. In der Verlängerung des Stiegenmittels beträgt laut Parterregrundriß (Tafel VII) das Maß von der Umfassung bis zum ersten Stufen 1,65 m. Von da bis Vorderkante Stufe Nr. 9 haben wir 8 Eintritte, demnach 8×28 cm $= 2{,}24$ m.

Von diesem Punkt bis Mitte Träger beträgt das Maß $9 + 3 = 12$ cm.

Es beträgt also das Grundrißmaß von der Umfassung bis Trägermittel $1{,}65 + (2{,}24 - 12) = 3{,}77$ m.

Das Höhenmaß senkrecht von Vorderkante Stufen Nr. 9 bis zur Parallele mit der Stiegenneigung x—y soll 2,10 m betragen. Das Eck der Deckenkonstruktion liegt davon 3 cm zurück und um 2 cm tiefer, hingegen der Träger wieder 2 cm höher als dieser Punkt. Somit haben wir bis Stufe 9: 9 Steigungen à 16 cm $= 1{,}44$ m $+ 2{,}10$ m $= 3{,}54$ m Höhe vom Fußboden aus. Vom Wagriß, welcher 1 m höher liegt als der Fußboden, ist demnach das Höhenmaß 2,54 m.

In ähnlicher Weise sind alle diese Wechselungen rechnerisch festzustellen.

Es bestimmen sich hiernach im Souterrain die Lage der Träger *S 11*, *S 12* und *13*. Das Detail 1:10 ist auf Tafel IX Fig. 5 dargestellt, wonach die 8 cm hohen Träger *S 12*, *13* einerseits auf dem Träger *S 14*, anderseits in der Mauer liegen und zur Aufnahme des Stiegenblockstufens im Parterre dienen; alles andere dürfte aus der Zeichnung ersichtlich sein. Im Parterre ist ferner hierdurch die Lage des Trägers *P 13* bestimmt.

Weiter muß für die Trägerlage der Decken berücksichtigt werden, daß die Träger an den Austritten und längs der Stiegenwangen richtig am Platze sind.

Die Anordnung des Austrittes ist auf Tafel IX Fig. 6 veranschaulicht. Vom letzten Austritt *a* bis zum Trägerflansch *b* soll minimal 7,5 cm Platz sein. Der Holzbacken *c* wird erst beim Versetzen der Stiege befestigt resp. angeschraubt und kann dann im Maß ab- und zugegeben werden, da man es mit der peinlichsten Sorgfalt nicht erreicht, daß im Rohbau alle Maße der Ausführung bis auf ein paar Zentimeter stimmen. Betreff der Träger, die parallel der Stiegenwangen liegen, ist zu beobachten, daß man mit dem Handgriff der Stiegen mindestens 4 cm von der fertigen Deckenkonstruktion wegbleibt, damit man bei Benützung des Geländers nicht die Finger einzwängt. Tafel IX Fig 3 zeigt bei *a* den Handgriff der Kellerstiege, welche eine sog. Wangenstiege ist, wo Tritt und Setzstufen beiderseitig in die Wangen eingestemmt sind.

Hier liegt Geländer und Handgriff mitten über der Wange *d*. *b* ist der Abschluß im Parterrefußboden, von dem der Handgriff, wie schon oben gesagt, 4 cm wegzubleiben hat. *c* ist das Futterbrett und *f* ein an den Träger angeschraubter Holzbacken, der, wie oben, ebenfalls erst beim Versetzen der Stiege montiert wird.

Tafel IX Fig. 4 zeigt bei *a* den Handgriff der Parterrestiege, welche eine aufgesattelte Stiege ist, wo an der Außenseite das Trittbrett auf der Wange *d* liegt und die Geländerstäbe so weit von der Wange weggeführt sein müssen, daß sie am Profil der Trittbretter *e* noch frei vorbeigehen. Wie aus der Zeichnung ersichtlich, liegt dann der Handgriff ebenfalls 4 cm von der Deckenkonstruktion weg.

Hiernach ergibt sich die Lage der Träger *S 14, 15,* und *P 14, 15, 16.*

Um umständlichen Rechnungen bei gewundenen Stiegenläufen auszuweichen, genügt es, den Grundriß der Stiege im Maßstabe 1:10, noch besser 1:5, aufzutragen und die nötigen Maße herauszumessen, da es sich ja höchstens um Irrungen von einigen Zentimetern handeln kann, die beim Versetzen der Stiege mittels des an den Träger angeschraubten Holzbackens ausgeglichen werden können.

In gleicher Weise sind Grundrisse und Schnitte der rückwärtigen neuen Wohnungsstiege festzustellen.

In den Plänen 1:100 sind wohl 23 Eintritte gezeichnet, würde aber nach richtiger Teilung nur 27 cm Eintritt geben. Um nun wenigstens 28 cm Eintrittsbreite zu bekommen, legen wir in die Bogenöffnung zum Stiegenhaus

1 Stufen, was man allerdings bei Neuanlagen unbedingt vermeiden soll, hier aber als einfachster Ausweg gestattet wird, um eine halbwegs passable Stiege zu erhalten. Zu dem Zweck legen wir gleich den ganzen Boden im Stiegenhaus um den Stufen höher und erhält dafür die Kellerstiege um 1 Stufe mehr.

Nachdem nun die Stiegen fixiert sind, zeichnet man alle Mauern, Öffnungen, Türen und Fenster, wie sie in den Plänen 1 : 100 angegeben sind, in den Keller-, Parterre- und 1. Stock-Grundriß ein, kotiere dies aber erst, nachdem die Säulen, Träger, Ständer gerechnet und bestimmt sind, was jetzt die nächste Aufgabe ist.

c) Anfertigung des Grundrisses 1. Stock.

Wir beginnen mit der Auswechselung resp. Abfangung der mittleren Quertragmauer (Tafel VIII) durch Eisenkonstruktion.

In unserm Projekt ist in der Mitte der Öffnung eine Säule projektiert; die Eisenträger haben beiderseitig Auflager auf bestehenden alten Mauern.

Es wird nun vom Bauherrn nachträglich gewünscht, die Öffnung ganz frei zu machen, so daß die Eisensäule wegfällt.

Es ist in erster Linie zu untersuchen, ob dies alles konstruktiv geht, und wenn, ob nicht die Kosten derartig hoch ausfallen, daß der gewonnene Vorteil in keinem Verhältnis zu den Ausgaben steht.

Zu dem Zweck ist es nötig, zuerst alle Belastungen, Trägerhöhen und Auflagedrücke über dem 1. Stock zu bestimmen, die seitlichen Auflager der Träger *I 10, 11, 12* zu untersuchen usw.

Wir haben bei der Untersuchung der Mauern schon gefunden, daß der linkseitigen Kommunmauer an der Stelle, wo Träger *I 10, 11, 12* ihr Auflager erhalten sollen, betreff Tragfähigkeit nicht recht zu trauen ist.

Zudem sollen, wie aus den Grundrissen ersichtlich ist, rechts und links dieser Auflager neue Kamine eingebrochen und angelegt werden, so daß der übrig bleibende Pfeiler durch den Ausbruch ev. so erschüttert und gelockert würde, daß er die nötige Tragfähigkeit nicht mehr besitzt.

In dem Falle muß entweder bis zur Mitte der Kommunmauer ein neuer Pfeiler ausgebrochen und aufgeführt werden, der aber angesichts der großen Belastung einen so großen Vorsprung vor der alten Mauer erhalten würde, daß das nicht zugestanden wird, oder man legt einen Eisenständer, sog. Wandständer, bei, was besser und einfacher ist.

Diesen soll man jedoch immer so stark wählen, daß er selbständig die ganze Belastung aufnehmen kann und der alte Pfeiler gar nicht in Anspruch genommen wird; denn es ist technisch sehr schwer zu machen, daß Ständer und Pfeiler durch ein Trägerauflager verhältnismäßig gleich belastet werden.

Auf der Seite nach dem Stiegenhause zeigt sich, daß weder der im 1. Stock neu aufgeführte Pfeiler, der in die alte Türöffnung fällt, noch der im Parterre übrig bleibende alte Pfeiler stark genug sind, um der Belastung zu genügen.

Die Träger so lang zu machen, daß neues und altes Mauerwerk gemeinschaftlich zur Tragung einer bedeutenden Belastung herangezogen werden, ist deshalb absolut zu verwerfen, weil sich jedes neue Mauerwerk, ob in Kalk oder Zementmörtel ausgeführt, wenn auch nur wenig, aber doch etwas setzt, und dann immer der alte Pfeiler für die volle Aufnahme der Belastung beansprucht wird.

Es ist überhaupt ratsam, auch bei alten gemauerten Pfeilern mit der Berechnung nicht zu nahe an die Tragfähigkeitsgrenze zu gehen. Man weiß nicht, ob derselbe durch den Abbruch schadhaft geworden ist, oder wie er innen überall beschaffen ist.

Wir entscheiden uns deshalb auch hier für die Beilage eines eisernen Wandständers.

Um die Träger *I 10, 11, 12* betreff Belastung und Höhenlage zu fixieren, bestimme man zuerst die Träger der Langmauern, da dieselben entweder auf die ersteren gelegt oder in dieselben eingekuppelt werden müssen.

In den seltensten Fällen kann man überall da, wo ein sog. Knotenpunkt der Träger ist (ein Punkt, wo sich dieselben kreuzen, resp. wo sie unter einem beliebigen Winkel aufeinanderstoßen) eine Säule hinstellen.

Eine Verbindung zweier sich kreuzender Träger kann aber auf drei Arten hergestellt werden:

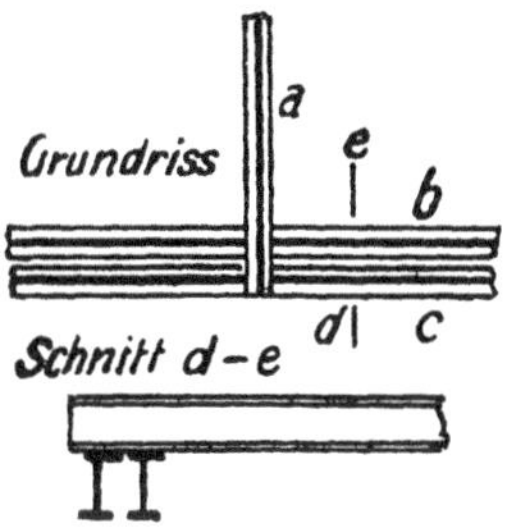

Fig. 14.

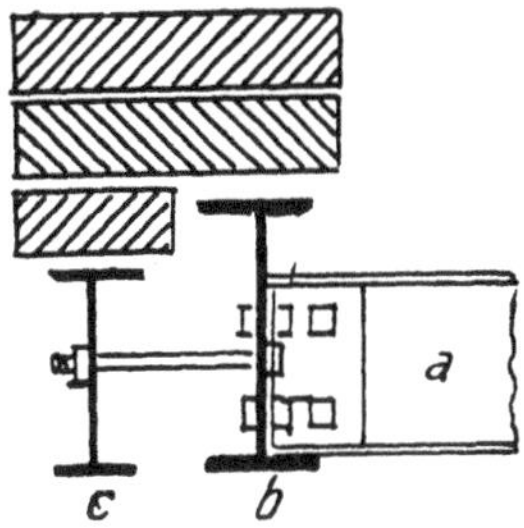

Fig. 15.

1. Der Träger *a* (Fig. 14) kann auf die Träger *b*—*c* gelegt werden.
2. Träger *a* (Fig. 15) wird in den Träger *b* eingekuppelt.
3. Träger *a* (Fig. 16) wird unten an die Träger *b*, *c* angehängt.

Im ersteren und dritten Fall können die Träger *b*, *c* gleichmäßig zur Aufnahme der Belastung verwendet werden und können dann auch gleiche Profile sein.

Im zweiten Falle wird nur der Träger *b* in Mitleidenschaft gezogen, und wird dann Träger *b* bedeutend mehr belastet als *c*. Infolgedessen muß auch ein höheres und tragfähigeres Profil gewählt werden.

Im Fall Nr. 1 ist nichts zu erwähnen, als daß die Auflagerung der Träger richtig gemacht werden muß, was später unter »Versetzen der Träger« näher erörtert wird.

Im Fall 2 (Fig. 15) ist folgendes zu bemerken: Um die Unterseite der 2 Träger *b* und *c* gerade verputzen zu können, legt man entweder beide Träger unten bündig und mauert den niederen oben aus, oder man legt beide Träger oben bündig und verkleidet dieselben mit Rabitzgewebe.

Die Einflanschung des Trägers *a* in *b* kann auf zweierlei Art gemacht werden. In Fig. 15 liegt die Flansche von Träger *a* auf der Flansche von Träger *b*, und die Stege sind beiderseitig mit Winkeln verschraubt. Hier tragen dann Flansche und Steg gleichzeitig um so sicherer, als der Träger *b* nach unten nicht ausweichen kann.

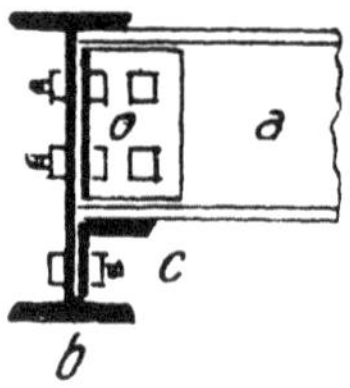

Fig. 15a.

In Fig. 15a liegt Träger *a* unter der obern Flansche des Trägers *b*. In dem Falle können beide Träger nur mit Winkeln *o* verschraubt sein, die aber immer so hoch sein sollten, daß sie oben und unten zwischen die Flanschen des Trägers *a* eingepaßt sind. Solider ist es jedoch, den Träger *a* noch durch einen Winkeleisenuntersatz *c* zu unterstützen. Man legt den Träger *a* nur dann nach oben, wenn ein zu hoher Deckenvorsprung dekorativ genieren würde.

Eine Befestigung wie in Fig. 15a ohne Untersatz *c* sollte man nur bei leichteren Belastungen wählen, weil Schraubenbolzen niemals ein gebohrtes Loch vollständig ausfüllen und deshalb eine Setzung denkbar ist.

Bei schwer belasteten Trägern befestigt man, wie vorhin schon kurz erwähnt, bei *c* entweder noch einen Winkel, der sich auf die untere Flansche stützt, oder ein Stück ⊔-Eisen, ev. sogar einen gut eingepaßten Gußklotz, der angeschraubt wird.

Schließlich wäre noch der Fall 3 zu erörtern. Diese Konstruktion wählt man nur im Notfalle, weil dieselbe im verputzten Zustand einen sehr unschönen und unkonstruktiven Eindruck macht.

Bei ganz leichten Belastungen des Trägers *a* (Fig. 16) kann man nur die Flanschen der Träger *a*, *b* und *c* miteinander durch $1\,^1/_2$—2 cm starke Schrauben verbinden.

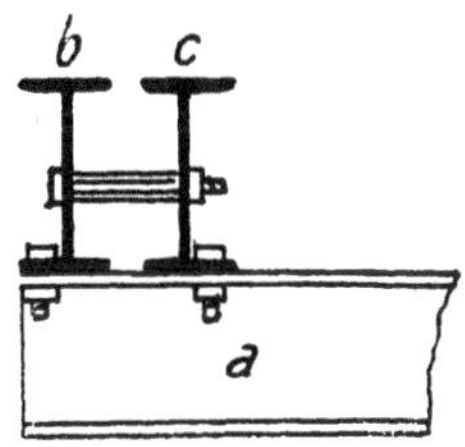

Fig. 16.

Bei stark belasteten Trägern wählt man die Konstruktion, wie in Fig. 17 und 17 a ersichtlich.

e, *e* sind Schrauben von $1^1/_2$ bis 3 cm Stärke, je nach Belastung, die beiderseits Gewinde und Muttern haben, *f*, *f* sind gelochte Unterlegeisen von 5 bis 6 cm Breite und $1^1/_2$ bis $2\,^1/_2$ cm Stärke, auf denen Träger *a* unten

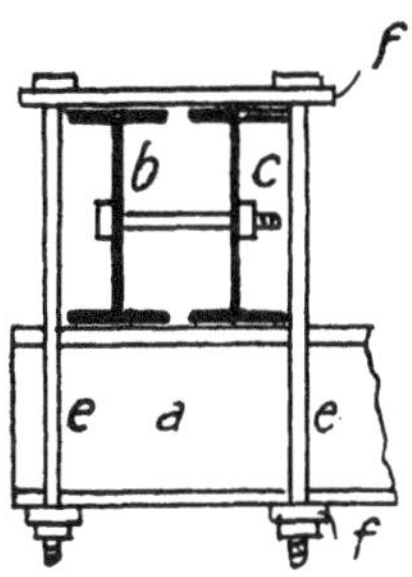

Fig. 17.

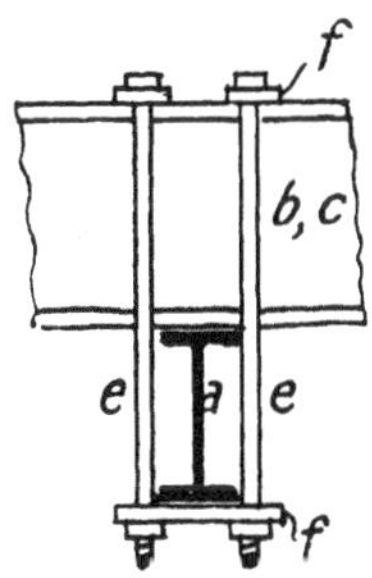

Fig. 17 a.

ruht und oben hängt. Kann man gut dazu, lassen sich entweder oben oder unten die Unterlegeisen *f* entbehren, wenn man die Schrauben *e*, *e* aus Quadrateisen macht und auf die Trägerbreite gleich abbiegt. Die Unterteile der Fig. 17 und 17 a erscheinen dann wie in Fig. 17 b und 17 c.

Unsere Deckenbalken liegen im Raum 1 (Tafel VIII) parallel mit den Kommunmauern und können deshalb Träger 7, 7 a, 8 und 9 zwischen die Balken gelegt werden. Es ist dies in unserm Fall um so mehr erwünscht, als unsere lichte Etagenhöhe so wie so schon sehr nieder ist und man in solchen Fällen immer anstreben muß, die Träger unsichtbar zu machen.

Es sollen im nachstehenden einige Fälle angeführt werden, wie dies zu ermöglichen ist.

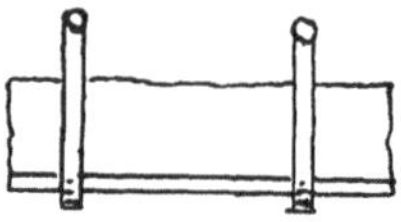

Fig. 17 b.

Fig. 17 c.

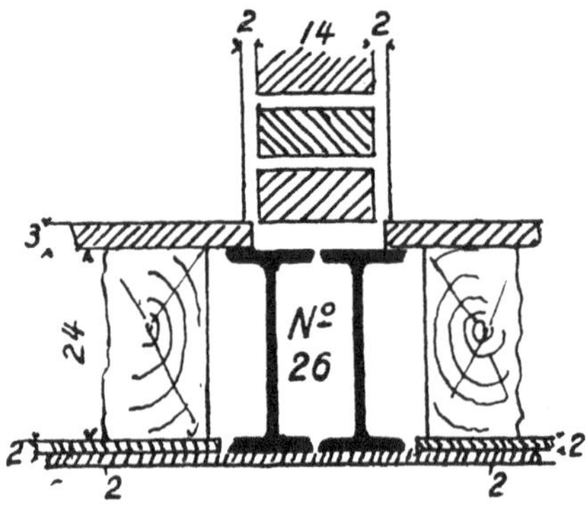

Fig. 18.

Wie in Fig. 18 angegeben, ist die gesamte Deckenkonstruktion 31 cm stark. 3 cm Fußboden, 24 cm Tramhöhe, 2 cm Schalung und 2 cm Rohrputz.

Mit Träger Nr. 8 und 9 (Tafel VIII) haben wir eine Mauer von 15 cm Stärke zu unterfangen. Die Rechnung ergibt, daß bei Verwendung nur eines Trägers ein Profil Nr. 34 notwendig wird, was also höher ist als die ganze Deckenkonstruktion. Hätten wir im II. Stock nicht eine Verbindungstür, so könnte man, wie in Fig. 18 a ersichtlich ist, nach oben gehen. Die Tür muß aber bleiben, und eine Schwelle von 5 bis 7 cm Höhe zu machen, wird nicht zugestanden.

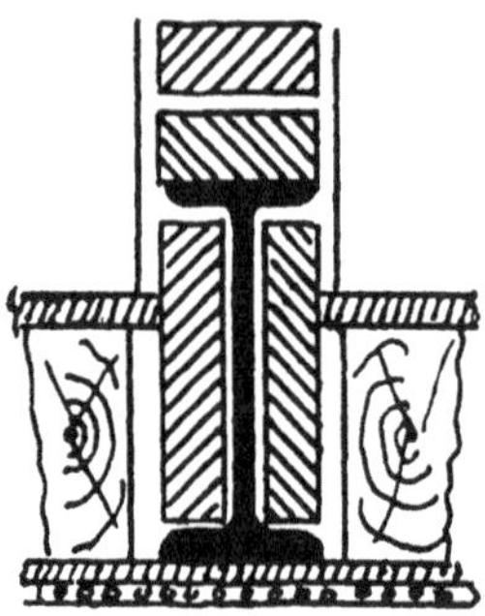

Fig. 18 a.

Würde ein 30 cm-Träger ausreichen, so ließe sich der noch mit einigen kleinen Kunststücken hineinzwängen. Es sei auch dieser Fall angeführt.

Fig. 19 zeigt oben eine Schwelle von 3 cm Stärke. Unsere Trägerflansche ist 125 mm breit, ein Schwelle 19 cm, demnach läßt sich aus der Schwelle unterhalb auf Flanschbreite 1—$1^1/_2$ cm herausnehmen.

Unser Deckenputz besteht aus 2 cm-Schalbretter und 2 cm Rohrputz. Man kann auch hier mit dem Träger bis auf 1 cm oberhalb Deckenputz gehen.

Der Träger wird dann unterhalb mit hohlliegendem Rabitzgewebe überzogen und verputzt. Allerdings muß in dem Falle mit dem Versetzen des Trägers sehr genau gearbeitet werden und die alte Decke sehr schön gerade sein, was selten der Fall ist. Es ist dies immer ein Notbehelf, der sich später durch verschiedene Haarrisse in dem sehr ungleich dicken Verputz gern bemerkbar macht.

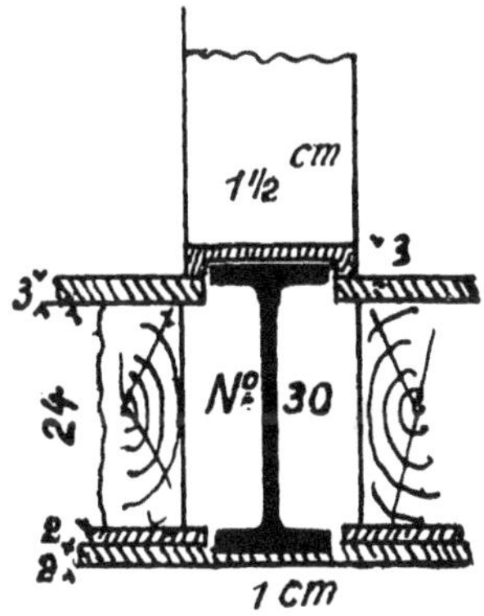

Fig. 19.

Wir sind deshalb genötigt, statt dem Profil Nr. 34 zwei niederere zu wählen, die zusammen das erforderliche Widerstandsmoment geben.

Einschaltend sei hier bemerkt, daß ein Stück hoher Träger immer billiger zu stehen kommt als zwei Stück niedrigere mit zusammen gleicher Tragfähigkeit.

Statt Profil Nr. 34 sind zwei Stück Träger vom Profil Nr. 26 nötig. Die Flanschen dieser beiden Träger sind zusammen 226 mm breit, während unsere zu unterstützende Mauer nur 150 mm stark ist. Es kommt in diesem Falle vor, daß die Balken so nahe an die Mauer gerückt sind, daß die beiden Trägerprofile keinen Platz mehr haben, oder es mit dem Einfahren (Versetzen) sehr schlecht geht.

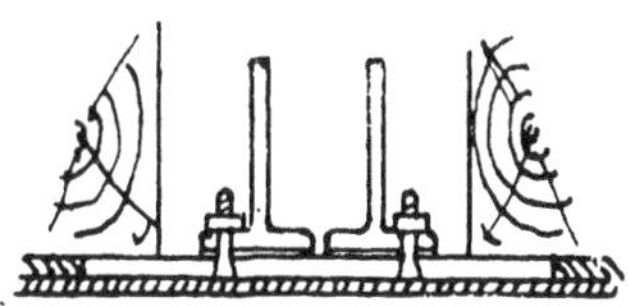
Fig. 20.

In dem Falle nehme man ruhig von einem der Balken oder beiden etwas weg, und fürchtet man, daß die Tragfähigkeit derselben zu gering wird, unterstütze man dieselben einmal in der Weise, wie Fig. 20 zeigt.

Man schraube ein 1 ½—2 cm starkes und 5 cm breites Eisen so an die Flanschen der Träger an, daß der untere Schraubenkopf versenkt ist. Die verschwächten Balken lasse man dann auf dem Unterlegeisen aufsitzen oder unterkeile sie noch, im Falle sie hohl liegen.

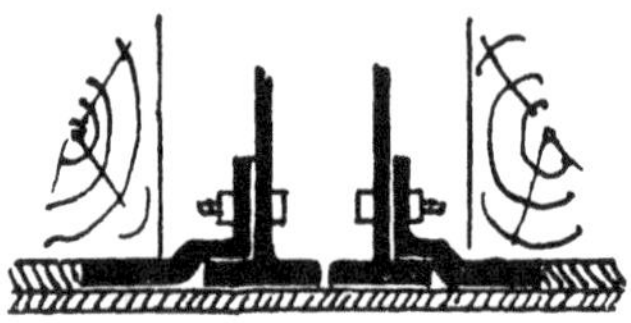

Fig. 20a.

Vorstehende Konstruktion geht jedoch nur, wenn Träger und Tram unten bündig liegen. Liegt der Träger tiefer als der Tram, biege man die Unterlegeisen *a, a* nach der Form der Trägerflansche ab und schraube sie an, wie in Fig. 20a ersichtlich ist.

Die Träger Nr. 7 und 7a (Tafel VIII) sollen eine sog. Fachwerksmauer unterstützen, welche wir früher bei Untersuchung der Mauern entdeckt haben. Behördlich wird verlangt, diese Fachwerkswand auf Eisenträger zu fundieren.

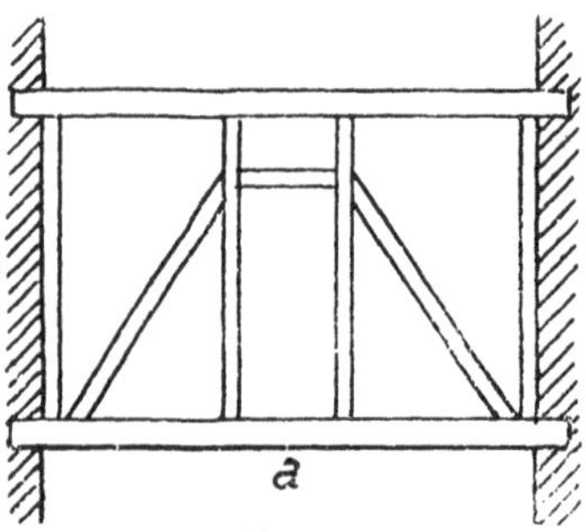

Fig. 21.

Eine solche Mauer besteht gewöhnlich, wie Fig. 21 in der Ansicht zeigt, aus einem Holzgerippe, das ein Sprengwerk bildet. Die Hölzer sind 12/15 cm stark und die Fächer mit 12 cm breiten Backsteinen ausgemauert.

Dieses Sprengwerk, das mit dem Tram *a*, der einen Teil unserer Decke bildet, fest verbunden ist, würde herunterfallen, sobald man den Tram entfernen würde, ohne die Wand entsprechend abzustützen. Letzteres ist ja ausführbar, aber wir nehmen den Fall an, daß dies aus irgend welchen Gründen nicht zugestanden, aber doch verlangt wird, daß die neu einzuführenden Träger vollständig in der Decke liegen.

Um dies konstruktiv zu lösen, legt man, wie Fig. 22 zeigt, rechts und links vom Tram *a* je einen Träger so stark, daß beide zusammen die Fachwerkswand, welche man rechnerisch als massive Mauer betrachtet, tragen. Unterhalb der Träger schraube man an die Flanschen in Entfernungen von ca. 1,5 m Quereisen *b* an, die 2 cm stark und 5 cm breit sind.

Fig. 22.

Sind diese angeschraubt, kann man noch zwischen diese und den Tram *a* eichene Keile eintreiben, damit der Tram fest aufsitzt.

An die beiden Träger sind vor dem Einbringen 5 cm starke Holzbohlen angeschraubt worden zur Befestigung der Latten für den Fehlboden.

In dem rückwärtigen Trakt sind die beiden 30 cm starken Stiegenhausmauern zu unterfangen und die Balken liegen parallel zur rückwärtigen Umfassungsmauer. Im alten Stiegenhaus, wo neue Decken zu schaffen sind, legen wir die Balken in derselben Richtung.

Die linkseitige Mauer ist 5,0 m lang, über dem I. Stock noch 3 Etagen hoch. Tramdecken und Dachstuhl belasten dieselbe außerdem. Es rechnen sich für diese sehr starke Belastung 3 Stück Träger Nr. 34 heraus.

Solche hohe Träger bei einer so niederen Etagenhöhe unterhalb die Decke zu legen, würde nicht allein wegen der Höhe, sondern auch deshalb sehr mißlich sein, weil sie dann hinten und vorn in die Querträger Nr. 12 und Nr. 21 eingekuppelt werden müßten und immer ein Querträger die kolossale Last fast in der Mitte konzentriert aufnehmen müßte.

Wir müssen deshalb trachten, trotzdem die Balken quer liegen, die Träger in die Decke zu legen.

Fig. 23 zeigt uns: *c* ist die 30 cm starke Mauer, unsere 3 Träger Nr. 34 haben zusammen eine Flanschenbreite von 42 cm. Die Träger werden oben mit den Balken bündig gelegt, die alten Balken *a* werden abgeschnitten und oberhalb die Flansche des Trägers herausgestemmt. An den Trägern Nr. 18 und 20 werden der Länge nach die Winkeleisen *d, d*, welche nicht unter 8 cm Schenkelbreite haben sollen, angenietet oder geschraubt. Hierauf werden die Trame gelegt, welche auf zweierlei Art befestigt werden können.

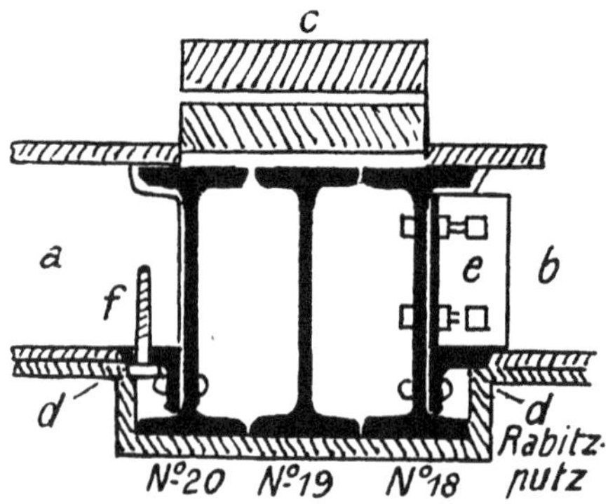

Fig. 23.

Die alten Trame *a* (Fig. 23) sind mittels starken 8—10 cm-Holzschrauben *f* von unten an die Winkel *d* angeschraubt. Die neuen Trame *b* sind mittels starken Blechwinkeln *e* beiderseits an den Steg des Trägers Nr. 18 angeschraubt und liegen lose auf dem Winkeleisen *d*.

Die letztere Konstruktion ist etwas teurer, aber entschieden solider.

Die 3 Trame, welche im Raum 3 vom alten Stiegenpodest noch übrig bleiben, würden, da sonst alle Trame in diesem Raum neu sind, beim Versetzen der Träger 18, 19, 20 und 16, 17 sehr genieren und werden am besten ganz herausgeschnitten und durch neue ersetzt.

Wir bekommen jetzt immerhin noch durch die Träger 18, 19, 20 einen sichtbaren Deckenunterzug von 13 cm Höhe, der durch Anwendung eines genieteten Kastenträgers statt der 3 Walzeisenträger vermieden werden könnte, aber die Kosten hierfür sind für den Zweck viel zu hoch.

Für die rechtseitige 30 cm starke alte Stiegenhausmauer kommen wir bei der bedeutend geringeren Freilage der Träger leicht mit 24 cm hohen Trägern aus, welche in der Decke Platz finden.

Die Träger Nr. 13 und 14 (Tafel VIII) dienen zur Aufnahme des alten deutschen Kamines, werden in Nr. 18 eingekuppelt und anderseits auf Träger Nr. 12 aufgelegt.

Die Träger Nr. 10, 11, 12 liegen unmittelbar unter den Balken. Die Träger Nr. 16 und 17 liegen auf ersteren, so daß sich die Belastung der letzteren gleichmäßig auf die Träger Nr. 10, 11, 12 verteilen läßt.

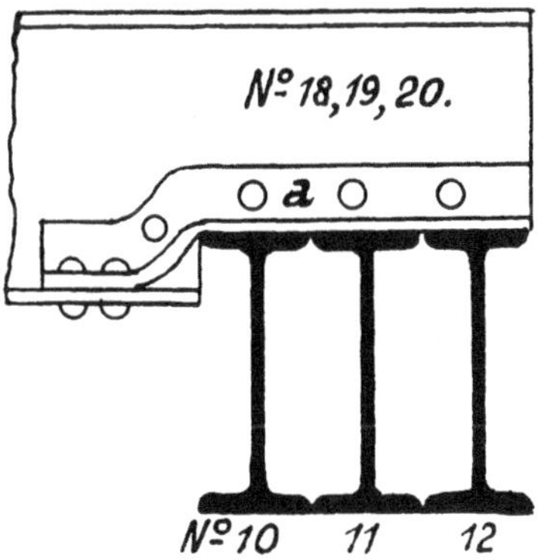

Fig. 24.

Die Träger 18, 19, 20 (Tafel VIII) liegen mit Unterkante Flansche immer noch um 8 cm niedriger als Träger 10, 11, 12 mit Oberkante Flansche. Um nun auch hier eine gleichmäßig verteilte Belastung auf letztere Träger zu ermöglichen, wird, wie Fig. 24 zeigt, aus den Trägern 18, 19, 20 die untere Flansche und ein Teil des Steges ausgehauen und durch die an die 34 cm hohen Träger angenieteten Winkel *a* ein solides Auflager erzielt.

Alle sonst hier nicht angeführten näheren konstruktiven Details kommen später unter den Artikeln »Bestellungen« und »Versetzen der Träger« eingehend zur Erörterung.

Die Träger Nr. 10, 11, 12 (Tafel VIII) stützen sich beiderseits auf die projektierten Eisenständer.

Nach den nunmehr ermittelten Belastungen aller Träger, die ihr Auflager auf den Trägern *I 10*, *11*, *12* haben, finden wir, daß für dieselben bei einer frei tragenden Länge von 6 m 3 Stück Profile Nr. 45 nötig wären. Es würde also vom Fußboden bis Unterkante Trägerputz nur mehr 2,20 m übrig bleiben, was als zu gering befunden wird. Betreff des Kostenpunktes würde sich die Sache wie folgt gestalten:

Statt der 3 Profile Nr. 45 könnte ein genieteter Kastenträger verwendet werden von 25 bis 28 cm Höhe. Das wäre wohl eine recht gute Lösung, aber abgesehen davon, daß dieser Träger mindestens das Doppelte von den gewalzten kosten würde, müßten die seitlichen Ständer um so viel schwerer und damit ungefähr um so viel teurer werden, was die projektierten Gußsäulen kosten. Die Fundation dieser sehr schwer belasteten Ständer würde solche Dimensionen erhalten, daß für die Mehrkosten die Fundation der Säule leicht möglich ist. Auch belaufen sich die Kosten für das Aufbringen und Versetzen solch schwerer und langer Eisenteile ungleich höher als mehrerer leichter Stücke. Schließlich kommt noch ein Faktor in Betracht, an den gewöhnlich zuletzt gedacht wird, der aber oft die Verwendung solcher Träger einfach unmöglich macht, nämlich die Beschaffung derselben in dem gegebenen Zeitraum. Nicht allerorts sind solch hohe Profile auf Lager, und wenn, nicht in den nötigen Längen; sind längere Träger da, muß der Abfall mitbezahlt werden; müssen sie im Werk bestellt werden, genügt die Zeit nicht usw. Aus all diesen Gründen entschließt man sich, die projektierten Eisensäulen im Parterre und 1. Stock beizubehalten, zufolge dessen die Träger *110*, *11*, *12* je 32 cm hoch und unter die Trame gelegt werden.

Wir kommen jetzt an die Bestimmung der Träger über der großen Fensteröffnung im 1. Stock nach dem Hofe zu.

Die große Öffnung nach dem rückwärtigen Hof wird nur geschaffen, um möglichst viel Licht durch den an und für sich schon engen und düsteren Hof hereinzubringen. Die Hauptsache ist deshalb hier, diese Fensteröffnung nicht nur nach der Breite sondern auch nach der Höhe so groß wie möglich zu gestalten.

Da die Balkenlage rückwärts mit der Umfassung parallel liegt und die alte Stiegenhausmauer durch die Träger Nr. 18, 19 und 20 unterfangen wird, konzentriert sich die Hälfte der ganzen Belastung dieser Träger auf die Mitte der Fensteröffnung.

Wollen wir diese Last auf die Träger Nr. 21, 22, 23 dadurch gleichmäßig verteilen, daß wir die Träger Nr. 18, 19, 20 auf die ganze Dicke der Hofumfassungsmauer durchgehen lassen, würden sich immer noch Profile von 28 cm Höhe berechnen, die mit ihrer Oberkante noch 13 cm unter die Decke und demnach 41 cm hoch ins Fensterlicht zu liegen kommen würden. Es bleibt deshalb nichts übrig, als die Träger 18, 19, 20 in ein hohes Profil einzukuppeln.

Unsere Deckenstärke beträgt hier nur 28 cm, die Träger 18, 19, 20 liegen mit ihrer Unterkante 13 cm unter der Decke, infolgedessen hätten wir eine Höhe von 41 cm, minus 3 cm Fußbodenstärke, also 38 cm zur Verfügung, mit welcher Höhe von genieteter Ware leicht ein Profil zu beschaffen wäre, was die entsprechende Belastung aufnehmen würde.

Es sind für die Konstruktion solcher Träger verschiedene Lösungen möglich, von denen die gebräuchlichsten hier angeführt sind.

Fig. 25.

Fig. 26.

Fig. 27.

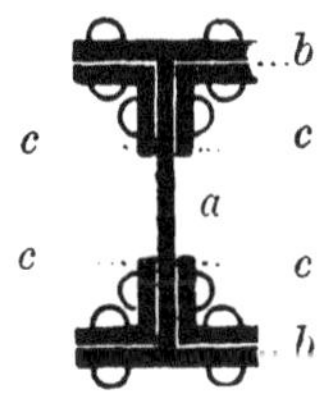

Fig. 28.

Fig. Nr. 25 zeigt 2 sogenannte U-Eisen, welche mit den Stegen zusammengenietet sind.

Fig. Nr. 26 zeigt diese zusammengenieteten U-Eisen, welche unten und oben noch durch Lamellen verstärkt sind.

Fig. 27 zeigt ein gewöhnliches Doppel-⊥-Walzeisen, was oben und unten durch 1 oder 2 Lamellen verstärkt werden kann.

Fig. 28 zeigt den Steg *a* aus Kesselblech, *b*, *b* die 2 Lamellen und *c*, *c* 4 Winkel, welche Lamellen und Steg verbinden.

Schon oben haben wir gesagt, daß man diesen montierten Trägern des Kostenpunktes oder des zur Anfertigung nötigen Zeitaufwandes halber immer ausweichen soll, wenn anders Rat geschaffen werden kann.

In unserem Falle kann aber leicht Rat geschaffen werden.

Der ganze Umbau bedingt so wie so, wie wir später sehen werden, unabänderlich, daß das ganze Haus während der Bauzeit geräumt sein muß.

In den Fenstern der Rückfaçade im 2. Stock sind auf 20 cm Tiefe Fensterparapete angelegt. Opfern wir diese Fensternischen, so ist es möglich, wie Fig. 29 zeigt, einen gewalzten Träger mit 50 cm Höhe zu verwenden, in den wir die drei Träger Nr. 18, 19, 20 einflanschen. Dieser 50 cm hohe Träger ragt dann 6 cm über den Fußboden in die Fensternische hinein und diese mauern wir entweder ganz aus, oder maskieren den Träger mit einem Stufen, welch letzteres aber nicht nach jedermanns Geschmack ist.

Fig. 29.

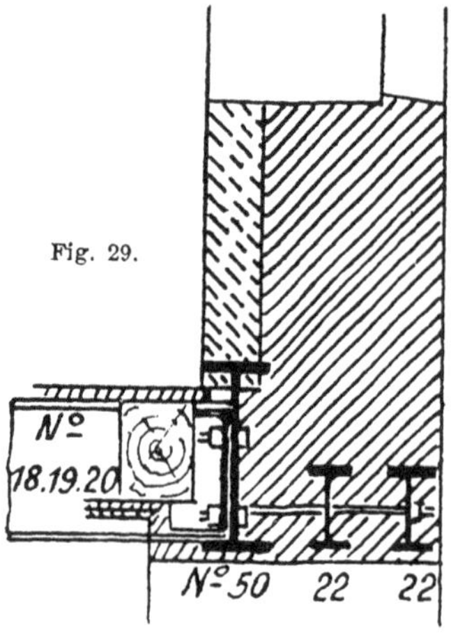

Der Träger Nr. 50 nimmt jetzt die Belastung der 3 eingekuppelten Träger auf plus $^1/_3$ der Mauerbelastung. Für $^2/_3$ der Mauerbelastung sind dann lediglich noch 2 Profile Nr. 22 nötig.

Wir nehmen jetzt die Ermittlung der nötigen Träger für die Straßenumfassungsmauer vor.

Die sich ergebenden Höhen dieser Träger sind zum Teil maßgebend für die Bestimmung der Lage des Steinhauptgesimses, welches an der Vorderfaçade neuhergestellt werden soll.

Unsere Schaufensteröffnungen sind zwar nur 2,70 m breit, jedoch, wenn der gerade Sturz dieser Öffnungen, der, wie aus der Façadenzeichnung (Tafel XII) ersichtlich, in Gewölbkonstruktion hergestellt ist, die auf ihm ruhende Belastung voll und ganz tragen sollte, möchte wohl ein Durchschlagen, wahrscheinlicher in der rechtseitigen Öffnung ein Bruch des Sturzes unvermeidlich sein; zudem ist dieser Sturz nur 20 cm tief, also nur Steinverkleidung. Auf Tragfähigkeit ist da nicht viel zu rechnen.

Es muß daher die ganze Steinkonstruktion entlastet werden.

Zu dem Zweck legt man, wie auf Tafel X ersichtlich, einen Träger über das Hauptgesims, der mit 24 cm Höhe genügend trägt.

Bei größeren Spannweiten derartiger gerader Stürze ist es ratsam, die Bogensteine *a*, wie Fig. 30 zeigt, rückwärts auf der Flansche des eisernen Trägers aufsitzen zu lassen, um auch die geringste Setzung des Sturzes zu verhindern.

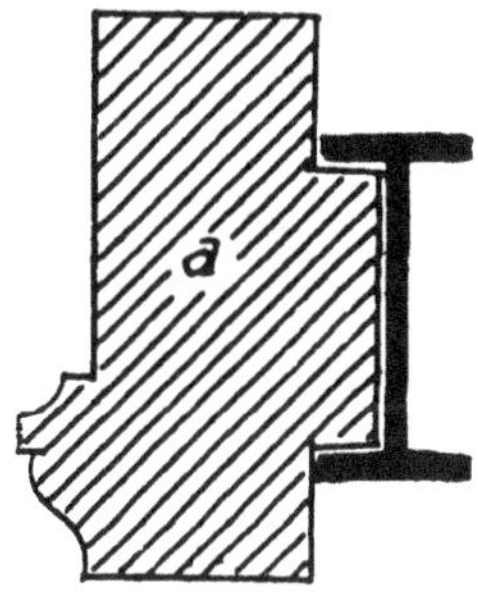

Fig. 30.

Die beiden andern 26 resp. 28 cm hohen Träger Nr. 2, 3, 5, 6 (Tafel VIII) werden direkt unter das Gebälk gelegt, woraus sich überhaupt die Fenstersturzhöhe der Façade bestimmt.

Die Schaufenster gehen hier bis zum Boden der Etage herunter, erhalten somit immerhin noch 2,40 m Höhe, was in Anbetracht des guten Lichtes von der Straße aus als genügend erachtet wird.

Die inneren Träger *17*, *7a*, *8*, *9* liegen zwischen dem Gebälk und können deshalb auf die Träger Nr. 2, 3 und 5, 6 gelegt werden, so daß die Belastungen der ersteren auf die letzteren so verteilt wird, daß immer je 2 Träger der Vorderfaçade in Anspruch genommen werden.

Da wir in dieser Front ganz verschiedene Belastungen haben, wie Grundriß 1. Stock und Façade zeigen, sind wir genötigt, wenn nicht Eisen verschwendet werden soll, verschiedene Trägerprofile zu verwenden. Linkseitig benötigen wir 2 Stück Nr. 26, rechtseitig 2 Stück Nr. 28.

Die Stöße der verschiedenen Trägerprofile fallen auf die beiden eisernen Ständer.

Solche Stöße soll man nie alle auf einer Stelle vornehmen; selbst wenn es etwas mehr Kosten macht, wechsle man der Sicherheit halber mit dem Stoß.

Träger Nr. 3 und 6, dann Träger Nr. 1 und 4 werden auf Ständer *PSt1* gestoßen, Träger Nr. 2 und 5 auf Ständer *PSt2*.

Obwohl die Träger stets mit Laschen verbunden werden, wie wir später unter »Bestellungen« finden, ist doch ein ganzer Träger verläßlicher als ein verlaschter. Es waren die Fälle schon da, daß eine von den tragenden Stützen, Eisenständer oder Pfeiler, irgend eines Konstruktions- oder Materialfehlers halber, der bei der Übernahme oder beim Versetzen übersehen wurde, den man vielleicht gar nicht sehen konnte, nach dem Ausschlagen der Verbolzung nachgegeben, sich ausgebogen hat usw.

In solchen Fällen ist dann die Einsturzgefahr eine ungleich geringere, wenn die Stöße der Träger gewechselt sind, da ein ganzer Träger sich bei erhöhter Belastung merklich durchbiegen wird, jedoch bis zur Bruchgrenze gewöhnlich erfahrungsgemäß bedeutend mehr trägt, als unsere normale Kalkulation beziffert.

Rechnungsgemäß würden nun über den 2 rechtseitigen Steinpfeilern noch bedeutend niedrigere Profile zulässig sein; wir lassen aber alle 3 Träger, Nr. 4, 5, 6, als Ganze aus folgenden Gründen durchgehen:

Wenn ein Haus, und noch dazu ein altes, baufälliges, so wie so schon fast allen inneren Verbandes beraubt wird, und man denken muß, daß es einmal möglich wäre, daß beide Nachbarhäuser gleichzeitig abgebrochen würden, dann soll man da, wo es halbwegs geht, beim Umbau recht gesunde Verbände schaffen. Je mehr Stücke, desto weniger stabil. Wie aus dem Grundriß ersichtlich, dienen die fraglichen Träger zugleich als Schlaudern, für welchen Zweck ein ganzes Stück immer besser ist als mehrere, vielleicht nachlässig zusammen montierte. Schließlich macht die Gewichtsdifferenz zwischen den Trägern in unserm Falle ca. 140 kg aus, die auch nicht mehr kosten, wahrscheinlich noch billiger werden würde als solide Verlaschungen.

Nachdem nun im 1. Stock alle Träger, Ständer und Säulen bestimmt sind, trage man im Werkplan alle gefundenen Belastungen und Auflagedrucke für die Pfeiler der Vorderfaçade, dann für die Ständer und Säulen ein, da wir dieselben später zur Bestellung und zur Bestimmung der Fundamentdimensionen nötig haben.

Nachdem auch die Höhenlagen der Träger bestimmt sind, fixiere man diese ebenfalls jetzt an den betreffenden Stellen und bezeichne sie, wie im Plan ersichtlich, durch blaue Kreise, wobei man vom Wagriß aus kotiert, der 1,0 m über 1. Stockfußboden liegt.

Es kann jetzt die Kotierung des gesamten 1. Stockgrundrisses vorgenommen werden, wobei nur bei der Bestimmung der Steinpfeilerdimensionen der Vorderfaçade zu untersuchen ist, ob dieselben für die Belastung genügen und ob sie mit der Architektur der Vorderfaçade in Einklang zu bringen sind.

d) Anfertigung des Parterregrundrisses (Tafel VII).

Die Lage der Träger für die Stiegenauswechselung *P 13, 14, 15* ist schon auf Tafel IX Fig. 1 und 4 bestimmt. Die Lage von *P 16* ist analog der Fig. 6 Tafel IX festzustellen.

Sämtliche Träger der Deckenkonstruktion werden unten bündig gelegt.

Wir haben eine Betondecke, wofür in den neuen Mauern am Hauseingang und am Stiegenhaus zum Auflager 2 Zeilen um 7—10 cm zurückgesetzt werden (siehe Fig. 31). An den alten Kommunmauern kann man, im Falle sie ganz gesund sind, diese Ausparung heraushauen.

Dadurch wird jedoch eine alte Mauer immer mehr oder weniger beschädigt, es wird eine unsaubere Arbeit und man konstruiert immer solider, wenn man für den Zweck einen Träger beilegt, der ja nur das halbe Feld der Betondecke aufzunehmen hat. Es sind dies die Träger *P 5*, wofür ein Profil Nr. 20, und Träger *P 32*, wofür ein Profil Nr. 18 genügt. Die Träger *P 6, 7, 9, 10, 12, 33, 34, 35, 36* und *38* haben nur die Belastung der Betondecke aufzunehmen, haben gleichmäßig verteilte Belastung, und ist dabei nur zu erwähnen, daß man die Träger nicht über 1,10 m entfernt legen soll. Näher als 80 cm von Mitte zu Mitte wird man sie nur dann legen, wenn es sich darum handelt, möglichst niedrige Träger zu erhalten, um an der Höhe der Deckenkonstruktion zu sparen. In unserem Falle ist Träger *P 8 a* maßgebend für die Stärke der Deckenkonstruktion. Träger *P 15* nimmt die Träger *P 9, 10, 11* auf und ist in *P 8 a* eingekuppelt. Wie aus dem Grundriß (Tafel VII) ersichtlich, sind an der Stelle 2 Träger nebeneinander gelegt. *P 8* nimmt lediglich die Belastung der Hälfte des einen Betonfeldes auf, und ist Profil Nr. 20 nötig. *P 8 a* nimmt einmal ebenfalls eine Hälfte des Betonfeldes auf, dann aber noch die konzentrierte Belastung des Trägers *P 15*, in den auch noch *P 16* eingekuppelt ist, der die Stiegenbelastung aufnimmt. Demzufolge erfordert *P 8 a* Profil Nr. 28. Da uns aber nur 24 cm Höhe zur Verfügung stehen, wie aus Fig. 7 (Tafel IX) ersichtlich ist, verwenden wir 2 U-Eisen von 23,5 cm Höhe, welche zusammengenietet werden und annähernd gleiche Tragfähigkeit wie Profil Nr. 28 haben.

Fig. 31.

Stehen uns jedoch in diesem Falle Greysche breitflanschige Spezialträger zur Verfügung, so verwendet man statt der vorgeschlagenen beiden Träger *P 8* und *8 a* 1 Stück Greyscher Träger Nr. 24 B, der 24 cm hoch ist und die gleiche Tragfähigkeit besitzt wie beide vorgenannten Träger zusammen.

Dadurch, daß Träger *P 15* nicht bis zur 30 cm starken Gangmauer durchgehen kann, weil, wie auf Fig. 1 (Tafel IX) ersichtlich, die Durchgangshöhe zu niedrig ausfallen würde, ist es unerläßlich, in das Eck der Stiegenspindel eine Eisensäule zu setzen, welche die Deckenbelastungen aufnimmt. Da das gleiche auch bei der Kellerstiege der Fall ist, muß diese Säule bis zum Fußboden des Kellergeschosses geführt werden. Näheres hierüber ist unter »Bestellungen Tafel XVI« zu finden.

Die Träger über dem Hauseingang, Nr. *P 17* bis *23*, legen wir quer über, da das Feld mit 1,30 m zu breit würde.

Träger *P 4*, der lediglich die Deckenträger aufnimmt, geht vom Pfeiler *P 1* durch bis zum Pfeiler *P 2*, hat auf diesen sein Auflager und ist an den Ständern *PSt 1* und *2* durch rückwärts anmontierte Konsolen gestützt.

Es ist diese Anordnung deshalb so getroffen, weil einmal der Träger als Schlauderträger besser aus einem Stück als aus dreien ist, weil ferner die Konsolen im Schaufensterlicht nicht gut ausgesehen hätten, wenn man den Träger aus 3 Stücken zwischen die Ständer einmontiert hätte, und schließlich, weil die gewählte Konstruktion billiger zu stehen kommt als die andere. Für die Aussteifung der Ständer durch Träger *P 4* wird in der Weise gesorgt, daß letzterer auf den Ständerkonsolen aufgeschraubt wird.

Die Träger *P 1, 2, 3* dienen in erster Linie zur Befestigung der Brüstung und der oberen eisernen Schaufensterstöcke, dann dienen sie aber auch dazu, um die Ständer fest zu versteifen gegen seitliche Ausbiegung. In den Steinpfeilern werden diese Träger nur 8—10 cm eingelassen und mit Portland-Zement ausgegossen. Betreff der Höhenlage ist hier darauf zu achten, daß die Stahlblechrolläden genügend Platz haben (siehe Tafel XVII, Ständer *PSt 1*).

Träger *P 23, 24* haben die Belastung der alten Tragmauer auf die Höhe des ganzen Hauses aufzunehmen; es wurde deshalb auch nötig, den neuen Portland-Zementpfeiler, der zum Teil in die Öffnung des alten deutschen Kamines fällt, bis zur Grenzlinie einzubrechen, da der Auflagedruck der beiden Träger an der betreffenden Stelle ein ganz bedeutender, und ein Verlegen des Pfeilers in den Gang nicht möglich ist.

Die Träger *P26*, *26a* sind auf der Säule gestoßen, daselbst verlascht und aufgeschraubt, Träger *P27* ist nicht gestoßen, reicht von Ständer *PSt3* bis Ständer *PSt4*. An den Ständern ruhen die Träger auf Konsolen, welche mit Gipsputz verkleidet werden. Der Stoß erfolgte lediglich aus Ersparungsrücksichten, da die Belastung dieser 3 Träger eine zu verschiedene ist; für *P26* ist Profil Nr. 12, für *P27* Nr. 20, für *P26a* Nr. 24 nötig. Alle 3 Träger werden unten bündig gelegt, in der Mitte ausbetoniert und außen mit Rabitzputz verkleidet, wie es auf Fig. 7 (Tafel IX) ersichtlich ist. Die Träger werden seitlich der Säule gelegt, da dadurch eine Verlaschung ersterer ermöglicht und dem Zwecke behufs Verschlauderung der Mittelmauer mit den Ständern besser gedient ist. In zweiter Linie erhält dann der durch diese Träger gebildete Unterzug die Breite der an den Ständer *PS3* angrenzenden alten Mauer; schließlich bildet die massige Ausbetonierung zwischen den Trägern eine recht gute Querversteifung zwischen Ständern und Säule.

Die Wechselträger *P28—31* wurden deshalb eingefügt, weil die schwachen Kaminwandungen nicht geeignet sind, die Belastungen der Träger *P5* und *32* aufzunehmen, weil ferner die Betondecken nicht in die Kaminwandungen eingelassen werden sollen, da sowohl bei Trägern als Beton eine Überhitzung durch intensive Feuerung und ev. Brandgefahr der Lager und Holzfußboden denkbar ist.

Für die Anlage des großen Fensters in der Umfassungsmauer nach dem Hofe ist ein Träger *P39* mit 24 cm Höhe nötig, in welchem die Deckenträger eingekuppelt sind. Dann sind noch 2 Träger *P40, 41* Profil Nr. 9 nötig, welche lediglich die 75 cm hohe Fensterbrüstung und den Fensterstock im 1. Stock zu tragen haben.

Vom Stiegenhaus aus führt eine neue Tür zum Hof hinaus. Der Abort für das Geschäftslokal im Parterre wird vom Hof aus zugängig gemacht. Beide Türöffnungen werden der Einfachheit halber mit Trägern Nr. 12 abgedeckt, welche ausbetoniert und übermauert werden.

e) Anfertigung des Souterraingrundrisses.

Es ist schon früher angegeben, daß nur der rückwärtige Teil des alten Hauses unterkellert ist. Neu zu unterkellern ist der ganze vordere Trakt.

Die Schaufenster der Vorderfaçade werden, wie aus Längenschnitt (Tafel X) ersichtlich, bis auf eine 1,30 m hohe Brüstung im Keller hinuntergeführt, um daselbst noch eine Auslage herstellen zu können.

Die Fundamente der Steinpfeiler werden, in Portland-Zement gemauert, hinreichend tragfähig. Die Unterfangungen der Kommunmauern werden ebenfalls in Portland-Zement ausgeführt, um möglichst Setzungen zu vermeiden.

Die Parterreständer 1 und 2 werden bis auf die Brüstung der Kellerfenster hinuntergeführt, da sie in den Schaufensteröffnungen bündig hinuntergehen müssen und deshalb kein Platz ist, um diese Ständer schon unter dem Parterrefußboden genügend fundieren zu können. Selbst auf der besten Granitsteinunterlage soll man einen so schwer belasteten Ständer nicht hart an den Rand des Steines setzen.

Der Parterreständer Nr. 4 wird bis zur Kellersohle hinuntergeführt, das Widerlager für die Überwölbung der daneben neugeschaffenen Öffnung wird, wie auf Tafel XI Fig. 2 ersichtlich ist, an den Ständer anmontiert und ein Keil *a* in Beton hergestellt, der ein solides Gewölbefüßel bildet.

Der Fuß des Parterreständers 3 trifft hart neben die neu ausgebrochene Türöffnung.

Beim Ausbrechen der Öffnung zeigt sich, ob das alte Mauerwerk gesund und tragfähig ist. In zweifelhaftem Falle bleibt auch hier nichts übrig, als den Ständer bis zur Kellersohle hinunterzuführen. Nehmen wir jedoch an, das Mauerwerk wird in sehr gesundem Zustand befunden, so kann man die Fundation des Ständers auf folgende Weise bewerkstelligen:

Die Souterraintür wird bis zum Parterrefußboden ausgebrochen.

Fig. 1 und 2 (Tafel VI) zeigen Grundriß und Ansicht der Konstruktion.

Nach erfolgter Abbolzung und Ausbruch der alten Quermauer kann man vom Parterre aus sehr bequem arbeiten. Die Träger 20, 21, 22, wozu Profil Nr. 16 genügt, werden auf $2\,^1\!/_2$ cm starke gußeiserne Unterlagplatten in solcher Dimensionierung gelegt, daß der Auflagedruck dieser Platten auf das alte Mauerwerk 7 kg per qcm nicht überschreitet. Die Träger 20, 22 samt Platten, resp. der Raum für dieselben, wird seitlich der stehenbleibenden Parterremauer vorsichtig ausgehauen. Es bleibt dann immer noch ein Kern der alten Mauer von 30 cm Breite erhalten. Diese 3 Träger werden bei *d* und *e* durch Schraubenbolzen verbunden. Der Ständer erhält eine Fußplatte *f*, *g*, *h*, *i*, die gehörig versteift ist, und wird direkt auf die Oberkante der Träger gesetzt, welche vorher samt dem Bogensturz, wie in Fig. 2 ersichtlich, solid und gut ausbetoniert werden.

Die Fundation der Eisensäule *P Sl 2* erfolgt in ähnlicher Weise. Der Auflagedruck der Säule, welcher hier 32 t beträgt, wird durch 3 miteinander verschraubte Träger Nr. 20 so auf 3 Unterlagplatten verteilt, daß 7 kg pro qcm nicht überschritten werden. Die Platten sind hier der Sicherheit halber noch etwas auseinandergerückt. Das Ganze wird ebenfalls mit Beton gut ausgefüllt.

Die Räume 2, 3, 4, 5 werden mit Backsteinen eingewölbt, wozu in den neuen Mauern die Widerlager ausgespart sind und in den alten Mauern in entsprechender

Höhe ausgehauen werden. Rückwärts im Hof werden für die neugeschaffenen Kellerräume 3, 5 neue Kellerfenster ausgehauen, die überwölbt werden. Diese Kellerfenster und die Öffnungen in der Umfassung nach der Straße werden mit Lichtschachten versehen.

Solche Lichtschachte, die vom anschließenden Erdreich gerne Feuchtigkeit aufsaugen und im Winter dem Frost ganz ausgesetzt sind, soll man nie mauern und verputzen, da der Verputz immer wegfriert. Sie sind am solidesten mit geschlossenem Beton herzustellen, ohne Verputz, nur mit Kalkmilch eingewaschen. Am Boden ist, wie auf Tafel X ersichtlich, ein Loch auszusparen, damit das eindringende Regenwasser nach außen versitzen kann.

Oberhalb werden diese Schachte mit Granitvierungen 15/20 cm eingefaßt, die zur Aufnahme der Eisenvergitterung und als solider Anschluß für Pflaster oder Asphaltbelag dienen.

Die neugeschaffene Kellerstiege wird am solidesten mit Granitstufen hergestellt. Ist man genötigt, billiger zu arbeiten, sind an Ort und Stelle einbetonierte Stufen, die vorn entweder mit einem Winkeleisen oder eichenen Riegel versehen sind, allem andern vorzuziehen. Betonstufen ohne Winkel oder Riegel werden beim Transport schwerer Kisten oder Fässer sehr leicht beschädigt.

f) Anfertigung des Fundamentplanes (Tafel XIII).

Für die Dimensionierung aller Fundamente ist die Bodenbeschaffenheit maßgebend. Hierfür ist meistens behördlich die zulässige Belastungsinanspruchnahme vorgeschrieben. Für unsere Münchener Verhältnisse, wo fast überall festgelagerter Kies vorhanden ist, sind maximal $2\frac{1}{2}$ kg pro qcm gestattet.

Unserer Berechnung sind nur 2 kg zugrunde gelegt.

Für Mauern, die annähernd gleichmäßig belastet sind, genügt immer eine Verbreiterung der Fundamentsohle, das sog. Bankett, was 15 cm breiter ist als die Kellermauern und gewöhnlich 32—50 cm hoch angelegt wird.

In unserem Falle werden die Fundamente der zu unterfangenden Kommunmauern und der stark belasteten Pfeiler der Vorderfaçade mit Portland-Zementmauerwerk hergestellt, alles andere in Roman-Zementmörtel ausgeführt.

Für stark konzentrierte Belastungen, welche in unserem Projekt bei Ständer *SSt1* und Säule *SSl1* vorhanden sind, muß, wie schon oben gesagt, das Fundament so vergrößert werden, daß der Bodendruck 2 kg pro qcm nicht übersteigt.

Wird diese Vergrößerung mit Portland-Zement oder Beton hergestellt, soll die Drucklinie, wie auf Tafel XI Fig. 4 ersichtlich ist, einen Winkel von 60° nicht überschreiten. Bei Mauerwerk wird jede Zeile abgesetzt, bei Beton kann man Absätze von 30 bis 50 cm machen.

Wie aus Fig. 4 ersichtlich ist, erreicht man aber dadurch eine erhebliche Tiefe, wodurch sich in erster Linie schon die Ausschachtung schwieriger gestaltet, in zweiter Linie kommt man bei tiefen Kellern öfter schon mit dem Grundwasser in Konflikt.

Diesem Übelstande läßt sich leicht durch Einbetonierung eines Eisenrostes abhelfen, wie er in unserem Fall für den Ständer *SSt1* in Anwendung kommt. Auf diese Art kann man die Drucklinie bis auf 45° und mehr erweitern.

Tafel XI Fig. 1 und 3 und Fundamentgrundriß Tafel XIII zeigen die Anlage.

Der Eisenrost besteht hier aus Träger Nr. 14, welche kreuzweise so auf eine 30 cm hohe Betonplatte aufgelegt und bei recht solider Anlage noch mit Schraubenbolzen in jeder Schicht verbunden werden, daß eine möglichst gleichmäßige Verteilung des Druckes stattfindet. Der Ständer wird dann direkt auf die oberste Schienenlage aufgesetzt.

Es wird bei dieser Anordnung auffallen, daß dies Ständerfundament weniger breit und ungewöhnlich lang ausgebildet ist.

Die Gründe hierfür sind folgende:

Einleuchtend ist jedem, daß der Druck seine beste Verteilung hat, wenn die Belastung genau in der Mitte des Fundamentklotzes erfolgt.

Am rationellsten wäre es deshalb hier, den Grundriß des Fundamentes so zu wählen, daß die Abstände vom Ständerkern ringsum die gleichen sind, was auch bei dem Fundament der Säule *SSl1* eingehalten ist.

Wollten wir dies auch bei dem Ständer ausführen, würde ein Teil des Fundamentes schon auf den Grund und Boden des Nachbars, der mit der Mitte der Kommunmauer beginnt, fallen.

Ich habe dies vielfach so ausgeführt gesehen, es wird auch selten vom Nachbar beanstandet, sind sogar Fälle da, wo es die Baubehörde verlangt. Nimmt man jedoch den Fall an, daß der Nachbar später auch sein Haus umbaut, daß er Keller anlegt, die 1 m tiefer sind als die unsrigen, daß er gerade hinter unserem Ständer auch eine neue Pfeiler- oder Ständeranlage schaffen muß, die bis zur Mitte der Kommunmauer reicht, dann wird entweder ein Teil unserer Fundamentanlage demoliert oder, angenommen, sie wird belassen und mit eingemauert, jedenfalls unterminiert. Abgesehen davon können durch sehr große Belastung der Neuanlage Setzungen entstehen, die für uns sehr unangenehm sind und Risse und Reparaturen verursachen.

g) Kanalisationsanlage.

In unserem Projekt ist hier schließlich auch die Kanalisation eingezeichnet, deren Anlage man nicht dem Installateur überlassen soll, um zu verhüten, daß die Kanäle so geführt werden, daß eine Unterminierung und somit Gefährdung der Fundamente stattfinden kann. Die Anlage des an der Straßenfront eingezeichneten Revisionsschachtes, der tiefer liegt als die Fundamentsohle, ist am besten vor Herstellung der Fundamente zu machen, wenn nicht die

Tieflage der Kanalisationsröhren sowieso eine tiefere Anlage der Fundamente an der Stelle bedingt. Für diesen Fall lege man das Fundament, wie in Fig. 32 ersichtlich, so an, daß ein Durchgangsloch von 30 auf 50 cm ausgespart wird, damit man beim Legen der Rohre genügend Spielraum hat.

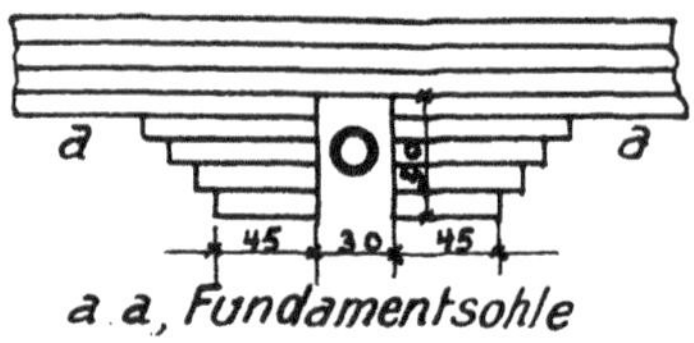

Fig. 32.

h) Kaminanlage.

Der alte Bestand zeigt nur zwei deutsche Kamine, in welche bisher sämtliche Feuerungen des Hauses eingeleitet waren. Der größere Kamin am alten Stiegenhaus muß im Parterre und I. Stock beseitigt werden, während er in den übrigen Etagen erhalten bleibt. Der kleinere Kamin, der im neuen Stiegenhaus sichtbar geblieben wäre und im Parterre der Passage halber unmöglich geworden ist, wird durch alle Etagen entfernt.

Vielfach wird bei der Projektierung die Anlage der Kamine recht wenig durchdacht und die dadurch entstehenden Übelstände zeigen sich erst, wenn der Bau in allen Teilen bezogen ist und Änderungen nicht mehr möglich sind.

Deutsche Kamine, also schliefbare, werden heutzutage der Raumersparnis und unbequemen Reinigung halber sehr selten mehr angelegt. Man bevorzugt die sog. russischen Kamine, runde Röhren von 18 bis 30 cm Durchmesser, die weniger Platz beanspruchen und mit Kugel und Bürste vom Kaminkehrer schneller, gründlicher und leichter gekehrt werden.

Als Hauptgrundsatz gilt hier die Regel, daß in ein Rohr von 20 bis 22 cm Durchmesser nicht mehr als 3 Ofenfeuerungen, hiervon womöglich in jeder Etage nur 1 Ofen, eingeführt wird, daß ferner jede Herdfeuerung ein eigenes Rohr von 18 bis 20 cm Durchmesser haben soll.

Ist es nicht zu umgehen, daß in einer Etage 2 oder 3 Ofenfeuerungen in einen Kamin eingeleitet werden, sollten dieselben wenigstens in Höhenabständen von 50 cm eingeführt werden.

Wenn irgend möglich, soll man alle Kaminrohre bis zum Keller hinunterführen, wo die Reinigung resp. Rußentleerung stattfindet.

Die Kaminputztürchen für die Einführung der Kugel und Bürste sollen möglichst hoch im Dachraum angebracht sein, damit von da bis zur Kaminendigung eine Reinigung mit der Drahtstielbürste möglich ist.

Betrachten wir uns die Anlage in unserem Projekt genauer.

Wir haben im Souterrain ein Geschäftslokal, für welches auch Heizung möglich sein soll. Im Parterre das Geschäftslokal, für das 2 Feuerungen nötig sind; im I. Stock dasselbe. Im II., III., IV. Stock je 3 Ofenfeuerungen und 1 Herd.

Die Anlage wird wie folgt verteilt, und im Souterrain-Werkplan gleich die verschiedenen Etagen eingeschrieben, wo Feuerungen einmünden.

Kamin Nr. 1: 3 Ofenfeuerungen Souterrain, Parterre und III. Stock.
» » 2: 3 Ofenfeuerungen im I., II. und IV. Stock.
» » 3: 3 Ofenfeuerungen I., II. und III. Stock.
» » 4: 2 Ofenfeuerungen Parterre und IV. Stock.

Der alte deutsche Kamin, welcher früher 14 Ofenfeuerungen hatte, erhält den jetzigen Rest der Heizanlagen, also 3 Herdfeuerungen und 3 Ofenfeuerungen. Er ist auch groß genug, um entsprechend zu funktionieren. Ein russisches Rohr mit 20 cm Durchmesser hat 314 qcm Querschnitt und faßt 3 Ofenfeuerungen. Der deutsche Kamin hat 40/40 cm, also 1600 qcm Querschnitt und faßt demnach 15 Ofenfeuerungen. Rechnet man 1 Herd für 2 Ofenfeuerungen, so erhält er heute nur mehr 9 Feuerungen. Die gesamte Heizanlage ist demnach jetzt rationell verteilt.

Der Kamin Nr. 4 ist für die Ofenheizung des Ofens im Geschäftslokal Parterre bestimmt, welche durch das Stiegenhaus geführt werden muß. Um das häßliche Aussehen eines schwarzen Ofenrohres an der Decke des Stiegenhauses zu vermeiden, stellt man einen 25 cm breiten und 25—30 cm hohen Kasten aus Rabitzgewebe her, gibt demselben durch ein Winkeleisen *a* am Eck, was auf die Länge von 2,5 m immerhin 7—8 cm Schenkelbreite haben darf, die nötige Festigkeit und putzt es mit Gipsmörtel ein. Ehe man den Putz und das Gewebe nach der Decke zu ganz fertigstellt, schiebt man vom Geschäftslokal aus das Rohr hinein. Dasselbe erhält 8—10 cm Steigung und wird Kasten und Rohr vorsorglich in der Mitte des Stiegenhauses mit einer Putzöffnung versehen.

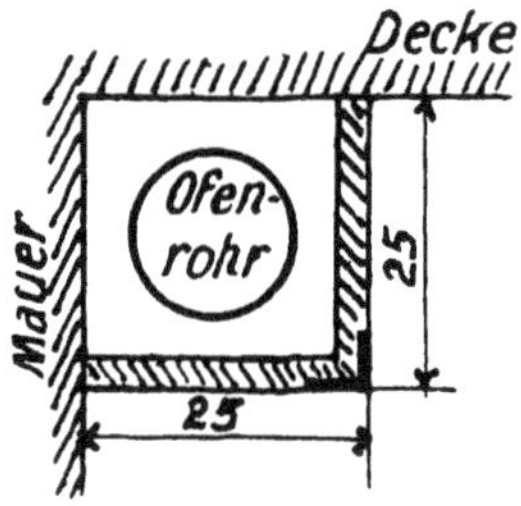

Fig. 33.

Ehe man den Verputz nach der Decke zu schließt, füllt man den Kasten durch die Maschen des Gewebes so weit mit trockenem Sand ein, daß das Rohr bedeckt ist. Es wird dadurch ein allenfallsiges Schwitzen des Ofenrohres und schnelle Abkühlung verhindert.

i) Verschlauderungen.

Die Verschlauderung oder Verankerung ist bei jedem Neu- und Umbau eine so wichtige Sache, daß man dieselbe nicht dem Gutdünken des Paliers überlassen soll, sondern dieselbe nach reiflicher Überlegung in jeden Werkplan einzeichnen muß. Viele Unfälle und sogar Hauseinstürze sind der oberflächlichen und leichtsinnigen Anlage der Verschlauderung zuzuschreiben. Am wichtigsten sind dieselben in den unteren Etagen, also im Parterre und I. Stock, da durch die bedeutende Belastung von den oberen Etagen und dem Dach leicht Ausbauchung der Mauern und Verschiebung der Konstruktionsteile eintreten können.

Als Regel gilt hier, daß sowohl für den Längs- als auch für den Querverband gesorgt werden muß.

In den Façaden soll jedes Eck und jeder Pfeiler, der zwischen Fenstern liegt, eine Schlauder erhalten.

In geschlossenen Umfassungsmauern sollen die Schlaudern alle 3—5 m angelegt werden.

Besonderes Augenmerk soll man auf die Tragmauern haben, hauptsächlich dann, wenn sich in der Nähe der Umfassung größere Öffnungen befinden, die durch Gurten überspannt sind und infolgedessen einen sehr konzentrierten Druck verursachen.

Die Verschlauderung kann ja selbstredend immer nur in der Deckenkonstruktion angelegt werden.

Die Decke über dem Souterrain wird fast niemals mit Schlaudern versehen, weil der von außen kommende Erddruck ein Ausweichen der Mauern verhindert. Höchstens dann, wenn der Parterrefußboden höher als 1 m über dem Niveau liegt, die Räume alle unterkellert sind und an Mitteln nicht gespart werden braucht, fügt man Schlaudern ein.

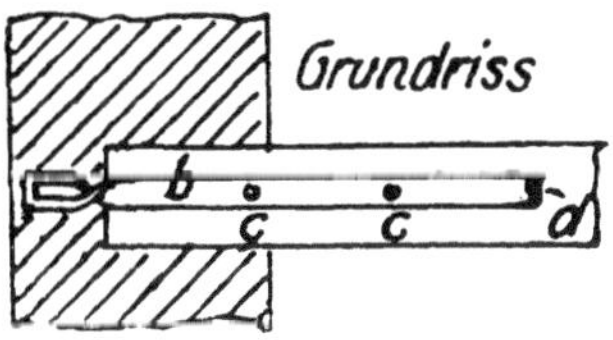

Fig. 34.

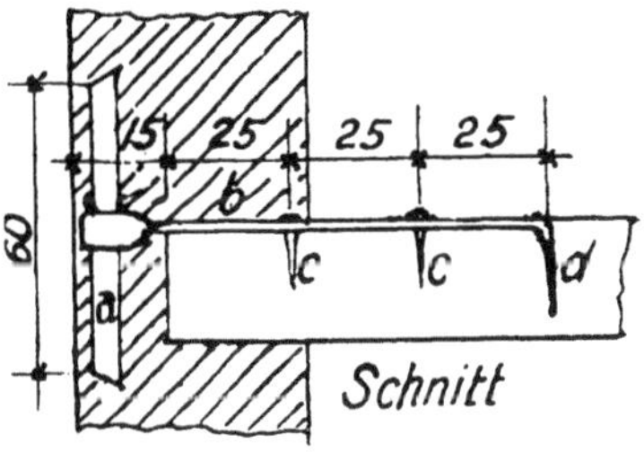

Fig. 34 a.

Dasselbe gilt von der Decke des letzten Stockwerkes. Dieselbe wird nur dann verschlaudert, wenn ein Kniestock aufgebaut werden soll, der höher als 75 cm ist, und wenn der Dachraum ausgebaut wird.

Die Schlaudern werden stets aus Schmiedeeisen, sog. Flacheisen, angefertigt.

Sie besteht aus 2 Teilen; aus dem horizontalen Teil *b*, Fig. 34 und 34a, welcher die eigentliche Schlauder ist, und dem vertikalen Teil *a*, welcher als Schlüssel bezeichnet wird.

Die Schlauder selbst wird immer nur auf Zug in Anspruch genommen, und genügt eine Stärke von 10/40 mm, der Schlüssel hingegen wird sich bei starker Inanspruch-

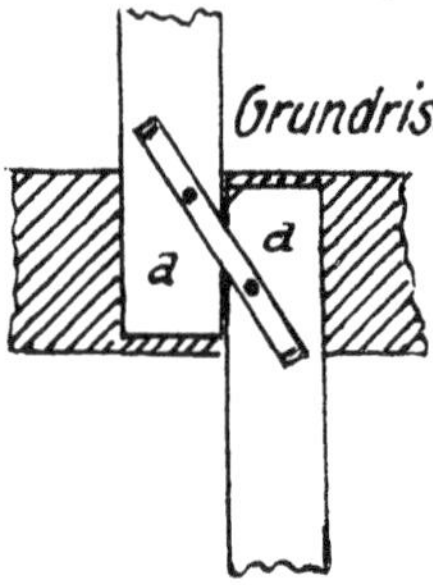

Fig. 35.

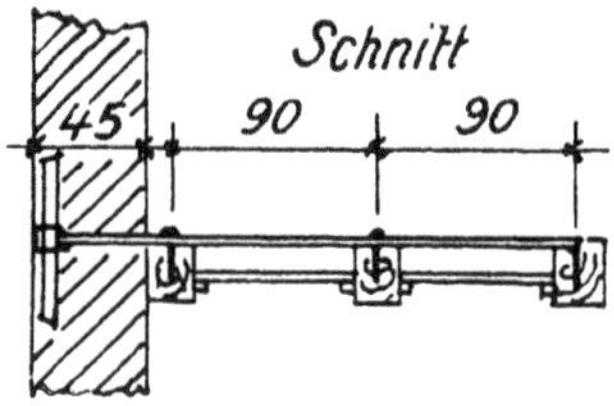

Fig. 36.

nahme abbiegen, wenn er nicht kräftig genug ist. Eine größere Länge wie 60 cm ist für denselben wertlos, hingegen sollte die Stärke desselben niemals geringer als 15/45 mm sein.

Die Schlaudern für Balkendecken und für Trägerdecken sind verschieden konstruiert.

Fig. 34 und 34a zeigen in Grundriß und Schnitt eine Schlauder für eine Balkendecke.

Die Schlauder selbst zeigt am Kopfende ein sog. Öhr, in welchem der Schlüssel lose eingeschoben wird. In der Mitte erhält der Schlüssel oberhalb des Öhrs eine kleine Ausbeugung, die das Durchfallen desselben verhindert.

Am Ende der Schlauder ist eine starke Spitze von 10—12 cm Länge angeschmiedet, welche in den Balken eingetrieben wird. Außerdem sind noch in Abständen von 25—30 cm Nagellöcher angebracht für starke schmiedeeiserne Nägel, die ebenfalls 10—12 cm lang sind. Die Schlaudern werden auf der Oberfläche der Balken eingelassen. Das äußere Ende des Öhrs soll niemals über die Mauerflucht heraus-, eher etwas zurückstehen.

Diese Schlaudern sollen, wenn irgend möglich, an beiden Enden von durchgehenden Balken angebracht werden,

d. h. von Balken, die von der vordern bis zur hintern Umfassung ein Stück sind.

Ferner sollen die Schlaudern tunlichst immer auf einen Pfeiler treffen. Man tut deshalb gut, schon bei Konstruktion der Tramlage darauf Rücksicht zu nehmen.

Ist es nicht möglich, einen durchgehenden Tram zur Verschlauderung zur Verfügung zu haben, was beispielsweise in unserm vorliegenden Projekt ganz ausgeschlossen ist, so verbindet man die in der Mitte gestoßenen Schlauderbalken mit einer 10/40 mm starken schmiedeisernen Klammer, welche an jedem Ende eine angeschmiedete Spitze von 10—12 cm Länge und 2 Löcher für Schlaudernägel hat (siehe Fig. 35). Dies gilt jedoch wiederum auch nur für Balken, deren Enden entweder hart aneinander oder nicht über 10 cm voneinander entfernt liegen. Liegen die Schlauderbalken auf der Tragmauer weiter entfernt, bleibt nichts übrig, als jeden der Balken auch auf der Tragmauer mit einer vollständigen Schlauder zu versehen.

Um diejenigen Umfassungsmauern, welche parallel mit den Balken liegen, zu verschlaudern, wird die Schlauder, wie Fig. 36 zeigt, so lang gemacht, daß das Ende mit der Spitze zum mindesten auf den dritten Balken reicht, während die beiden nach der Mauer zu liegenden Balken Schlaudernägel erhalten.

Die Schlaudern für Trägerdecken werden an den Kopfenden der Träger mit 2—3 Schrauben an den Stegen befestigt. (Siehe Fig. 37.) Die Anbringung der Schraubenlöcher in den Trägern wird gleich bei der Trägerbestellung berücksichtigt. Das Schlauderöhr braucht hier nicht, wie an den Balkenschlaudern, abgekröpft zu werden. Die Schrauben sollen nicht unter 15 mm stark sein. Die Eisenstärken der Schlauder selbst sind gleich den Balkenschlaudern.

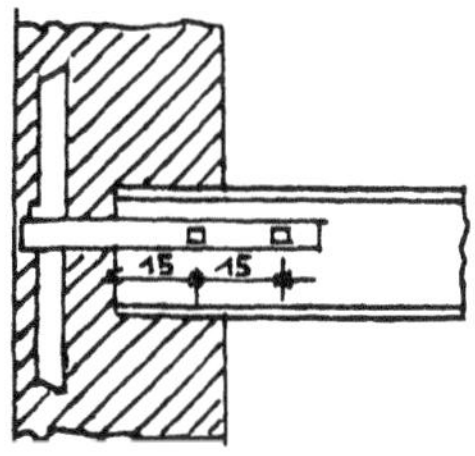

Fig. 37.

Bei in der Mitte gestoßenen Schlauderträgern werden, wie Fig. 38 zeigt, die beiden Trägerstege mit Flacheisen 10/40 zusammengeschraubt, wenn der Stoß auf einer Mauer stattfindet. Findet der Stoß, wie in unserm Projekt, auf

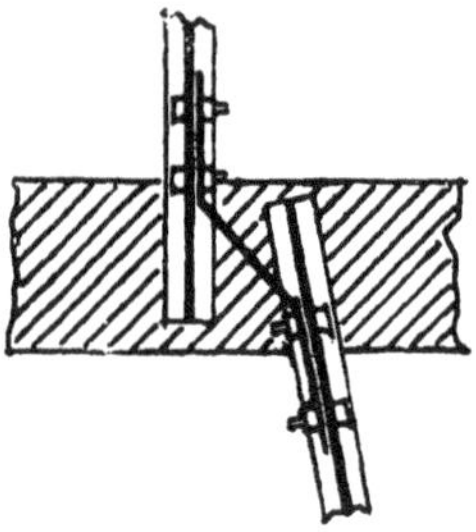

Fig. 38.

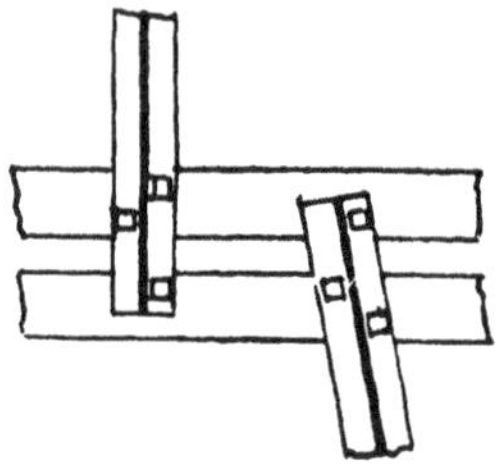

Fig. 39.

2 Trägerunterzügen statt und liegen die Träger, wie Fig. 39 zeigt, weiter als 10 cm auseinander, so verschraubt man am besten die Flanschen der Schlauderträger mit denen der Unterzugsträger mit je 2 Schrauben.

Die mit den Trägern parallel laufenden Umfassungsmauern werden, wie Fig. 40 zeigt, in der Weise verankert, daß man für die Schlauder statt Flacheisen Rundeisen von 25 mm Durchmesser verwendet, welches durch die Stege der 3 oder 4 zunächst liegenden Träger geschoben und am Ende mit ein oder zwei starken Muttern versehen wird.

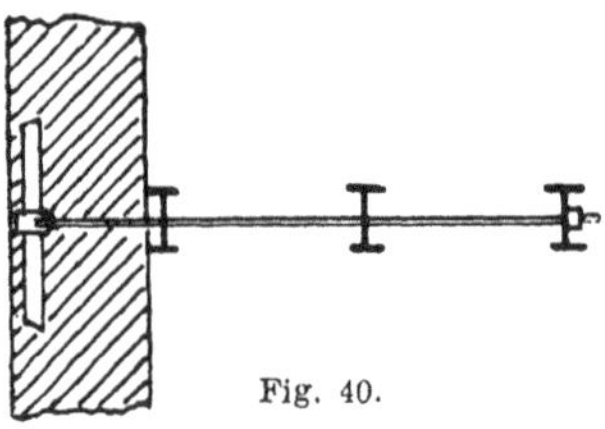

Fig. 40.

Verfolgen wir nun die Verschlauderung in unserm Projekt, wo die Decke über dem Parterre eine Trägerdecke ist.

Mancher Unerfahrene wird behaupten: Zu welchem Zweck ist hier eine Verschlauderung der vordern und hintern Umfassungsmauer und der mittlern Tragmauer nötig? Wohin wollen die Mauern ausweichen, da sie durch die Nachbarhäuser eingebaut sind?

Solange die Nachbarhäuser stehen, ist diese Behauptung richtig. Nehmen wir aber den Fall an, daß eines oder auch beide der Nachbarhäuser abgebrochen werden und einem Neubau weichen müssen. Sind diese Neubauten wieder fertiggestellt, ist nach wie vor allerdings keine Gefahr; aber wer bürgt uns dafür, daß während des Neubaues unser Haus so vorsichtig und solid abgebolzt wird, daß nichts passieren kann? Man muß hier immer den ungünstigsten Fall im Auge haben, und deshalb verankern wir auch diese Mauern so gut es geht.

Die Umfassung nach der Straße wird nach den Nachbaranwesen in der Art verschlaudert, daß man, wie der Plan zeigt, an den Enden der Träger *P17* und *P4* Schlaudern anschraubt und beide Träger auf dem Pfeiler *P2* miteinander verbindet. Da die Träger *P17* und *P4* nicht in einer Höhe liegen, werden die beiden Stege, wie Fig. 41 zeigt, mittels Flacheisen verschraubt.

Fig. 41.

Um die neuen Steinpfeiler *P1* und *P3* der Tiefe des Baues nach mit den Kommunmauern zu verbinden, wird, wie

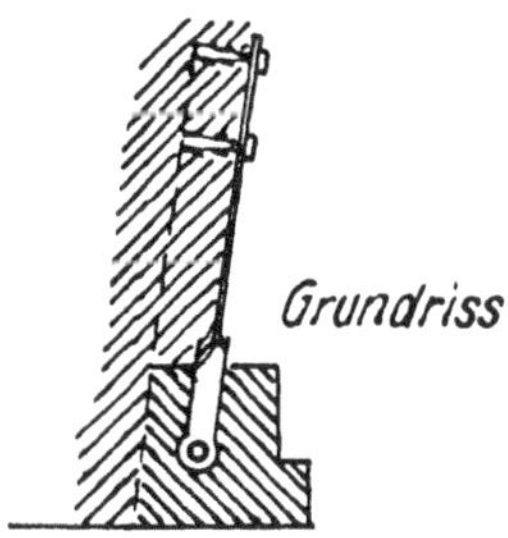

Fig. 42.

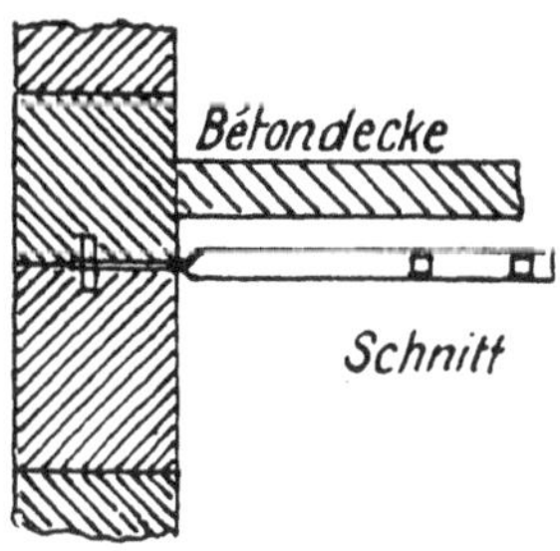

Fig. 43.

Fig. 42 und 43 zeigt, auf der der Betondecke zunächst liegenden Stoßfuge des Pfeilers eine Schlauder bis zur Mitte desselben geführt. Dieselbe wird mit einem Schlüssel versehen, der aus einem ca. 25 mm starken, 10—12 cm langen

Rundeisen besteht, welches in beide Pfeilerstücke eingelassen ist. Die Schlauder wird außerhalb des Pfeilers gedreht, bündig mit der Mauer eingelassen und auf 1,0 m und 1,50 m Länge mit 2 Stück 25 mm starken und minimal 20 cm langen sog. Mauerpratzen oder Dübel mittelst Schrauben befestigt. Fig. 44 zeigt einen solchen Pratzen in größerem Maßstab. Derselbe besteht aus Vierkanteisen, ist vorne mit Gewinde und Mutter versehen und hinten aufgehauen, damit nach dem Eingipsen ein Herausziehen unmöglich ist.

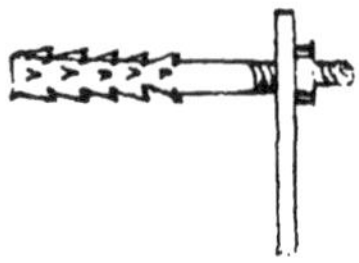

Fig. 44.

Beim Pfeiler *P 2* stoßt eine neue Mauer an. Die Schlauder ist hier auf dem Steinpfeiler dieselbe wie in Fig. 43, erhält aber statt der Mauerpratzen einen gewöhnlichen Schlauderschlüssel, der mit eingemauert wird.

Die Eisenständer *PSt 1* und *2* sind seitlich durch die Träger *P 1, 2, 3, 4,* welche mit denselben verbunden sind, versteift. Die Verbindung nach rückwärts erfolgt durch die Träger *P 8 a* und *10*, welche vorn, wie oben unter Fig. 39 erläutert, mit Träger *P 4* und rückwärts mit den Trägern *P 15* und *26* verschraubt werden. Diese Schraubenlöcher können aber erst an Ort und Stelle nach dem Versetzen der Träger mittels der Ratsche eingebohrt werden, da sie sonst nicht passen. Die Verankerung der mittleren Tragmauer ist ziemlich kompliziert.

Linkseitig steht der Ständer *PSt 4*, welcher mit den Trägern *P 26* und *27* verschraubt ist. Der Ständer ist ein Blechständer. Er ist auf Tafel XVII in Vorder- und Seitenansicht dargestellt. Er hat ungefähr in der Mitte zwischen den beiden Trägern *P 26* und *27* ein Bohrloch, welches natürlich dem im Grundriß des Ständers ersichtlichen **U**-Eisen ausweichen muß. Durch dieses Loch wird eine Rundeisenschlauder geführt, welche durch die ganze Kommunmauer hindurchreicht und am Ständer dann mit einer Schraubenmutter angezogen wird.

Statt eines 60 cm langen Schlauderschlüssels verwendet man in dem Falle besser eine ca. 12—15 cm im Quadrat und 1 cm starke Schmiedeisenplatte, welche man ebenfalls mit Schraubenmutter befestigt. Man beschränkt dadurch die Beschädigung der Mauer im Nachbarhause auf ein Minimum.

Mir kam es vor, daß eine Einführung einer solchen Schlauder vom Nachbar verweigert wurde. Man wende sich in dem Falle an die Baubehörde, welche dann sofort dem betreffenden Nachbar amtlichen Auftrag erteilen wird, die Vornahme der Verankerung zu gestatten.

Auf der rechten Seite der Tragmauer befindet sich zunächst der Ständer *PSt 3*, hinter diesem ein ca. 1 m langes Stück alte Mauer, dann neue Mauer bis zur Grenze.

Die Schlauder hier durch die Mitte des Ständers zu legen ist deshalb nicht ratsam, weil der alte Mauerkörper durchbohrt werden müßte, wodurch derselbe stark Not leiden würde. Wir gehen deshalb seitlich der alten Mauer mit 2 Schlaudern durch, verbinden dieselben mit dem **U**-Eisen des Ständers, schrauben sie mit den Trägern *P23* und *24* zusammen und geben am anderen Ende dieser Träger wieder 2 Schlaudern mit Schlüssel oder Platte, welche wir mit einmauern können.

Die Verschlauderung der Hofumfassungsmauer hat deshalb seine Schwierigkeit, weil auf der Höhe der Decke die Durchführung einer Schlauder nicht möglich ist, da das neue Stiegenhausfenster so angelegt ist, daß dasselbe erst 80 cm über der 13. Stufe beginnt, 1,80 m hoch ist und somit die Deckenhöhe durchschneidet. Es bleibt hier nichts übrig, als die linkseitige Schlauder mit dem Träger *P41* zu verbinden, auf der andern Seite des Trägers *P41* eine Schlauder bis zur Mitte des Pfeilers zu führen, der zwischen dem Abort und Stiegenhausfenster liegt, und hier die Schlauder mit Mauerpratzen wie unter Fig. 44 zu befestigen. Der Träger *P47* wird oberhalb des Fenstersturzes rechtseitig mit einer Schlauder versehen. Die Träger *P47, 48, 49* sind wiederum unter sich mit 2 Schrauben verbunden und somit genügende Festigkeit erreicht.

Eine Verankerung der beiden Eckpfeiler der hinteren Umfassung nach innen ist nicht nötig, so lange der natürliche Mauerverband mit den alten Kommunmauern noch intakt ist.

Als Längsverband verwenden wir dann noch den Träger *P36*. Derselbe ist so wie so schon mit dem Träger *P39* verkuppelt und die Träger *P39*, *40*, *41* unter sich verschraubt. Wir verschrauben den Träger *P36* dann noch mit dem Unterzugsträger *P27*, und somit wäre die Verschlauderung der gesamten Decke beendet. Die Decke über dem I. Stock bleibt zum größten Teil bestehen und ist eine Tramdecke.

Wie aus dem Längenschnitt Tafel X ersichtlich ist, muß aber die bestehende Verschlauderung der vordern und hintern Umfassung entfernt werden; sie wird in folgender Weise erneuert: An der Vorderfront erhalten die auf dem Ständer *P St 2* gestoßenen, aber miteinander verbundenen Träger *I2*, *I5* an jedem Ende eine Schlauder. Die Träger *I7* und *8* werden vorn und hinten mit den Unterzugsträgern verschraubt.

Die Tragmauer wird mittels des Trägers *I10* dadurch verankert, daß letzterer links eine Schlauder erhält, welche durch die Kommunmauer geführt wird, und rechts eine Schlauder angeschraubt wird, die seitlich der alten Tragmauer mittels Mauerpratzen befestigt ist.

Der Träger *I18* ist rückwärts mit Träger *I21* verkuppelt und wird auf der Tragmauer mit dem Unterzug *I12* verschraubt. Eine weitere Verankerung ist hier nicht nötig.

8. Bestimmung der Lieferungs- und Fertigstellungstermine.

Laut Bauvertrag mit dem Bauherrn ist der Beginn der Bauarbeiten auf den 1. April und der Fertigstellungstermin auf 15. September festgestellt worden. Bei Nichteinhaltung des Fertigstellungstermins ist weiter eine vom Baumeister zu leistende Konventionalstrafe von M. 100 pro Tag vereinbart.

Um diesen Termin mit Sicherheit einhalten zu können, ist es unbedingt nötig, schon vor Beginn der Bauarbeiten eine Anzahl Zwischentermine für die hauptsächlichsten und größeren Arbeiten zu bestimmen, die seitens der Bauleitung möglichst genau einzuhalten sind und verhindern sollen, daß nicht in der ersten Zeit mit aller Gemütlichkeit und unzureichendem Personal gearbeitet wird, und zuletzt mit Hochdruck gearbeitet werden muß, um einer Konventionalstrafe zu entgehen. Durch einen überhasteten Betrieb leidet nicht nur die Qualität der Arbeiten, sondern es entstehen dadurch unausbleiblich unvorhergesehene Unkosten durch Überstunden, eventuell sogar Nacht- und Feiertagsarbeit.

Die Bestimmung dieser Zwischentermine ist weiter auch deshalb sehr wichtig, damit bei Verakkordierung der Arbeiten an die verschiedenen Gewerke die einzelnen Fertigstellungstermine richtig bemessen werden können.

Hierbei ist immer der Grundsatz zu beobachten: Lieber die Termine um 14 Tage zu früh als zu spät zu setzen. Unvorhergesehene Arbeiten, ungünstige Witterung, Nachlässigkeit einiger Geschäftsleute sind Faktoren, mit denen man bei jedem Bau rechnen muß.

Die Termine bestimmen wir wie folgt:

Der Abschluß mit dem Bauherrn erfolgte am 3. Jan. l. J.

Nr.	Gegenstand	Bestellungstermin	Beginn der Arbeiten resp. Ablieferungstermin	Fertigstellungstermin
1	Beginn der Bauarbeiten, Herstellung der Bauplanke . . .	—	1. April	—
2	Ausbruch von Fenster und Türen, Wegnahme von Öfen, Herden und Böden	—	2. »	—
3	Unterfangungsarbeiten . . .	—	5. »	20. April
4	Abbolzungsarbeit	—	8. »	28.
5	Eiserne Träger vom I. St. u. Part.	8. März	8. April	20. Mai
6	Eiserne Ständer und Säulen . .	15. »	15. »	15. »
7	Abbruch der Hofumfassungs- und Tragmauer	—	15. »	31. April
8	Aufmauern des Stiegenhauses Souterrain bis IV. Stock . .	—	15. »	15. Mai
9	Abbruch der Vorderfaçade .	—	1. Mai	14. »
10	Steinmetzarbeit.	15. März	10. »	10. Juni
11	Erdaushub des Kellers	—	15. »	31. Mai
12	Mauerwerk im vorderen Trakt .	—	23. »	4. Juni
13	Träger Souterrain	1. Mai	28. »	3. »
14	Betondecken	—	1. Juni	15. »
15	Fenster Rückfaçade . .	20. April	1. »	8. »
16	Kanalisation	15. Mai	1. »	15. »
17	Innerer Verputz und Rohrdecken	—	15. »	8. Juli
18	Schaufenster Vorderfaçade .	25. April	22. »	8. »
19	Stiegen.	27. »	24. »	8. »
20	Blindböden	—	1. Juli	15. »
21	Innere Türen	15. Mai	1. »	12. »
22	Gasbeleuchtung .	20. »	8. Juli	31. Juli
23	Hafnerarbeiten	15. Juni	15. »	6. August
24	Tafelböden und Pflasterer. . .	15. »	15. »	31. Juli
25	Malerarbeiten	1. Juli	27. »	31. August
26	Parkettarbeiten	15.	10. August	31. »

Um derartige Termine nur annähernd richtig zu bestimmen, muß man sehr viel Erfahrung haben, und ist daher immer ratsam, vorher mit allen den Lieferanten, auch mit dem Maurerpolier, Rücksprache zu nehmen.

Wir haben in diesen Terminen den 31. August als Fertigstellungstermin angenommen, trotzdem wir vertragsgemäß erst am 15. September fertig zu sein brauchen, haben daher für oben angeführte unvorhergesehene Fälle 14 Tage Spielraum.

9. Anlage des Baujournales.

Das Baujournal oder Bautagebuch besteht aus einer der Größe des Baues entsprechenden Anzahl zusammengehefteter Bogen aus Kostenvoranschlagpapier.

Es hat den Zweck, alle während der Bauzeit sich ergebenden Änderungen, die von den dem Bauvertrag zugrunde gelegten Aktenbestandteilen, als Plan, Kostenvoranschlag und ev. Baubeschreibung, abweichen, zu fixieren und durch Unterschrift beider Kontrahenten anzuerkennen.

Dadurch, daß hier hauptsächlich alle Mehr- und Minderkosten gleich ziffermäßig bestimmt werden, ist man bei Übergabe des Baues in der angenehmen Lage, daß das Endresultat der Gesamtabrechnung bereits unbestritten vorliegt.

Es ist bei sorgfältiger Instandhaltung des Baujournales nicht möglich, daß Auftragserteilungen seitens des Bauherrn, die gewöhnlich von kurzer Hand auf mündlichem Wege stattfinden, in Vergessenheit geraten können. Es wird dadurch fast jeder Streit vermieden. Jeder Bauherr wird sich vor Baubeginn eine Maximalsumme bestimmt haben, die er nicht überschreiten darf, ohne die Rentabilität seines Hauses in Frage zu stellen.

Durch das Baujournal ist er jederzeit in der Lage zu ersehen, ob er angesichts dieser fixierten Maximalsumme noch in der Lage ist, sich Verbesserungen oder Verschönerungen, die Mehrkosten verursachen, zu gestatten.

Dadurch, daß bereits in dem Bauvertrag auf dieses Baujournal hingewiesen wurde, haben beide Vertragsteile nicht nur das Recht, sondern auch die Verpflichtung, vor Inangriffnahme solcher Änderungen den Preis derselben festzustellen.

In nachstehendem füge ich das Schema und verschiedene Beispiele an, die in das Baujournal eingetragen werden müssen.

Baujournal

für den Umbau im Hause des Herrn N. N., Hauptstraße Nr. 12, München.

Pos. Nr.	Gegenstand	Masse	Preis ℳ	Preis ₰	Betrag ℳ	Betrag ₰
1	Laut Bauvertrag vom .... wurde der Umbau des Hauses Hauptstraße Nr. 12 zu der Pauschal-Akkordsumme von . . . . übernommen.				45000	—
2	Bei genauer Untersuchung des Bauzustandes behufs Anfertigung der Werkpläne zeigte es sich, daß diejenigen Mauerbestandteile, welche die Trägerauflager der großen Öffnung in der mittleren Tragmauer bilden sollen, derart schlechte Beschaffenheit haben, daß sie einen solch großen konzentrierten Druck nicht aufnehmen können und zur Aufstellung von zwei schmiedeisernen Wandständern nötigen. Laut § 2 des Bauvertrages sind derartige konstruktive Teile vom Bauherrn extra zu vergüten und					

Pos. Nr.	Gegenstand	Masse	Preis ℳ	Preis ₰	Betrag ℳ	Betrag ₰
	dem nach Diverse im Voranschlag eingesetzten Reservefond zu entnehmen. Die Mehrkosten betragen hierfür:					
	1 schmiedeiserner Wandständer vom Fußboden Souterrain bis Decke I. Stock samt Zufuhr und Grundanstrich	1 St.	210	—	210	—
	Versetzen desselben . .	1 St.	12	—	12	—
	Fundierung:	cbm				
	Erdaushub samt Abfuhr . .	2,0	2	65	5	30
	Portland-Stampfbeton	1,60	16	50	26	40
	Trägereinlagen . . . 100 kg	1,64	15	50	25	42
	Abhauen und Verschraubung derselben ein Pauschale von				3	—
	Verkleidung des Ständers mit Rabitzputz	qm 4,50	5	50	24	75
	1 schmiedeiserner Wandständer vom Parterrefußboden bis Unterkante-Decke I. Stock samt Zufuhr und Grundierung .	1 St.	165	—	165	—
	Versetzen desselben	1 St.	10	—	10	—
	Fundierung auf der Souterrainmauer samt Trägerunterlagen und Unterlagplatten, ein Pauschale von				31	50
	Verkleidung des Ständers mit Rabitzputz	qm 3,70	5	50	20	35
	Summa Mehrarbeiten				533	72
	Die Minderkosten betragen:					
	Ausbruch von Schienenauflagern					
	für 3 Schienen	2 St.	5	10	10	20
	für 2 Schienen	2 St.	3	50	7	—
	Zu übertragen				17	20

Pos. Nr.	Gegenstand	Masse	Preis ℳ	Preis ₰	Betrag ℳ	Betrag ₰
	Übertrag				17	20
	Unterlagplatten	2 St.	4	—	8	—
		2 »	3	50	7	—
	Versetzen derselben	4 »	—	50	2	—
	Summa Minderarbeit				34	20
	Diese Summa von Summa der Mehrarbeiten in Abzug gebracht, verbleibt Rest der Mehrarbeiten von				499	50
	Hierzu Summa Pos. 1 der gesamten Akkordsumma mit . .				45 000	—
	Gibt den Stand der heutigen Pauschalakkordsumma mit . .				45 499	50
	München, den gez. Bauherr » Baugeschäft					
3	Im Hausgang und Stiegenhaus Parterre ist im Kostenvoranschlag Pflasterung mit uni Saargemündner Tonplatten angenommen. Es soll hier Pflasterung mit Mettlacher Platten Dessin Nr. 34 und Fondplatten Dessin Nr. 18 ausgeführt werden. Die Mehrkosten betragen:	qm				
	Pflasterung mit Mettlacher Platten	12,48	8	50	160	08
	Zuschlag für die Bordüre lfd. m	22,0	3	40	74	80
	Summa Mehrarbeiten				234	88
	Hierzu zuletzt fixierte Pauschalakkordsumma vom .... mit				45 499	50
	Demnach Stand der heutigen Pauschalakkordsumma . .				45 734	38
	München, den .... gez. Bauherr » Baugeschäft					

Pos. Nr.	Gegenstand	Masse	Preis M	Preis Pf	Betrag M	Betrag Pf
4	Die Decken der drei vorderen Zimmer im II. Stock sind laut Voranschlag neu zu malen und ist hierfür eine reiche Deckenmalerei vorgesehen. Statt dieser Malerei sollen dieselben mit profiliertem Deckengesims, anstoßender Zierleiste und weißem Spiegel versehen werden. Mehr- oder Minderkosten entstehen hierdurch nicht. München, den gez. Bauherr » Baugeschäft					
5	Durch die sehr ungünstigen Witterungsverhältnisse ging das Austrocknen der neuen Mauern und Decken sehr langsam vonstatten und erscheint es deshalb ratsam, den Termin für Beginn der Malerarbeiten um 14 Tage hinauszuschieben, was aber bedingt, den vertragsgemäßen Fertigstellungßtermin vom 15. September auf den 1. Oktober zu verlegen. Mehr- oder Minderkosten erwachsen hierdurch nicht. Die festgesetzte Konventionalstrafe von M. 100 pro Tag bei nicht rechtzeitiger Fertigstellung kann deshalb nur dann verlangt werden, wenn sich der Fertigstellungstermin über den 1. Oktober 1903 hinauszieht. München, den .... gez. Bauherr » Baugeschäft					

Protokoll.

Heute am 30. September 1903 erschienen in dem neuumgebauten Hause des Herrn N. N., Hauptstraße Nr. 12:

1. Der Bauherr Herr N. N.
2. Der Baumeister Herr N. N.
3. Der Bauführer des Baugeschäftes Herr N. N.

Das Haus wurde in allen seinen Teilen begangen und besichtigt, und wird hiermit konstatiert:

1. Daß der Fertigstellungstermin, welcher laut Pos. 5 dieses Baujournals auf den 1. Oktober 1903 festgestellt wurde, pünktlich eingehalten ist.
2. Daß alles vertragsgemäß solid und gut ausgeführt wurde, jedoch noch ausbedungen wird, daß das polierte Stiegengeländer innerhalb 3 Tagen nochmals nachpoliert wird, schließlich das Klosett im III. Stock, welches beschädigt ist, ebenfalls innerhalb 3 Tagen durch ein neues ersetzt wird. Irgendwelchen Einfluß auf den Vollendungstermin haben die beiden letztgenannten Nacharbeiten nicht.
3. Daß die unter Pos. 3 dieses Baujournals zuletzt fixierte Pauschalakkordsumme von M. 45734.38 . . als Schlußabrechnungssumme anerkannt wird und keinerlei Leistungen seitens des Bauherrn, aber auch keinerlei Nachforderung seitens des Unternehmers mehr verlangt werden.

Die vertragsgemäß festgestellte Kautionsfrist von 1 Jahr wird zufolge der heute erfolgten Übergabe des Hauses an den Bauherrn auf 30. September 1904 festgesetzt.

Zur rechtsverbindlichen Anerkennung.

München, den

gez. der Bauherr und Auftraggeber.
» der Baumeister und Übernehmer.
» der Bauführer N. N.

10. Aufstellung der Lieferungsverträge.

Ein Lieferungsvertrag dient dazu, um sowohl dem Auftraggeber als auch dem Lieferanten diejenigen Rechte zu sichern, die beide Teile nötig haben, um unter geordneten Verhältnissen ein Geschäft zufriedenstellend abzuwickeln. Jeder wirklich solide Geschäftsmann wird auch ohne Vertrag eine übernommene Arbeit in dem Sinne herstellen, daß beiderseitige Zufriedenheit erzielt wird. Ein altes Sprichwort aber heißt nicht mit Unrecht: Gute Verträge erhalten die Freundschaft; durch langjährige Praxis überzeugt man sich nach und nach, daß es ratsam ist, gar kein nur einigermaßen belangreiches Geschäft ohne Lieferungsvertrag abzuschließen. Abgesehen von gewissenlosen Geschäftsleuten, deren Hauptzweck ist, für sich, auch unter Zuhilfenahme sehr bedenklicher Mittel und Wege, möglichst viel Gewinn herauszuschlagen, kommen auch bei dem solidesten Geschäft hier und da Unregelmäßigkeiten vor, die die Qualität der Arbeiten beeinträchtigen müssen.

Bei Staatsbauten oder städtischen Bauausführungen werden diese Lieferungsverträge selbstverständlich sehr gründlich und ins kleinste Detail eingehend behandelt, werden aber dadurch so umfangreich, daß es faktisch mitunter eines eigenen Studiums bedarf, um sich alle die Bedingungen einzuprägen. Die Folge davon ist, daß viele Geschäftsleute sich gar nicht die Mühe nehmen, ein so voluminöses Schriftstück durchzulesen.

Für den Privatmann genügt es, in möglichster Kürze und Gedrängtheit in einem Lieferungsvertrag alle die Hauptbedingungen anzuführen, die es ermöglichen, Garantie dafür zu haben, daß man eine gute, tadellose Arbeit bekommt und zur rechten Zeit fertig wird. Hierbei ist natürlich eine zweckdienliche und geschickte Fassung des Vertrages die Hauptsache.

In nachstehendem soll versucht werden, das Schema eines solchen Vertrages aufzustellen, das von § 1 bis inkl. 7 zu allen beim Hochbau vorkommenden Arbeiten verwendet werden kann.

Es folgen dann hieran anschließend noch die wichtigsten Spezialbedingungen für die einzelnen Gewerke.

Bei der Vergebung derjenigen Bauarbeiten, die man nicht in eigener Regie selbst fertigt, ist es ungemein vorteilhaft, dasselbe Prinzip, wie es staatliche und städtische Behörden fast ausschließlich verfolgen, zu wählen, nämlich das Submissionsverfahren. Es geht nun wohl nicht gut an, in einem Baugeschäft öffentliche Submission auszuschreiben, aber jedenfalls ist es ratsam, einige gute Firmen zur Abgabe von Preisen und Lieferterminen einzuladen. Viele Bauherren verschmähen es nicht, sich von einigen Baugeschäften Voranschläge machen zu lassen. Man wird wenig Bauherren finden, welche die ihnen zuerst präsentierte Bausumme ohne weiteres akzeptieren; um so mehr ist auch der Baumeister berechtigt, seine materiellen Interessen zu wahren.

Bau

Lieferungsvertrag.

Zwischen dem Baugeschäft
in München und dem Lieferanten Herrn Steinmetzmeister N. N. in .... wird am Heutigen nachstehender rechtsverbindliche Vertrag abgeschlossen.

§ 1.

Herr
übernimmt heute die
(Bezeichnung der Arbeit oder der Materiallieferung) zu oben angeführtem Bau und verpflichtet sich, nur Arbeiten oder Materialien zu liefern, die in jeder Beziehung tadellos und mustergültig sind.

Arbeiten oder Lieferungen, die diesen Anforderungen nicht entsprechen, werden von dem Auftraggeber oder dessen Vertreter von der Annahme zurückgewiesen, oder müssen, wenn sie auch schon abgeliefert oder befestigt sind, wieder zurückgenommen und entfernt werden.

Entsteht hierdurch Aufenthalt in dem Fortgang der Bauarbeiten, so hat die hierdurch allenfalls anfallenden Unkosten der Lieferant zu tragen.

§ 2.

Für den Beginn und die Fertigstellung der Lieferung werden folgende Termine eingesetzt:

Beginn der Arbeit oder Lieferung: (Datum).

Fertigstellungstermin: (Datum).

Unter diesen Terminen ist stets die Ablieferung und fix und fertig am Bau angebrachte Arbeit oder Lieferung zu verstehen.

Für jeden Tag, um den diese Termine vom Lieferanten überschritten werden, zahlt derselbe, gleichviel ob der Auftraggeber einen finanziellen Schaden nachweisen kann oder nicht, eine Konventionalstrafe von M.

§ 3.

Alle Maße zu den betreffenden Arbeiten, auch wenn dieselben auf den ihm übergebenen Plänen ersichtlich sind, sind vom Lieferanten am Bau einzuholen resp. zu kontrollieren. Es sind deshalb alle nicht genau passenden Arbeiten unentgeltlich von ihm durch neue zu ersetzen. Anstückelungen werden zurückgewiesen. Übergebene Pläne sind am Schluß des Baues dem Auftraggeber zurückzustellen.

§ 4.

Der Auftraggeber hat das Recht, sich in den betreffenden Werkstätten von dem Fortgang der Arbeiten zu überzeugen. Kommt er dadurch zu der Erkenntnis, daß der Lieferant nicht in der Lage ist, seinen Verpflichtungen nachzukommen, steht ihm das Recht zu, den abgeschlossenen Vertrag aufzuheben und den Rest der Arbeiten anderweitig zu vergeben. Etwa hierdurch verursachte Mehr- oder Unkosten hat der Lieferant zu tragen. Sog. Regiearbeiten dürfen nur dann ausgeführt werden, wenn hierzu schriftlicher Auftrag vom Auftraggeber oder dessen Vertreter vorliegt. Es werden nur solche Rechnungen anerkannt, deren Ausmaße gemeinschaftlich mit dem Bauführer an der Baustelle festgestellt wurden.

§ 5.

Vom Auftraggeber hergestellte Gerüste dürfen unentgeltlich benützt werden, jedoch hat dieselben der Lieferant für seine Zwecke auf ihre Tragfähigkeit zu prüfen und etwa nötige Ergänzungen oder Neuherstellungen auf seine Kosten vorzunehmen. Er übernimmt für alle von ihm und seinem Personal benützten Rüstungen die zivil- und strafrechtliche Haftung.

§ 6.

Die Zahlungsbedingungen sind folgende: Abschlagszahlungen bis zur Höhe von 75% werden nur auf solche Arbeiten und Lieferungen gegeben, die am Bau vom Bauführer übernommen sind. 15% des Wertes dieser Arbeiten werden nach 3 Monaten gezahlt. 10% bleiben als Kaution so lange stehen, bis die vom Auftraggeber dem Bauherrn gegenüber übernommene Garantiezeit abläuft.

Alle in dieser Garantiezeit sich zeigenden Mängel, welche durch nicht geeignetes Material oder schlechte Arbeit verursacht sind, müssen vom Lieferanten sofort unentgeltlich beseitigt werden, widrigenfalls dem Auftraggeber das Recht zusteht, derartige Arbeiten anderweitig auf Kosten des Unternehmers vornehmen zu lassen.

Zahlungen jeder Art werden nur nach 8tägiger Vormerkung Samstags von 2 bis 6 Uhr geleistet.

§ 7.

Von sämtlichen vorstehenden Bedingungen samt den am Schlusse dieses Vertrages noch beigefügten Spezialbedingungen hat der Lieferant Einsicht genommen und erkennt dieselben ausnahmslos an.

§ 8.

Die für die Lieferung vereinbarten $\frac{\text{Einheits}}{\text{Pauschal}}$-Preise sind folgende:

Pos. Nr.	Anzahl	Gegenstand	Preis ℳ	₰
1	1	cbm Granitpfeiler der Vorderfaçade in Hauzenberger Granit nach Zeichnung und gegebenen Maßen herzustellen und zu versetzen; 2 Ansichtseiten sind abgekröpft und fein gestockt, 2 Seiten rauh gespitzt anzufertigen. Sämtliche Quaderstücke sind oben und unten sauber abzulagern à	175	—
2	1	cbm Pfeiler der Vorderfaçade in Muschelkalk genau nach gegebener Zeichnung herzustellen und zu versetzen. Die beiden Vorderansichten der Eckpfeiler sind abzukröpfen und fein abzustocken; die beiden Seitenansichten ebenfalls fein abzustocken; die rückwärtigen Flächen und eine Seitenansicht, die eingemauert wird, fein abzuspitzen. Alle Steine sind unten und oben sauber abzulagern . . . . à	180	—
3	1	cbm Pfeiler wie vor, jedoch statt 2: 3 Seiten fein abzustocken . . . . à	185	—
4	1	cbm Abschlußgesims in Kehlheimer Kalkstein sauber nach Zeichnung zu profilieren, fein abzustocken und zu versetzen . . . . à	200	—
5	1	lfd. m Granitvorlagstufe, 18/35 cm, fein abzustocken, mit einfachem Profil und beiderseitigen, glatten Stirnseiten zu versehen und zu versetzen . . à	16	—
6	1	lfd. m Granitvierungen der Lichtschachte, 15 cm hoch und 25 cm breit, auf 2 Seiten sauber gestockt, die 3. Seite rauh mit sauberem Schlag versehen, samt Versetzen . . . . . à	7	—

Spezialbedingungen.

Herr Steinmetzmeister N. N. haftet zivil- und strafrechtlich für die Tragfähigkeit sämtlicher Pfeiler. Pfeiler *P 1* ist belastet im I. Stock mit 6, Parterre mit 7 kg pro qcm. Pfeiler *P 2* ist im I. Stock mit 9 kg, im Parterre mit 10 kg, Pfeiler *P 3* im I. Stock mit 4, im Parterre mit 5 kg pro qcm belastet.

(Wir sehen, daß in unserm Fall kaum nötig gewesen wäre, die Belastung anzugeben, da ja schon jedes Mauerwerk tragfähig genug wäre; sobald aber die Belastung eine größere ist, ist diese Belastungsangabe von größter Wichtigkeit.)

Die Granitpfeiler sollen in der Ansicht eine gleichmäßig blaue Farbe haben.

Der Muschelkalk soll lassenfrei*) und möglichst gleichfarbig sein.

Die Pfeiler sollen auf Pappendeckelstreifen versetzt werden, welche 2 cm von außen zurückgesetzt werden.

Die Lager- und Stoßfugen sollen nicht über 5 mm stark sein und werden mit Portland-Zement ausgegossen.

Im Preise inbegriffen sind: Zufuhr, Versetzen samt allen Rüstungen, alles Material und alle Arbeit, die zur Herstellung und zum Versetzen der Arbeit nötig sind.

Nach der Fertigstellung sind alle Façaden und sichtbaren Flächen sauber zu reinigen und, wenn nötig, nachzuarbeiten.

Als Ausmaße gelten die äußersten größten Dimensionen der einzelnen Werkstücke.

München, den 1903.

Baugeschäft ....

N. N., Steinmetzmeister.

---

*) lassenfrei heißt frei von Hohlräumen

Weitere Spezialbedingungen für abzuschließende Lieferungsverträge.

1. Für Pflasterungsarbeiten.

Die zu verwendenden Pflasterplatten müssen hellen Klang haben, die Kanten dürfen nicht verstoßen und beschädigt, die Oberfläche muß vollständig eben sein, so daß beim Verlegen keinerlei Vorsprünge entstehen. Nach dem Verlegen ist das Pflaster durch Aufstreuen von Sägmehl und Abdeckung mit am Bau vorhandenen Brettern zu schützen.

2. Für Zimmermannsarbeiten.

Alles zu verwendende Holzmaterial muß vollkommen lufttrocken sein.

Baumkanten an Tram- und Dachstuhlholz dürfen diagonal gemessen nicht über 3 cm breit sein. Geworfene und windschiefe Bretter, sowie solche mit durchfallenden Ästen, dürfen keine Verwendung finden.

Alle Holz- und Bretterstärken müssen den im Preisverzeichnisse angegebenen Maßen entsprechen.

Gehobelte Waren sind sauber zu hobeln und rechtwinklig abzurichten.

Bei Tram- und Dachstuhlholz werden die Zapfen mitgemessen. Fehlböden werden ohne Abzug der Trame, alle andern Bretterwaren nach dem wirklichen Maß der verlegten und befestigten Waren gemessen.

3. Für Schreinerarbeiten.

Fensterrahmen und Türfriese sollen aus ganz astfreiem Holze gefertigt sein.

Alles zu verwendende Holz muß absolut lufttrocken sein und ohne durchfallende Äste. Fensterbretter über 15 cm Breite erhalten durchweg unten Einschubleisten.

Windschiefe Fensterrahmen und Türen werden unter allen Umständen ausgemustert.

4. Für Schlosserarbeiten.

Alle Beschädigungen an Fenstern und Türen, die durch das Anschlagen gemacht werden, werden auf Kosten des Schlossermeisters repariert.

Für Schlösser, Drücker und Fensterbeschläge sind vor Beginn der Arbeit Muster vorzulegen. Für Arbeiten, die nach Gewicht geliefert werden, ist ein amtlicher Wagschein beizubringen, wenn dieselben nicht am Bau durch den Bauführer nachgewogen werden können.

Für Regiearbeiten jeder Art, Werkzeugschärfen etc. ist ein Buch anzulegen, in dem die Sachen eingetragen werden und der Empfang vom Bauführer bestätigt wird.

Das Aufgehen der Türen, ob rechts oder links, wird von der Bauführung bestimmt.

Vor Übergabe der Arbeiten an den Bauherrn sind alle Beschlägarbeiten von Schmutz und Farbe zu reinigen und einzuölen.

5. Für Glaserarbeiten.

Mit dem Einglasen darf erst begonnen werden, wenn die Kittfalze grundiert und getrocknet sind.

Sämtliche Scheiben sind im Falz in Kitt zu legen, so daß von außen absolut keine Fugen entstehen.

Spiegelscheiben der Ladenfenster müssen auf Holzklötzchen oder Pappendeckel gesetzt werden und dürfen nur so weit eingespannt werden, daß ein Springen der Scheiben unmöglich ist, da der Akkordant hierfür die volle Garantie zu übernehmen hat.

Spiegelscheiben müssen durchaus kristallhell und blasenfrei sein.

6. Für Anstreicherarbeiten.

Alle Pechgallen müssen gründlich ausgebrannt und mit Leimgips verkittet werden.

Sämtliche Anstriche müssen so beschaffen sein, daß in längstens 14 Tagen bis drei Wochen ein sog. Picken durch Aufdrücken der Hand nicht mehr stattfindet.

Alle Fischbänder, Türfallen und Schloßriegel müssen nach Fertigstellung der Arbeit gründlich von Farbe befreit sein.

7. Für Walz- und Gußeisenwaren.

Alle Walzeisen müssen kerzengrad sein und keine Abbiegungen von Flanschen oder Stegen zeigen. Sämtliche Träger müssen nach Vorschrift gut ersichtlich mit Ölfarbe bezeichnet und numeriert sein.

Für Gußsäulen, die nach Zeichnung zu liefern sind, hat der Akkordant die Wandstärken selbst zu bestimmen. Die aufzunehmenden Belastungen werden ihm von der Bauführung angegeben und haftet der Akkordant zivil- und strafrechtlich für die absolute Tragfähigkeit der Säulen.

8. Für Parkettarbeiten.

Sämtliche Riemen- oder Parkettböden sind so zu verlegen, daß die Friese minimal 2 cm frei von der Mauer liegen. Dieselben werden bis zur Fertigstellung des Bodens verkeilt und die Keile werden nach Fertigstellung des Bodens entfernt. Alle Konsequenzen bei Außerachtlassung dieser Vorschrift treffen den Akkordanten.

Die einzelnen Riemen oder Parketten müssen unbedingt gleichfarbig sein.

Nach Fertigstellung der Böden sind dieselben mit vorhandenem Sägmehl zu bestreuen und mit vorhandenen Brettern abzudecken.

9. Für Spenglerarbeiten.

Bei den zu verwendenden Blechtafeln muß die Fabriknummer resp. Blechstärkennummer ersichtlich sein. Dachrinnen und Abfallrohre müssen außer der Lötung mit Kupfernieten vernietet werden. Alle Falzungen müssen bruchfrei sein. Falze und Überlötungen werden nicht mitgemessen. Abfallrohre, die durch Mauern oder Gesimse geführt werden müssen, erhalten Isolierhülsen aus Zinkblech, die aber nicht extra vergütet werden.

10. Für Hafnerarbeiten.

Für Kachelöfen sind vor Beginn der Arbeiten Muster für Kacheln und Eisenteile vorzulegen. Die Stellung der Öfen und Herde wird von der Bauführung genau bestimmt, ebenso der zu jeder Feuerung bestimmte Kamin. Kachelöfen sind gehörig mit Drahtklammern zu verbinden und innen gut zu verstreichen. Jedes Ofen- oder Herdrohr erhält eine Kaminhülse mit Messingring und die genügende Anzahl Putzöffnungen.

Nach Fertigstellung der Arbeiten sind sämtliche Öfen und Herde sauber zu putzen und die Eisenteile mit Graphit zu schwärzen.

11. Für Klosettarbeiten.

Die Klosettfallröhren sind mit Rohrschellen zu befestigen und die Dichtungen mit Diamantkitt herzustellen. Für die zu verwendenden Klosetts sind Muster vorzuzeigen. Die zu verwendenden Gummimanschetten dürfen nicht alt und brüchig, sondern sollen elastisch sein. Die Wasserreserven sind mit Vorrichtungen zu versehen, die es ermöglichen, im Winter die Wasserspülung zu regulieren.

12. Für Wasser-Zu- und -Ableitung.

Alle Rohrleitungen haben den behördlichen Vorschriften zu entsprechen und werden nach Fertigstellung in Gegenwart des Bauführers mittels hydraulischer Presse auf ihre Dichtigkeit geprüft. Es sind diverse Absperrhähne mit Entleerungsventilen anzubringen, um die Leitungen auch teilweise absperren zu können. Alle Rohrleitungen der Wasserleitung sollen tunlichst freigelegt werden. Mauerdurchbrüche dürfen nur mit Genehmigung des Bauführers gemacht werden. Die Kanalisationsrohre sind in fetten Ton zu verlegen und vorsichtig einzufüllen. Sie müssen betreffs Weite, Material und Anlage ebenfalls allen behördlichen Anforderungen entsprechen. Die Ausmaße der Leitungen sind vor dem Einfüllen in Gemeinschaft mit dem Bauführer zu nehmen.

13. Für Gasbeleuchtung.

Sämtliche Rohrleitungen sind in schmiedeisernen Rohren freiliegend herzustellen. Die Leitungsröhren müssen so weit sein, daß sie nicht nur für die Gaszufuhr der momentan benötigten Flammen, sondern auch noch bei einer Vermehrung der Flammen um 25 % genügen. Die Prüfung auf Dichtigkeit ist von den behördlichen Organen vornehmen zu lassen und hierüber dem Auftraggeber ein Attest vorzulegen. Für die Beleuchtungskörper sind entsprechende Muster vorzulegen. Für jede zahlende Partei ist ein separater, entsprechend großer Gasometer zu stellen.

II. Anschaffung der diversen Baubestandteile und Bauarbeiten.

Allgemeines.

Hauptbedingung einer guten und rationellen Bauführung ist die rechtzeitige Bestellung aller zum Bau gehörigen Materialien und Bauarbeiten. Statt »rechtzeitige« soll man eigentlich »möglichst frühzeitige« Bestellung sagen. Je länger ein Geschäftsmann Zeit zur Anfertigung der Arbeiten hat, je billiger und auch solider kann er die Arbeit machen. Jede Hetzarbeit wird teuer und schlecht. Die Gründe dafür sind: Vielfach ist das geeignetste Material in zu kurzer Frist schwierig zu beschaffen; eine Arbeit mit altem, geschultem Personal fällt immer besser aus, als wenn der Geschäftsmann genötigt ist, wegen Kürze der Lieferfrist neue, zweifelhafte Hilfsarbeiter einzustellen. Tüchtige erprobte Geschäftsleute sind meist stark beschäftigt und brauchen mehr Zeit als einer, der schon auf Arbeit wartet;

deshalb ist jedem Bauführer zu raten, von Anfang an sehr fleißig zu sein, durch möglichst frühzeitige Bestellung wird viel Ärger, Verdruß und auch Geld gespart.

a) Maurerarbeiten.

Zu den Maurerarbeiten werden benötigt: 1. Backsteine, 2. Mauersand, 3. Schweißsand, 4. Betonmaterial, 5. Zement, 6. Kalk, 7. Gips, 8. Deckenschalbretter, 9. Rohrmatten, 10. Rabitzgewebe, 11. Nägel aller Sorten, 12. eiserne und hölzerne Keile.

Um den Bedarf an Ziegelsteinen zu bestellen, ist es nötig, zuerst zu rechnen, wie viel man braucht. Zu 1 cbm Mauerwerk von Münchner altem Format 28/14/6 cm benötigt man inkl. Bruch 270 Steine, Reichsformat ca. 320—50 mit unserm groben Sand. In unserm Projekt ist altes Format gerechnet, da wir ja das alte Material mit verwenden wollen. Aus 1 cbm Abbruchmauerwerk darf man höchstens, je nach der Beschaffenheit des Mauerwerks, 130—160 verwendbares Steinmaterial rechnen. Das Kubikmaß neuen Mauerwerks, multipliziert mit 270 und abzüglich der zu gewinnenden alten Steine, gibt uns dann den Steinbedarf. Mit dem Steinlieferanten soll man immer einen kurzen Vertrag abschließen, wozu sich allerdings unser schon früher detaillierter Lieferungsvertrag nicht eignet. Er ist hier aus nachstehenden Gründen um so mehr nötig. Unser Lagerplatz, der ja lediglich aus dem Streifen Trottoir besteht, der auf die Länge des Hauses angrenzt, ist so arg beschränkt, daß man mit der Anfuhr von Vorrat gar nicht rechnen kann. Es ist also nötig, den Steinlieferanten genau an Zeit und an das Quantum zu binden, was er jeden Tag liefern muß, damit nicht etwa wegen Steinmangel die Arbeit eingestellt werden muß. Wir haben früher unter 8. die Lieferungs- und Fertigstellungstermine sehr genau fixiert, woraus gut zu ersehen ist, in welcher Zeit wir das Steinmaterial benötigen, und dementsprechend schließen wir den Vertrag ab. Nachstehend der Steinlieferungsvertrag:

Steinlieferungsvertrag.

Zwischen dem Baugeschäft N. N. und Herrn Ziegeleibesitzer N. N. wird am Heutigen nachstehender Lieferungsvertrag abgeschlossen:

§ 1.

Herr Ziegeleibesitzer N. N. übernimmt die Lieferung von .... Tausend Ziegelsteinen (Münchner Format) zum Bau .... Straße Nr. zu dem Preise von .... Mk. loco Baustelle.

§ 2.

Das Material muß gut durchgebrannt sein, so daß jeder Stein hell im Klang ist, darf weder rissig sein noch sog. Steingallen haben, muß vollkantig und grad sein. Steine, die diesen Anforderungen nicht entsprechen, werden ausgemustert und vom Akkordanten ohne Widerrede und jedwede Entschädigung zurückgenommen, widrigenfalls es dem Auftraggeber zusteht, das Material auf seine Kosten von der Baustelle zu entfernen.

§ 3.

Die Zahlungsbedingungen werden wie folgt bestimmt:

§ 4.

Die Lieferungstermine sind folgende:

Es sind zu liefern: Vom .... (Datum) bis .... pro Tag Tausend Stück, nach vorhergegangener 4tägiger Avisierung. Sollten diese Termine nicht eingehalten werden, so daß die Maurerarbeiten unterbrochen werden müßten, steht dem Baugeschäft N. N. das Recht zu, sich um jeden Preis anderweitig Steinmaterial zu beschaffen. Eventuelle Mehrkosten hat Herr N. N. zu tragen.

§ 5.

Herr Ziegeleibesitzer N. N. haftet ausdrücklich dafür, daß das am Bau eintreffende Steinquantum mit den beigefügten Lieferscheinen übereinstimmt.

München, den ....

Der Lieferant: Der Besteller:

Die Bestellung von Zement erfolgt am billigsten waggonweise. Hierzu ist aber je nach Entfernung des Zementwerkes 8—14 tägige Vorausbestellung nötig.

Alle anderen Materialien sind gewöhnlich bei den Lieferanten genügend auf Lager.

b) Steinmetzarbeiten.

Diese Arbeiten können gar nicht früh genug bestellt werden. Bei halbwegs umfangreichem Bedarf wird man selten das nötige Rohmaterial auf Lager finden. Hauptsächlich in der schlechten Jahreszeit muß damit gerechnet werden, ob der Bruch und der Transport aus dem Bruch zur Bahn der Witterung wegen überhaupt möglich ist. Sofort nach Bauauftrag ziehe man deshalb Erkundigungen bei dem betreffenden Steinmetzmeister ein, welchen Zeitraum er bei Vermeidung einer Konventionalstrafe benötigt vom Tage der Auftragserteilung bis zum Übergabstermine. Dazu gebe man mindestens noch einen Spielraum von vier Wochen.

Letzterer Passus gilt eigentlich für alle später angeführten Gewerke.

Die Bestellung der Steinmetzarbeiten erfordert ziemlich viel Aufmerksamkeit und muß sehr sorgfältig gemacht werden.

Es müssen zu dem Zweck eigene Werkpläne (Tafel XIV und XV), der Deutlichkeit halber möglichst im Maßstabe 1 : 20, angefertigt werden, aus denen folgendes ersichtlich ist:

1. Jede Schichte oder auch Stein, der in Maß oder Zeichnung abweichend vom andern ist, muß in Grundriß, Ansicht und Schnitt eigens dargestellt und so genau kotiert werden, daß jeder Uneingeweihte in der Lage ist, den Stein richtig bearbeiten zu können.

2. Für alle Profilierungen sind Details in Naturgröße beizugeben, wie solche in unseren Plänen (Tafel XIV und XV) mit starken roten Strichen und den Bezeichnungen I, II, III, IV in den Ansichten angegeben sind. Die Details selbst sind jedoch des großen Umfangs halber unserm Werk nicht beigefügt.

3. In den Ansichten sind mit roten Linien deutlich die Fugenteilungen einzuzeichnen, und zwar so, daß die Linien nach der Seite fallen, wo die Fuge wegzunehmen ist. Diese Fugen, die gewöhnlich 4—6 mm stark sind, werden bei der Kotierung nicht in Abzug gebracht, das ist die Sache des Steinmetzmeisters. Durch diese Fugen wird die Größe der Werkstücke bestimmt, die im allgemeinen der Größe der Pfeiler und Schichten, dann auch dem Material angepaßt sein müssen. Hierbei ist zu bemerken, daß kleinere Ausmaße immer leichter zu beschaffen sind als größere, und auch zumeist der Preis dadurch beeinflußt wird.

4. Wird verschiedenes Steinmaterial verwendet, wie in unserm Fall, so mache man dies durch Farben gut deutlich sichtbar.

5. In den Werkplänen muß noch folgendes eingezeichnet sein:

a) Die Bauflucht, welche der Steinmetz zum Versetzen nötig hat,
b) die Wagrisse der verschiedenen Etagen,
c) die Numerierung jedes einzelnen Werkstückes, und schließlich
d) die Maueranschlüsse, da man, soweit die Werkstücke eingemauert werden, sich mit der Belassung der Bruchflächen begnügen kann.

6. Besonderes Augenmerk ist auf das Eingreifen und Auflagern der Träger zu richten. Alle die hierzu nötigen Löcher und Kröpfe sollen fix und fertig zur Baustelle kommen, sonst gibt es ungeheuren Aufenthalt beim Versetzen, abgesehen davon, daß solche Arbeiten am Bau von jedem Steinmetz nur auf Regie gemacht werden.

Die Auflageflächen für Träger müssen selbstredend sehr genau stimmen, was aber die sonstigen Dimensionen der Löcher anbetrifft, gibt man immer nach der Tiefe, Seite und Höhe 2—4 cm Spielraum, da sonst beim Versetzen der Träger die Werkstücke leicht im Verband gelockert werden.

Es kommen auch Fälle vor, wie in unsern Werkstücken *P2e* und *P3e* ersichtlich ist. Der vordere kleine Träger Nr. 12 hat beiderseitig Auflager in Haustein. Um den Träger versetzen zu können, muß er entweder mit den Werkstücken versetzt werden, oder eines der Auflagelöcher hier in *P3e* muß so tief sein, daß ein Versetzen des Trägers möglich wird.

7. In verschiedenen Fällen ist nicht möglich, die entsprechenden Maße im Plan zu bestimmen, sondern sie können nur durch Auftragen der Werkstücke in natura ermittelt werden. In unsern beiden Werkplänen sind derartige Fälle durch Fragezeichen kenntlich gemacht. Hierher gehören: *I1c*, *I2c*, *I2d*, *I3c*, *I3d*. Ebenso können die oberen Maße der keilförmigen Sturzstücke *I1e—k* und *I2f* nur durch Auftragen in natura bestimmt werden. Für die Werkstücke der Pfeiler *P2* und *P3* sind linkseitige Ansichten nicht gezeichnet. *P2* links ist in der Ansicht das Spiegelbild des Pfeilers *P1* rechts und *P3* das des Pfeilers *P2* rechts.

Alles von Post 1—7 hier Erwähnte ist in unsern Werkplänen beobachtet und eingezeichnet und bedarf wohl keiner weiteren näheren Erörterung.

Bemerkt sei noch, daß in den Pfeilern *P1* und *P3* sog. Bindesteine, wie sie bei Neubauten in Anwendung kommen (jede 3. oder 4. Schichte bindet 30—50 cm in das anstoßende Mauerwerk ein), nicht vorgesehen sind, weil sie des Raumes halber nur notdürftig hintermauert werden können und deshalb ihren Zweck verfehlen. Statt dessen sind, wie unter »Verschlauderungen« zu finden ist, eiserne Maueranker vorgesehen.

Praktisch ist es schließlich, der Anschaffung gleich ein Ausmaßverzeichnis samt Stückzahl, Zeichen etc. beizufügen, aus folgenden Gründen:

1. Der Steinmetzmeister kann sehr schnell nach diesem Verzeichnis seinen Bruchzettel zur Bestellung des Rohmaterials anfertigen und ist weniger Irrungen ausgesetzt. NB. Zur Anfertigung dieses Bruchzettels ist es nur nötig, alle Außmaße um einige Zentimeter größer anzugeben.

2. Man erleichtert sich die spätere Rechnungsrevision, da die Planausmaße für diese ausschließlich maßgebend sind.

3. Man ersieht sofort, ob man im Rahmen des Voranschlags geblieben ist und kann sich im ungünstigen Falle dann noch durch Ersparungen helfen.

Umbau ....

Steinmetzarbeiten, Ausmaßverzeichnis.

Post Nr.	Zeichen	Stück	Länge m	Breite m	Höhe m	Kubus cbm
			Granit			
1	*P1a* . .	1	0,80	0,75	1,09	0,65
2	*P2a* . .	1	0,80	0,60	1,09	0,52
3	*P3a*	1	0,80	0,68	1,09	0,59
	Sa.	3			Sa.	1,76

Post Nr.	Zeichen	Stück	Länge m	Breite m	Höhe m	Kubus cbm
			Muschelkalk.			
4	*P1b, c, d* . .	3	0,81	0,75	0,71	1,29
5	*P1e* .	1	0,83	0,75	0,93	0,58
6	*I1a, b*	2	0,71	0,75	0,716	0,76
7	*I1c* . . .	1	0,71	0,85	0,716	0,43
8	*I1d*	1	0,71	1,10	0,752	0,59
9	*I1e, I2f*	2	0,90	0,305	0,55	0,30
10	*I1g, i*	2	0,90	0,305	0,52	0,29
11	*I1f, k*	2	0,85	0,305	0,52	0,27
12	*I1h*	1	1,76	0,305	0,52	0,28
13	*I1l*	1	1,27	0,40	0,22	0,11
14	*I1m, n, q, I2g* . .	4	0,895	0,40	0,22	1,43
15	*I1o, p*	2	0,82	0,40	0,22	0,14
16	*P2b, c, d*	3	0,60	0,80	0,71	1,02
17	*P2e* . . .	1	0,60	0,83	0,93	0,46
18	*P3b, c, d* . . .	3	0,68	0,78	0,71	1,13
19	*P3e*	1	0,68	0,83	0,93	0,52
20	*I2a, b*	2	0,60	0,70	0,716	0,60
21	*I3a, b*	2	0,68	0,68	0,716	0,66
22	*I2c* . .	1	0,72	0,68	0,716	0,35
23	*I3c* . .	1	0,74	0,68	0,716	0,36
24	*I2d* . . .	1	1,35	0,70	0,83	0,78
25	*I3d* .	1	0,97	0,68	0,80	0,53
26	*I2e* . .	1	0,45	0,33	0,52	0,58
27	*I2h, i* . .	2	0,82	0,40	0,22	0,14
28	*I2k*	1	1,12	0,40	0,22	0,09
	Sa.	42			Sa.	13,19

c) Asphalt- und Pflastererarbeit.

Für Asphalt-Arbeiten, hauptsächlich kleinern Bedarf wie in unserm Fall, genügt gewöhnlich eine 14tägige vorherige Bestellung.

Plattenpflaster, hauptsächlich weniger gangbare Muster, sind gewöhnlich nicht genügend auf Lager und erkundige man sich rechtzeitig nach der Dauer der Lieferzeit.

d) Zimmermannsarbeiten.

Unser geringer Bedarf ist jederzeit auf Lager, bei größeren Lieferungen, ganzen Dachstühlen und Tramlagern hat die Bauführung die genauen Werkpläne zu liefern, Rohmaterial ist von gangbarer Ware gewöhnlich genug vorhanden, aber zum Schneiden nach Maß und zum Abbinden sind je nach Größe 1—3 Monate erforderlich.

Für die Bestellung der Stiegen, deren Anfertigung immer ziemlich lange Zeit beansprucht, gebe man die Stiegengrundrisse genau kotiert im Maßstabe 1 : 20 und die genaue Etagenhöhe. Man überzeuge sich aber, daß die Maße auf alle Fälle vom Lieferanten an der Baustelle nochmals genommen und kontrolliert werden.

e) Schreiner-, Schlosser-, Glaser- und Anstreicherarbeiten.

In jedem Baugeschäft sollen für Schreinerarbeiten sog. Normalzeichnungen in Naturgröße für Fenster und Türen aufliegen. Sind diese zur Hand, so hat man für die Bestellung der Schreinerarbeiten nur nötig, einen Auszug des Voranschlags beizulegen, selbstredend unter Berücksichtigung eventuell erfolgter Abänderungen.

Liegen jedoch keine Normalzeichnungen vor, lasse man sich vor Abschluß des Vertrages entweder Grundriß und Schnitt in Naturgröße vom Schreinermeister auftragen, oder lasse einen Musterstock herstellen. Nötig ist schließlich noch, dem Akkordanten eine Serie Grundrisse 1 : 100 zu übergeben, in dem die Nummern der betreffenden Fenster und Türen analog den Angaben im Voranschlag eingetragen sind. Sind, wie in unserm Falle, die Nummern in den Werkplänen abweichend von den Nummern im Voranschlag, so müssen selbstverständlich vorher die Numerierungen im Voranschlag dem Werkplan angepaßt werden. Dieselben Nummern müssen die Arbeiten erhalten, welche am Bau abgeliefert werden, damit auch der Baupolier aus seinem Werkplan ersehen kann, wo die diversen Sachen hingehören.

Für die Bestellung der Beschlägschlosserarbeiten sind Muster vorzulegen; ferner dem Vertrag ein Auszug aus dem Voranschlag mit den festgesetzten Preisen und dann Grundrisse 1 : 100, mit Nummernverzeichnis wie vor, beizufügen.

Zur Anschaffung der Glaserarbeiten ist nur festzustellen, wo die diversen Glassorten Verwendung finden, was am besten auch mit Hilfe 100teiliger Grundrisse mit Nummernverzeichnis geschieht. Die verschiedenen Glasqualitäten sind für den Unerfahrenen mitunter schwer zu unterscheiden. Deshalb lasse man sich am besten von jeder Sorte eine Musterscheibe, aber nicht zu klein, ca. 30/50 cm, kommen, in dem die charakteristischen Merkmale gut ersichtlich sind. Gewöhnlich wird ja von hellem Glas nur II. und III. Sorte rheinisches Glas verwendet. II. Sorte muß tadellos rein sein, gleich stark ohne jeden Gußfehler. III. Sorte darf einige Blasen und Unsauberkeiten haben, ist öfter ungleich dick und schillert infolgedessen. Die Maße für alle Gläser, auch Spiegelscheiben, hat der Glaser selbst beim Schreiner und Schlosser einzuholen und ist infolgedessen selbst haftbar für nicht Passendes.

Für Anstreicherarbeiten sind im Vertrage die Preise zu fixieren und ebenso in den Plänen die verschiedenen Anstriche anzugeben. Für die Lieferfrist kann man nur die Termine von dem Tage an fixieren, wo die Schreiner- und Schlosserarbeiten am Bau abgeliefert und angeschlagen sind.

f) Eisensäulen, Ständer und Träger.

Zur Bestellung der Eisensäulen in Gußeisen sind ebenfalls sehr genaue und gut kotierte Zeichnungen nötig. Wir brauchen im ganzen 5 Stück Gußsäulen, welche auf Tafel XVI im Maßstabe 1 : 20 dargestellt sind.

In den Gießereien sind gewöhnlich eine Unmasse Modelle auf Lager, die beliebig, je nach Bedarf, verkürzt und verlängert werden können. Durchmesser und Profilierungen bleiben aber dabei gewöhnlich dieselben. Für Räume und Bauten, bei denen auf architektonische Ausstattung kein Gewicht gelegt wird, und wo gewöhnlich die Hauptbedingung ist, billig zu arbeiten, beispielsweise bei Stallungen, Lagerhäusern, Fabriken etc., kann man ja vorhandene Modelle verwenden, weil die Modellkosten gespart werden, aber bei besseren Objekten darf dies nicht geschehen. Um eine Gußsäule anfertigen zu können, sind seitens der Bauführung folgende Angaben nötig:

1. Genaue architektonische Zeichnung samt Beigabe der Naturdetails, die jedoch hier nicht beigefügt sind.

2. Grundrisse und Schnitte von jedem abweichenden Säulenteile samt den genauen Maßen.

3. Angabe der Belastung in jeder Etage und Einzeichnung der aufliegenden Träger.

Die Bestimmung der Wandstärke überläßt man gewöhnlich der Gießerei, da dieselbe die Garantie für die Tragfähigkeit der Säulen zu übernehmen hat, ebenso die Zugabe des Schwindmaßes. Unter Schwindmaß versteht man die Differenz im Maß, welche zwischen dem Modell und der Gußsäule nach der Erkaltung entsteht. In der Stärke handelt es sich hierbei immer nur um Millimeter, jedoch in der Höhe muß es immer berücksichtigt werden. Bei der Projektierung resp. Konstruktion von übereinander stehenden Gußsäulen ist noch folgendes zu berücksichtigen:

Der Fuß der Säule muß so groß konstruiert sein, daß das Säulenfundament, je nach Material, der vorgeschriebenen Inanspruchnahme auf Druck entspricht. Im vorliegenden Falle sind wir mit dem Fuß der Säule *PSe2* an die Breite der Träger resp. die Entfernung von den Außenkanten der Flanschen, die 50 cm beträgt, gebunden, damit die ausbetonierten Träger gleichmäßig belastet sind.

Die Säulen *SSe 1* und *2* sind verhältnismäßig so gering belastet, daß man sie direkt auf das Betonfundament aufstellen kann.

Bei stark belasteten Säulen setzt man dieselben auf eine Unterlagplatte von 3—5 cm Stärke, wobei die Aufsatzflächen von Platte und Säule abgedreht sind (siehe Fig. 45).

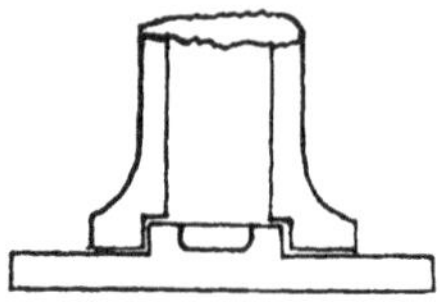

Fig. 45.

Den Fuß der Säulen legt man 10—15 cm unter den Fußboden, damit die große Fußplatte nicht sichtbar wird.

Den Stoß der aufeinander sitzenden Säulen legt man aus demselben Grunde auch in die Deckenkonstruktion, wobei aber berücksichtigt werden muß, daß die Trägerauflagen und die Träger selbst bequem Platz haben.

Fuß- und Kopfplatten der aufeinander sitzenden Säulen sind unter allen Umständen abzudrehen und mit 4 Schrauben zu verbinden.

Die Gußstärken sollen möglichst gleichmäßig sein, vorspringende Konsolen, Kapitäle etc. müssen deshalb hohl gegossen werden, da sonst der Guß beim Erkalten Not leidet.

B e s t e l l u n g d e r E i s e n s t ä n d e r. Man unterscheidet: Gußständer, Blechständer und Gitterständer.

Für Gußständer sind in jeder Gießerei Modelle aller Gattungen vorhanden, und genügt zu solcher Bestellung Angabe der Höhe, Breite und Stärke, ferner Angabe der Belastung und Fußgröße. Heute verwendet man jedoch mit Vorliebe schmiedeiserne Ständer, weil sie handlicher (nicht so schwer) sind und betreffs Tragfähigkeit mehr Sicherheit bieten.

Blechständer werden ausschließlich für schwer belastete Stücke verwendet.

Gitterständer, die sich von Blechständern nur dadurch unterscheiden, daß sie statt der Kesselblechwandungen mit Flacheisen versteift sind, werden für leichte Belastungen gewählt.

Die Zeichnungen für die Bestellung der Blechständer sind auf Tafel XVII ersichtlich.

Die statische Berechnung, sowohl von Eisensäulen als auch von Eisenständern, ist den meisten Bautechnikern nicht geläufig; auch wenn man sie auf der Schule erlernte, macht, wie überall, immer erst viele Übung den Meister.

Da aber bei schmiedeisernen Ständern eine mangelhafte Arbeit alle Berechnungen über den Haufen werfen kann, überläßt man die Berechnung und Konstruktion dem Eisenwerk, welches auch hier alle und jede Garantie für die Tragfähigkeit zu übernehmen hat.

Seitens der Bauführung genügen deshalb für die Bestellung folgende Angaben:

Schematische Darstellung der Ständer betreffs Höhe, Breite, Stärke, Fuß- und Kopfstücken, Auflagekonsolen für die Träger, Anbringung von Winkeleisen zur Befestigung der eisernen Ladenstöcke, ev. Blechverkleidungen und Angabe der Belastungen in jeder Etage und jedes Konsols. Aufeinander sitzende Ständer sind immer an den Stößen mit Schrauben zu verbinden. Um die Zerknickungsfestigkeit der Ständer zu erhöhen, versteift man dieselben entweder mittels Träger, wie dies bei Ständer *PSt 1* und *2* durch die Träger *P 1, 2, 3, 4* geschehen ist, oder mittels Maueranker, wie dies auf Tafel XVII bei den Ständern *S St 1* und *PSt 4* auf der Höhe des Parterrefußbodens angegeben ist.

Bei Ständer *PSt 1* und *2* ist schließlich zu beobachten, daß der Rolladen, dessen Rollenumfang durch die Höhe des Ladens bedingt ist, genügend Platz hat. Bei Ständer *S St 1* ist ein Konsol zur Aufnahme eines Bogenwiderlagers anmontiert.

B e s t e l l u n g   d e r   e i s e r n e n   T r ä g e r. Für ein so schiefwinkliges Objekt, wie das vorliegende, ist die Bestellung nach Plan wenn auch keine schwierige, aber jedenfalls mühsame Arbeit, wenn alles am Bau gut passen soll.

Ohne peinlich genaue Kotierung der Träger und Mauern in den Werkplänen ist eine Bestellung nach Plan überhaupt nicht möglich.

Um sicher zu gehen, kontrolliert man deshalb an der Hand der Werkpläne nochmals alle Maße, die zur Bestimmung der Trägerlängen nötig sind.

Es ist schon unter Artikel: »Anfertigung der Werkpläne« gesagt worden, daß die in den Plänen eingezeichneten Träger immer zur Decke der betreffenden Grundrisse gehören.

Trägerlängen aus den Plänen heraus zu messen, ist ganz fehlerhaft, dieselben können nur durch Rechnung bestimmt werden.

Es folgen einige Beispiele:

Träger *S 7* (Tafel VI) liegt einerseits in der Mauer auf, anderseits auf dem Unterzug *S 16*.

Das Maß von der Kommunmauer bis Unterzugmitte beträgt 3,55 m. Für Auflager auf Mauerwerk wird die $1^1/_2$fache Höhe des Trägers verlangt. Träger *S 7* ist 20 cm hoch, demnach Auflager 30 cm. Als Auflager auf Unterzügen genügt eigentlich die Breite des Flansches von letzterem. Dieselbe beträgt 106 mm oder 10,6 cm. Bis zur Mitte des Unterzuges ist schon gerechnet, also sind noch 5,3 cm dazuzuschlagen. Wir haben demnach im ganzen: $3{,}55 + 0{,}30 + 0{,}053 = 3{,}903$ m, was nach oben auf 3,95 abgerundet ist.

Träger *P 7* (Tafel VII) liegt beiderseitig auf den Unterzügen *P 26 a* und *P 4* auf.

Der Unterzug *P 26 a* liegt rechtwinkelig zur linkseitigen Kommunmauer, der Unterzug *P 4* spitzwinkelig dazu.

Die Mauerlichte an der linkseitigen Kommunmauer ist kotiert mit 6,27 m, diejenige an der neuen rechtseitigen Gangmauer mit 5,61 m. Die Differenz beträgt demnach 66 cm.

Die Länge von der Kommunmauer bis zur Tragmauer ist kotiert mit 7,34 m.

Infolgedessen beträgt die Verkürzung der Mauerlichten zwischen Umfassung und mittlerer Tragmauer pro Meter $\frac{66}{734}$ cm $\times$ 100 = 9 cm.

Träger *P 7* liegt von der linkseitigen Kommunmauer 0,93 + 0,88 = 1,81 m entfernt. Demnach beträgt die Verkürzung 1,81 $\times$ 9 = 16,29 cm. Dies subtrahiert von 6,27 gibt 6,1071 m, nach oben abgerundet 6,11 m Mauerlichte. Hierzu sind also noch die beiden Auflager zu rechnen. Die Stärke der Umfassung ist mit 75 cm kotiert.

Träger *P 4* ist von Außenkante Umfassung bis Trägermitte mit 23 + 42 = 65 cm kotiert, was sich aus der Ständerzeichnung, Tafel XVII, Ständer *P St 1*, ergibt. Dort ist die Ständertiefe von Mauerflucht aus mit 60 cm kotiert. Träger *P 4*, der, auf der Höhe der Parterredecke auf einem Konsol gelagert, hart am Ständer anliegt, hat 10,6 cm Flanschbreite, demnach $\frac{10,6}{2}$ + 60 cm = rd. 65 cm.

Mitte Träger *P 4* liegt demnach hinter der innern Mauerflucht 75 — 65 = 10 cm zurück, daraus ergibt sich das Auflager von 10 + 5,3 cm, rd. 16 cm.

Die Stärke der Mittelmauer beträgt 45 cm. Die beiden Unterzüge liegen von Mitte zu Mitte entfernt 32 cm. Demnach liegt Mitte Flansch hinter der Mauerflucht zurück um $\frac{45 - 32}{2}$ = 6,5 cm, hierzu halbe Flanschbreite mit 5,3 cm gibt 11,8, rd. 12 cm Auflagerlänge.

Die genaue Länge des Trägers *P 7* beträgt daher: Mauerlichte mit 6,11 m + vorderes Auflager mit 16 cm + rückwärtiges Auflager mit 12 cm, in Summa 6,39 m. Im Verzeichnis ist die Länge mit 6,54 m angegeben, also 15 cm länger, aus folgenden Gründen: Wo tunlich sind von Trägern gleicher Höhe und mit geringen Längendifferenzen immer 2 Stück in einer Position zusammengefaßt, um nicht gar zu viel Positionsnummern zu erhalten.

Im vorliegenden Fall sind die Träger *P6* und *7* gleichlang bestellt. Wo es geht, ist es immer besser, der Träger ist um einige Zentimeter zu lang als zu kurz. Am vordern Auflager darf der Träger absolut nicht länger sein, da er sonst den Raum für den Rolladen versperrt. Am rückwärtigen Auflager hingegen kann der Träger bis 25 cm länger sein, ohne zu genieren. Da nun *P6* sowieso um 9 cm länger sein muß als *P7*, bleiben von der Differenz von 15 cm noch 6 cm Übermaß als Reserve.

In gleicher Weise muß das Maß für alle Träger bestimmt werden.

In nachfolgendem Verzeichnis für die Trägeranschaffung ist, wie ersichtlich, alles angeführt, was der Lieferant braucht.

1. Die Bezeichnung des Trägers, welche mit Ölfarbe auf demselben gut leserlich angebracht werden muß und dem Polier zum Versetzen unentbehrlich ist.

2. Die Stückzahl von Trägern gleicher Länge und Höhe.

3. Die Profilnummer, die bekanntlich identisch mit dem Höhenmaß ist.

4. Die ganze Länge der einzelnen Träger.

5. Ev. Spielraum + oder —. Dies soll heißen: Der einzelne Träger darf um so und so viel länger sein, oder auch um so und so viel kürzer. Diese Angabe wird deshalb gemacht, um bei allenfallsigen geringen Längendifferenzen auf Lager befindlicher Träger das Abhauen zu ersparen, was ev. das 5fache von den Mehrkosten betragen kann, was das Mehrgewicht der Träger kostet. Unter Bemerkungen kann man da, wo nur Verschraubungen oder Bohrungen stattfinden sollen, dies gleich mittels Handskizzen angeben. Für sonstige Verkuppelungen und Verflanschungen sind die Angaben zu machen, unter welcher Figur und auf welchem Blatt die dazu nötigen Zeichnungen zu finden sind.

Auf Tafel XVIII und XIX sind dieselben in 18 Figuren dargestellt.

Um nicht gar zu weitläufig zu werden, um die Kotierung möglichst deutlich anzubringen und um die Skizzen möglichst gedrängt beieinander zu haben, habe ich mir hier etwas Außergewöhnliches erlaubt, was nicht vorbildlich sein soll. Die Skizzen sind fast durchweg nur Bilder, die ohne Maßstab gezeichnet sind. Es ist ja nur ein Schema, aus dem die Maße gut ersichtlich sein sollen.

Ferner sollen hier angegeben werden:

Alle Bohrlöcher, die gemacht werden können, ohne zu riskieren, daß sie am Bau nicht passen.

Alle Verflanschungen sind durch Winkel  ersichtlich zu machen. Die Größe der Winkel kann man jedem besseren Eisenwerk überlassen, ebenso die Verlaschungen.

Überall, wo 2 oder mehr Träger mit Schrauben auf eine bestimmte Breite miteinander verbunden werden, sind zwischen die Trägerstege Gasröhren, genau auf Länge geschnitten, eingelegt, durch welche die Schrauben gesteckt werden (siehe nebenstehende Skizze Fig. 46).

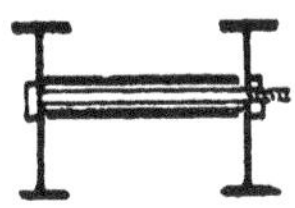

Fig. 46.

Statt der Gasröhren werden heute auch Gußstücke für alle Träger auf Lager gehalten, die zwischen die Träger hineinpassen und eine sehr stabile Verkuppelung ermöglichen. Dieselben sind oben und unten in die Flanschen eingepaßt, haben je nach Höhe 1—3 Löcher für die Schraubenverbindung und ersetzen, in entsprechenden Zwischenräumen angebracht, fast eine Ausmauerung oder Ausbetonierung der Trägerzwischenräume (siehe nebenstehende Skizze Fig. 47).

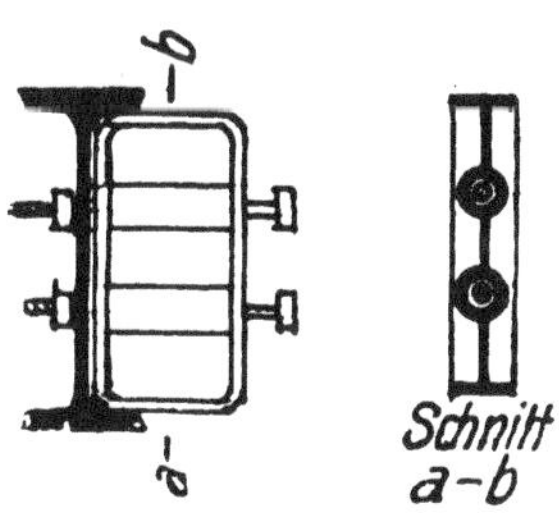

Fig. 47.

Bei Verflanschungen, die nicht rechtwinkelig sind, wie Fig. 10, Tafel XVIII, und Fig. 14, Tafel XIX, zeigen, sind die Neigungswinkel in Graden anzugeben.

Bei jeder Trägerverbindung ist anzugeben, ob die Träger unten bündig (eben) liegen sollen, ob sie auf dem Flansch liegen können, oder in diversen Höhen zu verbinden sind.

Im ersteren Falle muß aus dem einlaufenden Träger, wie nebenstehende Skizze Fig. 48 zeigt, der untere Flansch

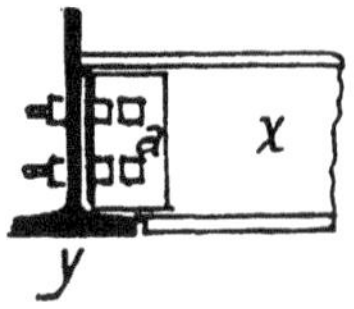

Fig. 48.

weggehauen werden, wodurch natürlich die Tragfähigkeit des Trägers Not leidet. Dann müssen aber die Verbindungswinkel *a* gut in den Einlaufer *x* und auf den Flansch *y* eingepaßt werden. Bei schwer belasteten Trägern zieht man deshalb vor, die Einlaufer *x* auf den Flansch *y* aufzulegen, so daß ersterer nicht verschwächt wird. Dies ist in unserer Anschaffung deshalb auch auf Tafel XIX, Fig. 13 und Fig. 18, Schnitt *a*—*b*. berücksichtigt worden.

Unter Fig. 18 a der Tafel XIX ist das Auflager der Träger *I 18, 19, 20* auf die Träger *I 10, 11, 12* gezeichnet. Dieser Fall ist schon unter »7 b Anfertigung der Werkpläne« (Fig. 24) eingehend beschrieben. Der ausgehauene Trägerflansch ist ersetzt durch die 2 angenieteten starken Winkel. Sicherheit ist ja dadurch genügend vorhanden, kann man jedoch einer solchen, etwas ungewöhnlichen Konstruktion ohne zu große Mehrkosten ausweichen, ist es besser. (Siehe weiter unten den Passus über die sog. breitflanschigen Spezialträger.)

Dieselbe Fig. 18 zeigt die 2 verschiedenen Methoden für die Befestigung von einlaufenden Holzbalken, wie dieselben ebenfalls schon unter Text 7 b unter Fig. 23 genau beschrieben und gezeichnet wurden.

Fig. 17, Tafel XIX, zeigt endlich die Unterfangung der Fachwerkswand im II. Stock.

Auch dieser Fall ist unter 7 b, Fig. 21 und 22, sehr eingehend beschrieben und ist allen dem kaum mehr etwas beizufügen.

Auf Tafel XVIII Fig. 11a ist das Profil des Trägers *P8 a* gezeichnet, was deshalb aus 2 zusammengenieteten **U**-Eisen gewählt wurde, weil ein entsprechend hoher Normalträger in der Deckenkonstruktion von 31 cm Höhe nicht unterzubringen war. (Siehe auch hier den Passus »breitflanschige Spezialträger«.)

Dem nachstehenden Trägerverzeichnisse ist schließlich noch eine Zusammenstellung des Gewichtes sämtlicher Träger beigefügt, woraus man ersieht, ob der wirkliche Bedarf im Voranschlag genügend Deckung findet. Unser Voranschlag beziffert ohne die zugeschlagene Gewichtsdifferenz, die ja auch für den wirklichen Bedarf nicht in Rechnung gezogen ist, 14154 kg; der Bedarf 11938 kg, verbleibt uns demnach noch eine Reserve von 2216 kg, die für eintretende unvorhergesehene Fälle kaum aufgebraucht werden kann. Also im ganzen ein sehr befriedigendes geschäftliches Resultat.

Träger-

Post Nr.	Zeichen	Stück	Profil Nr.	Ganze Länge	Eventueller Spielraum + oder —
	Fundament:				
1	*F 1, 2, 3, 4, 5*	5	12	0,80	—
2	*F 6, 7. 8*	3	14	1,95	5 cm + oder —
	Summa	8			
	Souterrain:				
3	*S 1, 4*	2	12	0,60	4 cm +
4	*S 2, 3*	2	12	0,65	—
5	*S 5*	1	20	7,82	8 cm +
6	*S 6, 7*	2	20	3,95	10 cm +
7	*S 8, 9*	2	20	6,38	7,5 cm +
8	*S 10*	1	20	6,10	5 cm —
9	*S 12, 13*	2	8	1,40	10 cm +
10	*S 11*	1	24	4,05	5 cm + oder —
11	*S 14*	1	22	2,89	—
12	*S 15*	1	22	1,86	4 cm +
13	*S 16*	1	24	6,50	10 cm + oder —
14	*S 17, 18, 19*	3	20	1,50	10 cm + oder —
15	*S 20, 22*	2	16	2,06	9 cm +
16	*S 21*	1	16	1,56	9 cm +
17	*S 23*	1	14	1,40	10 cm +
18	*S 24*	1	14	1,30	
19	*S 25*	1	14	1,20	
	Summa	25			

Anschaffung.

Zu Post Nr.	Bemerkungen
1	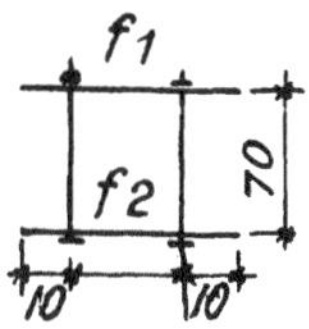 mit Schrauben verbunden wie nebenstehend. 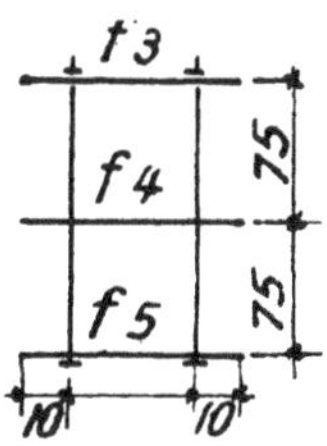
2	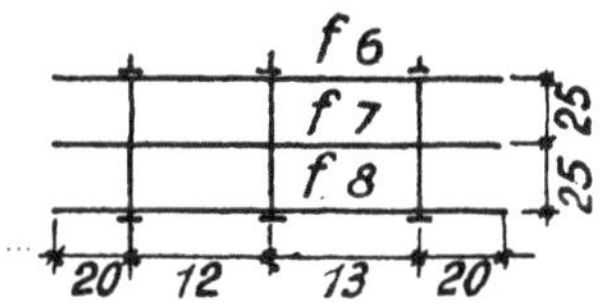
3	einerseits in *S5* eingekuppelt (siehe Fig. 1, Tafel XVIII).
4	› › *S5* › (› › 1, › XVIII).
5	mit *S1, 2, 3, 4* verkuppelt (siehe Fig. 1, Tafel XVIII).
6	—
7	einerseits in *S14* eingekuppelt (siehe Fig. 2, Tafel XVIII).
8	› › *S15* › (› › 3, › XVIII).
9	—
10	einerseits mit *S14* verkuppelt (siehe Fig. 2, Tafel XVIII).
11	mit *S8, 9, 11* verkuppelt (siehe Fig. 2, Tafel XVIII).
12	› *S10* › (› › 3, › XVIII).
13	—
14	verschraubt (siehe Fig. 4, Tafel XVIII).
15, 16	› (› › 5, › XVIII).
17, 18, 19	› (› › 6, › XVIII).

Post Nr.	Zeichen	Stück	Profil Nr.	Ganze Länge	Eventueller Spielraum + oder —
		Parterre:			
20	*P 1, 3*	2	12	2,89	1 cm +
21	*P 2*	1	12	1,10	—
22	*P 17 a*	1	12	1,24	—
23	*P 4*	1	24	7,28	—
24	*P 17*	1	14	1,60	—
25	*P 5* . . .	1	20	5,87	—
26	*P 6, 7* . .	2	24	6,54	6 cm + oder —
27	*P 8* . .	1	20	6,30	} —
28	*P 8 a* .	1	*2* U 23,5	6,30	
29	*P 9* . .	1	22	4,62	—
30	*P 10* .	1	22	4,54	—
31	*P 11* . .	1	22	4,45	—
32	*P 12* . . .	1	18	4.—	—
33	*P 13* . .	1	20	2,15	—
34	*P 14*	1	12	0,38	—
35	*P 15*	1	22	3,29	—
36	*P 16*	1	14	1,60	10 cm +
37	*P 18—22* inkl. . .	5	14	1,75	10 cm +
38	*P 23, 24* . .	2	16	1,69	10 cm +
39	*P 25* . .	1	16	3,—	—
40	*P 26* .	1	12	2,90	—
41	*P 26 a* . .	1	24	2,90	—
42	*P 27* .	1	20	5,80	—
43	*P 28*	1	16	1,20	—
44	*P 29, 30* .	2	8	0,70	5 cm +
45	*P 31* .	1	16	1,22	—
46	*P 32* .	1	18	5,17	—
47	*P 33* .	1	24	5,63	5 cm +
48	*P 34* . .	1	24	5,41	5 cm +
49	*P 35* . . .	1	22	5,20	6 cm +
50	*P 36*	1	22	4,98	6 cm +
51	*P 37*	1	22	4,85	5 cm +
	Übertrag	40			

Post Nr.	Bemerkungen
20	einerseits Winkel (siehe Fig. 7, Tafel XVIII).
21	beiderseits » (» » 8, » XVIII).
22	—.
23	diverse Bohrlöcher (» 9, » XVIII).
24	» (» » 9, » XVIII).
25	einerseits eingekuppelt (siehe Fig. 10a, Tafel XVIII).
26	*P 28* in *P 6* » (» » 10a, » XVIII).
27	verschraubt etc. (siehe Fig. 11, Tafel XVIII), oder 1 Greyscher breitflanschiger Spezialträger Nr. 24 B.
28	
29	eingekuppelt in *P 15* (siehe Fig. 11, Tafel XVIII).
30	
31	» » *P 15* (» » 11, » XVIII).
32	» *P 13* (» » 11, » XVIII).
33	» » *P 11* (» » 11, » XVIII).
34	» » *P 13* und *15* (siehe Fig. 11, Tafel XVIII).
35	*P 8 a* (siehe Fig. 11, Tafel XVIII).
36	» » *P 15* (» » 11, » XVIII).
37	—
38	beide Träger auf 0,33 m von Steg zu Steg mit 2 Schrauben verbunden; ferner an jedem Ende 2 Bohrlöcher, 15 cm Entfernung, für Schlaudern.
39	—
40	verlascht und verkuppelt (siehe Fig. 12, Tafel XIX).
41	» » » (» » 12, » XIX).
42	» » » (» » 12, » XIX).
43	eingekuppelt (siehe Fig. 10a, Tafel XVIII).
44	» (» » 10 und 10a, Tafel XVIII).
45	» (» » 10, Tafel XVIII).
46	einerseits eingekuppelt (siehe Fig. 10, Tafel XVIII).
47	» » (» » 13, Tafel XIX u. Fig. 10, Tafel XVIII).
48	» » (» » 13, Tafel XIX).
49	» » (» » 13, » XIX).
50	» » (» » 13, » XIX).
51	mit *P 38 a* verkuppelt (» » 14, » XIX).

Post Nr.	Zeichen	Stück	Profil Nr.	Ganze Länge	Eventueller Spielraum + oder –
	Übertrag	40			
52	*P 38*	1	14	2,70	5 cm +
53	*P 38 a*	1	14	1,52	—
54	*P 39*	1	24	4,30	8 cm + oder –
55	*P 40, 41*	2	9	3,98	2 cm +
	P 42, 43 sind ausgefallen.				
56	*P 44, 45, 46*	3	10	1,25	5 cm +
57	*P 47, 48, 49*	3	10	1,45	—
	Summa	51			

I. Stock:

Post Nr.	Zeichen	Stück	Profil Nr.	Ganze Länge	Eventueller Spielraum + oder –
58	*I 1*	1	24	4,40	
59	*I 4*	1	24	4,80	—
60	*I 2*	1	26	3,11	—
61	*I 5*	1	28	5.90	—
62	*I 3*	1	26	4,36	—
63	*I 6*	1	28	4,65	—
64	*I 7, 7 a*	2	24	6,60	5 cm +
65	*I 8, 9*	2	26	6,83	7 cm +
66	*I 10, 11, 12*	3	32	6,15	5 cm +
67	*I 13*	1	14	2.—	—
68	*I 14*	1	8	0,50	—
69	*I 15*	1	16	3.—	5 cm +
70	*I 16, 17*	2	24	3,70	—
71	*I 18, 19, 20*	3	34	5,65	5 cm +
72	*I 21*	1	50	5,08	8 cm +
73	*I 22, 23*	2	22	4,18	5 cm + oder —
74	*I 24, 25, 26*	3	10	1,45	—
	Summa	27			

Post Nr.	Bemerkungen
52	einerseits eingekuppelt (siehe Fig. 14, Tafel XIX).
53	» » (» » 14, » XIX).
54	verkuppelt (» » 13, » XIX).
55	beide mit *P 39* verschraubt (» » 13, » XIX).
56	alle 3 mit 2 Schrauben auf 0,46 m verbunden. 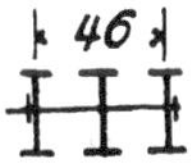
57	alle 3 verschraubt (siehe Fig. 15, Tafel XIX).
58 59	Beide mit Laschen zu einem Ganzen verbunden, Laschen einerseits genietet, anderseits verschraubt. 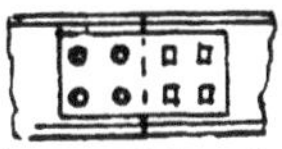 Nieten u. Schrauben.
60 61	verschraubt und verlascht (siehe Fig. 16, Tafel XIX).
62 63	» » » (» » 16, » XIX).
64	verschraubt und gelocht (siehe Fig. 17, Tafel XIX).
65	» » » (» » 17, » XIX).
66	alle 3 mit 4 Schrauben verbunden. *I 10* an beiden Enden je 2 Bohrlöcher für Schlaudern. 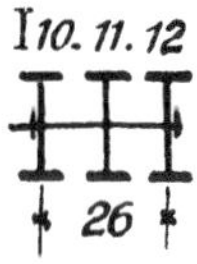
67	—
68	mit *I 13* verkuppelt (siehe Fig. 18, Tafel XIX).
69	—.
70	beide mit 3 Schrauben verbunden. 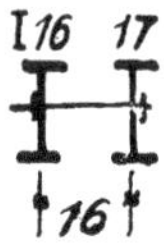
71	verkuppelt und verschraubt (siehe Fig. 18, Tafel XIX).
72	» » » (» » 18, » XIX).
73	» » » (» » 18, » XIX).
74	verschraubt (wie Fig. 15, Tafel XIX).

Post Nr.	Zeichen	Stück	Profil Nr.	Ganze Länge	Eventueller Spielraum + oder –
	II., III. und IV. Stock:				
75	*II 1*, *III 1*, *IV 1* . .	3	16	3,—	5 cm +
76	*II 1, 2, 3*, *III 1, 2, 3*, *IV 1, 2, 3* . .	9	10	1,45	—
	Summa	12			

Sämtliche Träger nach Gewicht berechnet ergeben demnach:

Nr. 8:	4,70	lfd.	m	à	6,0 kg	=	27,20	kg
» 9:	7,96	»	»	»	7,1 »	=	56,52	»
» 10:	25,20	»	»	»	8,3 »	=	209,16	»
» 12:	17,90	»	»	»	11,1 »	=	198,69	»
» 14:	27,92	»		»	14,3 »	=	399,26	»
» 16:	26,41	»	»	»	17,9 »	=	472,74	»
» 18:	9,17	»	»	»	21,9 »	=	200,82	»
» 20:	67,56	»	»	»	26,2 »	=	1770,07	»
» 22:	36,62	»	»	»	31,0 »	=	1135,22	»
» 24:	85,25	»	»	»	36,2 »	=	3086,05	»
» 26:	21,13	»	»		41,9 »	=	885,35	»
» 28:	10,55	»	»	»	47,9 »	=	505,35	»
» 32:	18,45	»		»	61,0 »	=	1125,45	»
» 34:	16,95	»	»	»	68,0 »	=	1152,60	»
» 50:	5,08	»	»	»	140,5 »	=	713,74	»
						Summa	11 938,22	kg

Zu Post Nr.	Bemerkungen
75	—
76	je 3 verschraubt (wie Fig. 15, Tafel XIX).

g) Greysche Spezialträger.

Seit einigen Jahren werden in größeren Eisenhandlungen eine Serie von I-Trägern auf Lager gehalten, die, abweichend von den bisherigen Normalprofilen, bedeutend größere Flanschbreiten haben; es wird dadurch die Tragfähigkeit im Vergleich zu gleich hohen Normalprofilen ganz bedeutend erhöht, aber auch das Gewicht pro lfd. m entsprechend vermehrt, abgesehen davon ist auch der Einheitspreis pro 100 kg etwas höher.

Wir wollen an dieser Stelle in Kürze untersuchen, was für Vorteile und was für Nachteile es haben würde, wenn wir dieselben verwenden wollen.

Der Hauptwert dieser Träger besteht darin, daß bei Verwendung derselben die Konstruktionshöhe wesentlich reduziert wird, was speziell bei massiven Deckenkonstruktionen von großem Wert ist. In unserm Projekt sind verschiedene Fälle, wo uns die, durch starke Belastung bedingte große Profilhöhe der Träger schon viel zu schaffen machte.

Die Träger *P8* und *8a* in der Parterredecke bestehen aus einem Träger *P20* und einem aus 2 **U**-Eisen zusammengenieteten Träger von 23,5 cm Höhe.

Träger *P8* wiegt 165 kg, Träger *P8a* wiegt 428 kg, in Summa 593 kg. Statt dieser beiden Träger würde an Tragfähigkeit genügen Spezialträger 24*B*, der mit 6,3 m Länge ein Gesamtgewicht von rd. 479 kg hat. Da der genietete **U**-Eisenträger an und für sich schon im Einheitspreis teurer ist als ein gewöhnliches Profil, würde also hier der Spezialträger entschieden vorzuziehen sein.

Der zweite Fall wäre, allenfalls im I. Stock statt der 2 Träger *I8* und *I9* einen Spezialträger zu verwenden. *I8* und *9* haben eine Belastung von 11160 kg auf 6,0 m freitragende Länge zu tragen; dieser Belastung würde ein Spezialträger 24B entsprechen, der 11400 kg trägt. *I8* und *9* wiegen 573 kg. 24B wiegt 519 kg; angesichts des etwas höheren Preises von 24B würde der Kostenpunkt hier der gleiche, und deshalb immerhin der Spezialträger vorzuziehen sein.

Ein weiterer Fall wären die Träger *I10, 11, 12.* Hier beträgt das Widerstandsmoment linkseitig für alle 3 Träger 2127 ccm und die Träger sind 32 cm hoch. 2 Spezialträger 26B beziffern ein Widerstandsmoment von 2208 ccm und wären somit genügend.

3 Träger Profil Nr. 32 wiegen in Summa auf ganze Länge 1443 kg. 2 Spezialträger 26B wiegen 1422 kg. Auch hier wären demnach die Greyschen Träger vorzuziehen, da immerhin an Höhe 6 cm gespart werden und der Kostenpunkt annähernd der gleiche ist.

Statt des Trägers *I21*, Profil Nr. 50, würde ein Spezialträger von 36B genügen. Ersterer wiegt 702 kg, letzterer 712 kg. Der Spezialträger wäre also in dem Fall teurer und die Höhenersparnis von 14 cm hat keinen Wert, da er doch über die Deckenkonstruktion, wie der andere auch, hinausstehen würde. Hier ist also das Normalprofil 50 vorzuziehen.

Betrachten wir als letzten Fall die Träger *I 18, 19, 20*. Statt dieser 3 Profile Nr. 34 würden 2 Spezialträger Nr. 28 B genügen. Erstere wiegen 1152 kg, letztere 1170 kg. Man kann die breiten Flanschen benutzen, um die einlaufenden Balken aufzulegen, und würde die unteren Winkeleisen sparen. Der Preis würde sich also hier ziemlich gleichstellen. An Höhe sparen wir 6 cm. Wir hätten also den Vorteil, daß sie in der Decke vollständig verschwinden und das Abhauen der Flanschen am Auflager der Unterzüge *I 10, 11, 12* vermieden würde. Es entsteht aber durch Verwendung von den Spezialträgern 28 B folgender Nachteil. Unsere zu unterfangende Mauer hat 30 cm Breite. Die 3 Träger Nr. 34 haben zusammen eine Flanschbreite von 41 cm und stehen auf jeder Seite der Mauer um $5\frac{1}{2}$ cm über, so daß aber immerhin noch alle 3 Trägerstege unter der Mauer liegen. Die 2 Träger 28 B hingegen haben zusammen eine Flanschbreite von 56 cm, so daß beiderseits 13 cm über die Mauer vorstehen und beide Trägerstege hart unter der Mauergrenze liegen. Die Belastung ist aus der beistehenden Skizze Fig. 49 ersichtlich. Da aber eine Verbreiterung der Mauerbasis nicht möglich und die Art der Belastung eine ganz außergewöhnliche ist, würde ich immerhin auch hier aus konstruktiven Gründen 3 Normalträger Nr. 34 vorziehen.

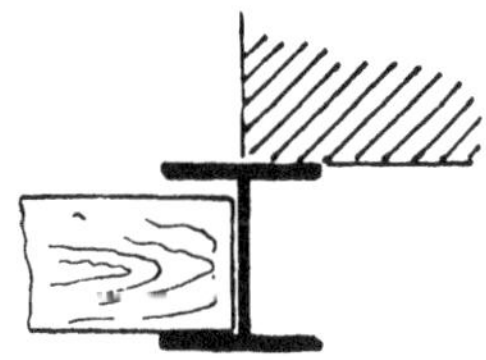

Fig. 49.

Ich glaube, es liegt in dem Projekt kein Fall mehr vor, wo die Verwendung der Spezialträger erwünscht wäre, und man ersieht aus den Beispielen, daß bei der Wahl dieser Träger das Für und Wider immer sorgfältig zu untersuchen ist.

h) Bestellung der Unterlagsplatten.

Im Voranschlage ist schon bemerkt, daß wir 2 Sorten von Unterlagsplatten zur Verfügung haben: die geraden und die gewölbten. Bei ersteren liegt der Träger der ganzen Länge nach auf, bei letzteren nur in einem Punkt (siehe Fig. 50 *a*), also dem höchsten Punkt der Platte. Dadurch ist die Garantie gegeben, daß der Auflagedruck des Trägers absolut gleichmäßig auf die Mauer verteilt wird, was bei den geraden Platten nicht immer der Fall sein dürfte; die Mehrkosten, welche die gewölbten Platten verursachen, werden dadurch erspart, daß die Auflagelänge der Träger nur etwas, also ca. 10—15 cm, über die Mitte der Platte hinauszureichen braucht, was bei schweren Profilen schon immerhin etwas ausmacht. Abgesehen davon, ob man diese Platten überall auf Lager haben kann, ist es deshalb empfehlenswert, bei schweren Belastungen davon Gebrauch zu machen. Bei nachstehender Zusammenstellung wird durch das Zeichen GP (gewölbte Platte) darauf hingewiesen, wo sie am Platze sind. Bei der Bestimmung für die Größe der Platte resp. deren Quadratflächeninhalt, ist der Auflagedruck maßgebend. Die Summe des Auflagedruckes in Kilogramm, dividiert durch 7, gibt den Quadratflächeninhalt der Platte in Zentimetern für Kalkmauerwerk. Für Zementmauerwerk ist der Auflagedruck durch 11 zu dividieren

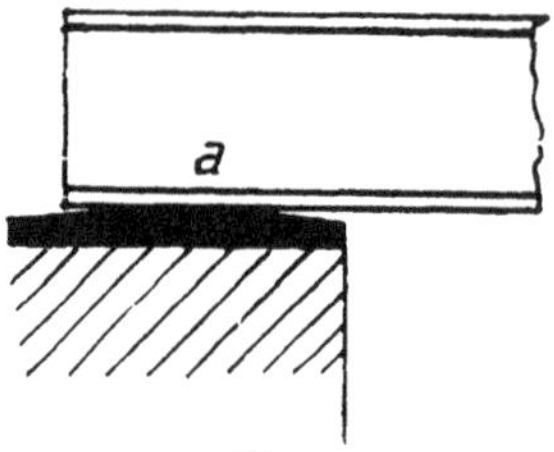

Fig. 50.

Bedarf an Unterlagsplatten.

Post. Nr.	Zeichen	Zu Träger Nr.	Stück	cm lang	cm breit	cm stark	□ Fläche in cm	Bemerkungen
				Souterrain:				
1	*U 1*	*S 5*	2	30	16	2,5	960	
2	*U 2*	*S 6—11*	6	30	16	2,5	2880	
3	*U 3*	*S 20—22*	1	30	60	3	1800	
4	*U 4*	*S 20—22*	1	35	60	4	2100	
5	*U 5*	*S 20—22*	2	50	15	4	1500	
6	*U 6*	*S 17, 18, 19*	1	60	60	4	3600	*GP*
7	*U 7*	*S 17, 18, 19*	2	60	45	4	5400	*GP*
		Übertrag	15					

Post. Nr.	Zeichen	Zu Träger Nr.	Stück	cm lang	cm breit	cm stark	□ Fläche in cm	Bemerkungen
		Parterre:						
		Übertrag	15					
8	*U 8*	*P 13*	1	30	16	2,5	470	
9	*U 9*	*P 23, 24*	2	30	30	2,5	1800	
10	*U 10*	*P 28, 30, 32, 37*	4	30	16	2,5	1920	
11	*U 11*	*P 39*	2	35	20	3	1400	
12	*U 12*	*P 40, 41*	4	30	16	2,5	1920	
13	*U 13*	*P 25*	2	30	16	2,5	960	
		I. Stock:						
14	*U 14*	*I 21*	2	60	30	4	3600	
15	*U 15*	*I 21*	2	30	16	4	960	
16	*U 16*	*I 16, 17*	1	45	30	3	1350	
17	*U 17*	*I 15*	2	30	16	2,5	960	
		II., III., IV. Stock:						
18	*U 18*	*II 1* *III 1* *IV 1*	6	30	16	2,5	2880	
		Sa.	46					

Für alle Träger, die hier nicht mit Unterlagsplatten bedacht sind, genügte der geringen Belastung halber entweder eine hartgebrannte gesunde Klinker-Trottoirplatte oder zwei ca. 20 cm lange Eisenpackeln aus Flacheisen, ca. 40/10 mm stark. Untersuchen wir auch hier, wie wir mit dem Voranschlage auskommen. In letzterem sind 1241 kg veranschlagt.

1 cdm = 1000 ccm wiegt maximal 7,5 kg (spez. Gewicht).

Aus der Tabelle ersehen wir, daß benötigt werden:

2,5 cm stark,	14760 qcm	× 2,5	= 36900 ccm
3 » »	4550 »	× 3	= 13650 »
4 » »	17160 »	× 4	= 68640 »
		Summe	119190 ccm

gleich 119,19 cdm à 7,5 kg = 894 kg.

Rechnen wir hinzu die Mehrkosten für Trottoirplatten, Eisenpackeln und die Modellkosten, die uns aus den Platten erwachsen, die nicht auf Lager sind, so ist immerhin das Resultat noch ein ganz befriedigendes.

i) Schaufensteranlage.

Zur Bestellung der Schaufensteranlage, zu welcher außer den eisernen Ladenstöcken, Fenstern und Türen noch die Rolläden samt Getriebe und die Lichtschachtgitter gehören, sind dem Lieferanten Kopien aller jener Werkpläne einzuhändigen, die zur Anfertigung der Detailzeichnungen nötig sind. Hierher gehören: Schnitt der Vorderfaçade Tafel X, Façadenzeichnung Tafel XII, Grundrisse der Vorderfaçade Tafel VI, VII, VIII, Werkpläne für die Steinmetzarbeiten Tafel XIV und XV, Zeichnung der Ständer *PSt 1* und *2* Tafel XVII, Detailzeichnung in natura der Lichtschachtgitter. Es ist ferner anzugeben, ob die großen Spiegelscheiben durch Eisen- oder Messingsprossen geteilt werden sollen oder nicht. Es ist hier auch ratsam, die Größen und Stärken der Profileisen dem Eisenkonstrukteur zu überlassen, da er auch hier all und jede Garantie für die Stabilität vertragsmäßig zu übernehmen hat. Durch eventuelle Ausbiegungen der eisernen Fensterrahmen können die sehr teuren Spiegelscheiben zerdrückt werden, wofür ebenfalls der Eisenkonstrukteur haftbar zu machen ist.

k) Spänglerarbeiten.

Die hier in Betracht kommenden Arbeiten sind sehr geringfügig; es sind in der Hauptsache Ergänzungs- und Reparaturarbeiten, so daß man sogar von einem Vertrag Abstand nehmen kann.

l) Maler- und Anstreicherarbeiten.

Für Anstreicherarbeiten sind in jedem besseren Baugeschäft gewöhnlich Mustertafeln vorhanden, deren Qualität, Farbe etc. im Vertrage zugrunde gelegt wird. Hauptsächlich bedinge man, daß die Öl- und Lasurfarbenanstriche so ausfallen müssen, daß 14 Tage nach Fertigstellung kein Picken bei Aufdrücken der warmen Hand mehr stattfinden darf, weil sonst ohne Zweifel mangelhaftes Material verwendet wurde, was man der frischen Farbe nicht ansehen kann.

Für die Qualität von Leimfarbarbeiten, Decken- und Wandmalereien, führe man am besten ausgeführte Objekte als Muster an und bedinge sich aus, daß zu allen Decken und Wänden vor Beginn der Arbeiten am Bau zuerst Muster zur Genehmigung der Bauführung angefertigt werden müssen.

Sehr wichtig ist bei Vergebung dieser Arbeiten, die Fertigstellungstermine genau zu bestimmen, da die Malerarbeiten fast die letzten Arbeiten vor der Übergabe sind und, wie vorhin schon erwähnt, Zeit zum Trocknen brauchen. Sache der Bauleitung ist es, hauptsächlich hier zu sorgen, daß der Maler zur festgesetzten Zeit, lieber etwas früher, die Arbeiten anfangen kann.

m) Hafnerarbeiten.

Vor der Vergebung derselben sind Kachelmuster, ebenso Muster der Durchsichten samt Türchen und der Heiztüren in Vorlage zu bringen. Im Vertrag genügen die Angaben, wie sie im Voranschlag angeführt sind. Beizugeben ist eine 100teilige Grundrißkopie, worin genau ersichtlich ist, wohin die Öfen und Herde gestellt werden sollen. Der Hafner ist vertragsmäßig zu verpflichten, während der Arbeit die Böden durch Unterlage von Brettern zu schützen, damit dieselben nicht durch die scharfen Kachelabfälle und durch Lehm verdorben werden. Ferner ist zu bedingen, daß die

Öfen nach Fertigstellung der Malerarbeiten nochmals zu putzen, die Eisenteile und Rohre zu schwärzen oder mit Eisenlackfarbe zu versehen sind.

Für gußeiserne Öfen, die immer bildlich in Musterbüchern dargestellt und numeriert sind, genügt die Anführung dieser Katalognummern.

n) Parkettarbeiten.

Für die Bestellung der Parkettarbeiten sind dem Lieferanten ebenfalls 100teilige Grundrisse zur Verfügung zu stellen; in denselben wird bemerkt, welche Qualität Riemen oder Parketten in die einzelnen Räume gelegt werden sollen. Bei Riemen wird gewöhnlich das Einzelmaß der Riemen und Stärke bezeichnet, bei Parketten die Nummer des Musterbuches. Dem Vertrag ist ferner noch der Text unseres Kostenvoranschlages beizufügen.

o) Klosett- und Installationsarbeiten.

Zur Anschaffung der Klosett- und Installationsarbeiten sind Grundrisse und Schnitte, letztere mit eingeschriebenen Maßen, nötig, aus denen ersichtlich ist, wo die Klosetts hinkommen, wo Wasserausläufe nötig sind, und wie die Kanalisation geführt wird. Hiernach hat der Installateur seine Pläne anzufertigen, der Bauführung zur Genehmigung vorzulegen, und nach Vertragsabschluß die Ausführung zu betätigen. Muster von Klosetts, Reserven, Auslaufhähnen etc. sind jedenfalls vor der Verakkordierung in Vorlage zu bringen. Bei der Wasserleitungsanlage ist besonders darauf zu achten, daß jedes Klosett, jeder Küchenausguß und jedes Bad mit Absperr- und Entleerungshähnen versehen sind, damit nicht das ganze Haus darunter zu leiden hat, wenn irgendwo eine Störung eintritt, welche Reparaturen verursacht.

p) Gasbeleuchtungsarbeiten.

Zu dieser Bestellung ist ebenfalls nötig, auf separatem Plan in allen zu beleuchtenden Räumen anzugeben, wieviel Flammen und wo dieselben hinkommen. Es ist ferner anzugeben, ob die Flammen Deckenbeleuchtung, Wandarme oder transportable Lampen sein sollen, wo ist der Hauptgasmesser im Keller zu plazieren, wo sollen die einzelnen Gasmesser für die Parteien Platz finden. Die Beleuchtungskörper sind nach Mustern auszuwählen. Für die Leitungsanlage und deren Dimensionen resp. Weiten ist der Unternehmer verantwortlich, wie schon unter »Verträge, spezielle Bedingungen« angeführt wurde.

qu) Elektrische Glockenzüge.

Dem Unternehmer sind zur Ausführung folgende Angaben zu machen: Wo wird die Batterie aufgestellt; wo sollen die Taster an der Haustüre angebracht werden, und in welche Etagen sollen die Leitungen von da aus geführt werden; welche Wohnungseingangstüren erhalten Taster und Glocken. Muster für Taster, Glocken und Tasterschilder sind vorzulegen. Der Text des Voranschlages ist dem Vertrag beizufügen.

---

12. Beginn der Bauarbeiten.

a) Aufstellung der Bauhütte etc.

Für jeden Baubetrieb ist die erste Arbeit die Aufstellung einer Bauhütte, welche je nach Umfang der Bauarbeiten in entsprechender Größe angelegt wird. Hierin ist unterzubringen: 1. Ein heizbarer Raum für den Bauschreiber und die Poliere. 2. Ein verschließbarer Raum für Werkzeuge. 3. Ein verschließbarer Raum für Zement und Kalk.

Letzterer Raum muß unbedingt trocken sein. Ferner soll noch ein genügend großer heizbarer Raum geschaffen werden, wo die Arbeiter während der Brotzeiten Unterkommen finden, und schließlich 2 Aborte für männliche und weibliche Arbeiter. Heizbare Räume für die Bauführung werden gewöhnlich nur dann hergestellt, wenn der Bau so umfangreich ist, daß ein Bauführer den ganzen Tag anwesend sein muß.

Bei einem Neubau ist das alles leicht zu machen, da für eine Bauhütte gewöhnlich genügend Raum vorhanden ist.

In unserm Falle ist die Lösung dieser Frage eine nicht gerade leichte.

Das Lokal des Bauschreibers soll möglichst so liegen, daß er an- und abfahrende Fuhrwerke übersehen kann. Die Materialhütte soll auch möglichst so liegen, daß der Transport vom Wagen nicht zu weit ist, und schließlich soll die Stellung der Bauhütte auch noch so sein, daß sie während der ganzen Bauzeit belassen werden kann.

Im gegebenen Fall, wo wir diesbezüglich räumlich bis aufs äußerste beschränkt sind, lassen sich diese Bedingungen mit dem besten Willen nicht aufrecht erhalten. Wir müssen die einzelnen Räume nicht nur gesondert schaffen, wie es der Platz erlaubt, sondern müssen auch während der Bauzeit wenigstens einmal umquartieren.

Da unser Bau in die Sommermonate fällt, kann man sich ja leichter behelfen und die Hütten möglichst leicht aus Stangen und Brettern zusammennageln.

Wir arrangieren die Sache am besten in folgender Weise: Als Polierhütte verwenden wir vorerst den Raum *RP2* (Tafel VII) und schließen ihn gleich nach der Mittelmauer zu mit einer Bretterwand ab. Dieser Raum kann zu dem Zweck am längsten verwendet werden, da das Kellergewölbe intakt bleibt und auch die Auswechselung des Fensters eine der letzten ist.

Für Zement machen wir einen Verschlag im Raum $RP1$ $1\,^1/_2$ m von der Umfassung weg an die $^1/_2$ Stein starke Gangmauer anliegend. Die Werkzeughütte schlagen wir im Hof rechts auf, wo sie während der ganzen Bauzeit verbleiben kann, und daneben die Aborte, welche am besten mittels Tonne und Torfmullstreuung angelegt werden.

Steinkalk wird überhaupt keiner gebraucht und ist daher nichts vorzusehen.

Ist dann die Auswechselung der Vorderfaçade fertig und die neue Decke geschaffen, legt man im Parterreladen nach der Straße gleich ein Stück Lager mit Blindboden und stellt darauf die Polierhütte. Für den Zement findet man überall leicht Platz, nur muß er absolut trocken sein.

b) Einfriedigung und Schutzdächer.

Die Genehmigung zur Aufstellung des Baueinfanges ist einige Tage vorher beim Bezirkskommissär zu erwirken. Der Baueinfang ist vor Baubeginn herzustellen. Man trachte denselben so groß als möglich zu erhalten. Zuviel Platz hat man nie. Gewöhnlich wird er auf die ganze Trottoirbreite genehmigt. Dann ist aber außerhalb desselben ein provisorisches Trottoir $1-1\,^1/_2$ m breit, aus starken Brettern und Lagern herzustellen. Während der Nacht ist dieser Einfang mit einer Laterne zu versehen. Vielfach wird dieser Baueinfang mittels altem, aus dem Abbruche erhaltenen Materials hergestellt, was aber einen armseligen Eindruck macht. Man nehme neues Lagerholz und Blindbodenbretter dazu, beides wird recht schön trocken und ist an jedem Neubau wieder zu verwenden. Jedes Feld des Baueinfanges, wie er bei uns nötig ist, soll zum Ausheben sein, wie aus beistehender Skizze Fig. 51 ersichtlich ist. Die Höhe des Baueinfanges macht man 2 m hoch.

Fig. 51.

Zur Sicherung von Publikum und Arbeitern ist Vorschrift, daß bei Um- oder Neubauten an der Straße sog. Schutzgerüste oder Schutzdächer hergestellt werden.

Dieselben müssen kräftig genug sein, um von oben darauffallenden Mauerbrocken, Dachplatten etc. genügend Widerstand leisten zu können, müssen so beschaffen sein, daß darauffallende Steine nicht auf die Straße abspringen können, und müssen so beschaffen sein, daß die freie ungehinderte Passage darunter hinweg möglich ist.

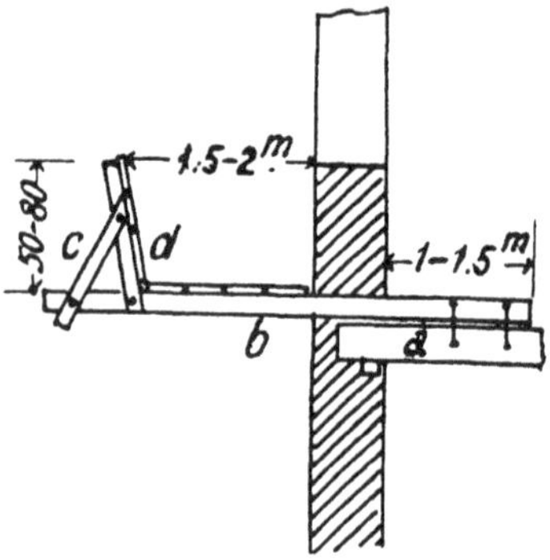

Fig. 52.

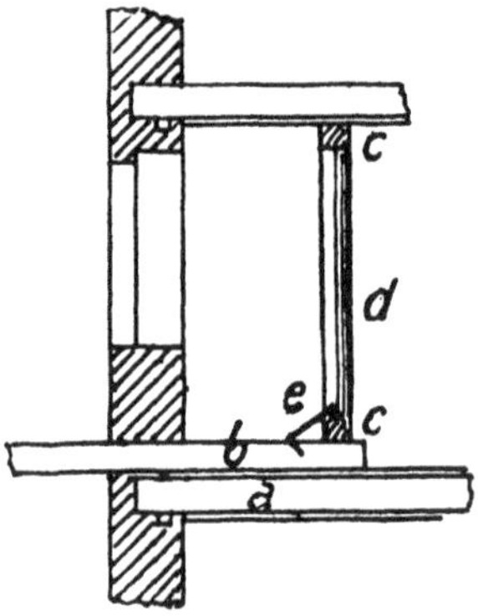

Fig. 53.

Sie werden deshalb gewöhnlich auf der Fensterbrüstungshöhe des I. Stockes angebracht. Entweder, wie in Fig. 52 ersichtlich, so, daß man auf Höhe der Tram *a* durch die Fensterbrüstungen (nicht Pfeiler) der Umfassung Löcher bricht und 0,12—0,15 mm starke 4kantige Hölzer *b* steckt, die am rückwärtigen Ende an den freigelegten Tramen *a* beiderseits mit Eisenklammern befestigt werden, oder so, daß, wie in Fig. 53 ersichtlich ist, die Hölzer *b* auf die Fußböden der inneren Tramdecke gelegt und mittels der Schwellen *c c* und der Rundhölzer *d* zwischen die 2 Decken eingekeilt werden; bei *e* gibt man dann noch einige Eisenklammern, die Schwelle *c* und Ausschußholz *b* vor Abrutschen sichern.

Fig. 54.

An dem freihängenden Ende der Ausschußhölzer *b* werden dann, wie Fig. 51 zeigt, etwas nach außen geneigte vertikale Bohlenstücke *d* mit Brettstreben *c* angenagelt, und das Ganze vertikal und horizontal mit 3—4 cm starken Brettern abgedeckt, die entweder am Stoß gut schließen müssen, oder überlukt werden (Fig. 54), damit absolut nichts durchfallen kann.

In unserm Fall wählen wir den Fall Fig. 53, verwenden zu den Ausschußhölzern gesundes kräftiges Holz, am besten 15/15 stark, machen das Gerüst 2 m breit, damit wir es gleich als Basis für ein Schragengerüst verwenden können, um die Arbeiten für die Abbolzung Tafel XX etc. darauf vornehmen zu können.

Bei Abbruch von Dachstühlen und höhern Etagen ist ein solches Schutzgerüst auch noch unterhalb des Hauptgesimses oder der betreffenden Etage nötig, da sonst die Steinbrocken und Mörtelteile etc. leicht in großem Bogen über das untere Gerüst hinausspringen.

Es sei hier noch einiges über Schutzdächer, die zur Sicherung gegen Regen notwendig werden, aber im vorliegenden Falle wegfallen, bemerkt.

Bei Aufsetzen von Stockwerken, wo das Dach abgenommen wird, um es sogleich nach Aufmauerung der Etage wieder aufzustellen, genügt es in der Regel, den letzten oberen Fußboden mit einer Schichte von 15—20 cm Höhe Sägespäne zu bedecken, worüber noch eine Lage Bretter kommt. Sicherer ist es noch, statt der Bretterlage 2 Schichten flachgelegte trockene Mauersteine zu verwenden. Mir ist es nicht vorgekommen, daß bei solcher Ausführung in einem Zeitraum von 14 Tagen bis 3 Wochen Regen durchgeschlagen hätte.

Nun kommen aber außergewöhnliche Fälle vor, wie ich einen solchen beim Umbau eines großen Brauhauses hier hatte. Hier war die Situation folgende: Die ganzen Parterreräume des alten Traktes, in denen früher das Sudhaus und Malztennen untergebracht waren, wurden zu allererst zu großen Bierhallen umgebaut und betriebsfähig hergestellt. Die alten Gewölbe über diesen Räumen blieben bestehen und oberhalb wurde dann das Dach entfernt und ein großer Saal hergestellt.

Vom Tage der Dachabnabme aber bis zur fertigen Eindeckung des neuen Daches waren mehrere Monate erforderlich, um die Umfassungsmauern zu erhöhen, den sehr schweren eisernen Dachstuhl aufzustellen und darauf das Dach zu konstruieren.

Um den Wirtschaftsbetrieb aufrecht zu erhalten, hauptsächlich die alten Gewölbe vor Durchnässung absolut sicher zu schützen, wurde folgendes Verfahren eingeschlagen.

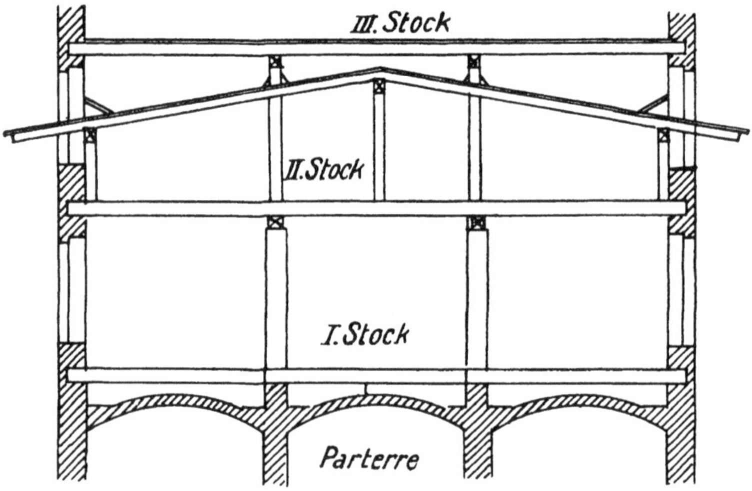

Fig. 55.

Im Parterre (Fig. 55) blieben die alten Gewölbe erhalten. Im I. Stock waren Malztennen mit Gewölben, darüber eine Tramdecke, welche den späteren Saalfußboden bildete. Im II. Stock waren Gerstenböden. III. Stock Dachraum. Ehe das Dach entfernt wurde, wurde die Tramdecke des II. Stockes freigelegt, um die darunter liegenden Gewölbe gefahrlos durchschlagen zu können. Dann wurde im II. Stock nach Entfernung der Zwischenmauern und Abbolzung der Tramlage ein vollständiges Dach mit Dachpappe so hergestellt, daß die Sparren in den Fenstern 80 cm weit hinausragten. An den Umfassungsmauern wurden, wie Fig. 55 zeigt, Seiher hergestellt, die auch auf Mauertiefe in den Fensterlichten fortgesetzt wurden, an den Säulen innen wurde die Dachpappe aufgebogen und angenagelt. Die Dachbalkenlage wurde auch gleich freigelegt und als Gerüst für den Aufbau und zur Dachstuhlaufstellung verwendet. Auf diese Weise marschierte alles Regenwasser zu den Fensteröffnungen hinaus und ging nirgends ein Tropfen Wasser ein. Zu den Dachsparren des provisorischen Daches wurden gleich die Sparren des alten Daches verwendet. Erst nach vollständiger Fertigstellung des neuen Dachstuhles und Daches und nach Fertigstellung des großen Rabitztonnengewölbes im Saal wurde das provisorische Dach entfernt. Die Kosten waren verhältnismäßig geringe, sogar die Dachpappe konnte zum großen Teil wieder Verwendung finden.

c) Bauschreiberei und behördliche Verpflichtungen.

In kleinen Baubetrieben weiß man gewöhnlich nichts von einem Bauschreiber. Der Polier ist das Faktotum für alles. Er soll am Bau überall sein, die Leute ein- und anstellen, die Wochenlisten führen, Rapporte anfertigen, das Fuhrwerk besorgen etc. Wenn an einem Bau nicht mehr als ca. ein Dutzend Leute beschäftigt sind, geht das ja auch; sobald es sich aber um einen größeren Bau handelt, hauptsächlich Umbau, ist ein Bauschreiber nötig.

Die Funktionen eines Polieres sollen hierbei folgende sein. Er hat die Leute aus- und einzustellen, hat darüber zu wachen, daß von den Arbeitsleuten jeder an den richtigen Platz kommt und sie richtig verteilt werden; er hat dafür zu sorgen, daß die Leute fleißig arbeiten, daß die Arbeit gut und solid ausgeführt wird, daß die Gerüste allen Anforderungen entsprechen; er soll bei allen schwierigen Transporten und Versetzungen selbst das Kommando führen, die Mörtelmacherei kontrollieren, dem Bauführer rechtzeitig den nötigen Materialbedarf anzeigen, die Löhne der Arbeiter je nach Leistung bestimmen. Kommt er diesen Anforderungen zur Zufriedenheit nach, dann hat er vollauf zu tun.

Die Funktionen eines Bauschreibers sollen folgende sein: Er soll für die Fuhrwerke Sand- und Schuttbilleten abgeben, das anzuliefernde Material nach Angabe der Lieferscheine kontrollieren, die Wochenlisten aufstellen, die Ab- und Anmeldung der Arbeiter bei der Behörde besorgen und die dazu nötigen Bücher evident halten, die Karten der Arbeiter für Unfall, Invalidität und Krankenversicherung in Ordnung halten, die entsprechenden Marken einkleben etc., das Telephon bedienen, was ja heute an fast keinem Bau fehlt. Hat er dann noch übrige Zeit, so findet er immer beim Bauführer Arbeit; er kann Kopien von Verträgen, Voranschlägen und einfachen Zeichnungen besorgen. Die Wochenrapporte für den Bezirkskommissär, die Anmeldung des Baubeginnes, der Fertigstellung des Rohbaues und Vollendung der Bauarbeiten soll der Bauführer selbst besorgen.

---

13. Unterfangungsarbeiten.

Man versteht hierunter die Tieferführung schon bestehender alter Mauern.

Man sieht bei Umbauten vielfach, daß kein Maurer am Bau ist, bis nicht der Abbruch vollständig beendet ist. Sind Mauern zu unterfangen, so wird dasselbe gemacht, wie die Erdarbeiten fortschreiten etc. Das ist unpraktisch. Die erste Arbeit beim Baubeginn sollen die Unterfangungsarbeiten sein. Es ist bei weitem ungefährlicher, dieselben vorzunehmen, solange der alte Bau noch in allen Etagen seine natürliche Verspannung durch Mauern und Decken hat, als wenn dieselben entfernt und durch Abbolzungen ersetzt sind.

Bei dieser Arbeit ist folgendes zu beobachten: Die Unterfangung darf nur stückweise erfolgen, so daß man eine Länge von 80 cm bis 1,10 m aushebt, resp. ausschachtet, diesen Teil untermauert, wieder einfüllt und dann erst ein weiteres Stück in Arbeit nimmt.

Die Untermauerung darf nur mit bestgebrannten Steinen und Zementmörtel ausgeführt werden. Bei stark belasteten Mauern sollte nur Portlandzement verwendet werden, dabei ist aber hauptsächlich auf die langsamere Erhärtung desselben Rücksicht zu nehmen. Bei weniger belasteten Mauern genügt auch ein guter Romanzement. Mit Beton ist hier nichts zu machen. Die Ausschachtung muß in derselben korrekten und soliden Weise hergestellt werden wie bei jeder Kanalisation. Hierbei ist natürlich die Beschaffenheit des auszuhebenden Materials von der größten Wichtigkeit.

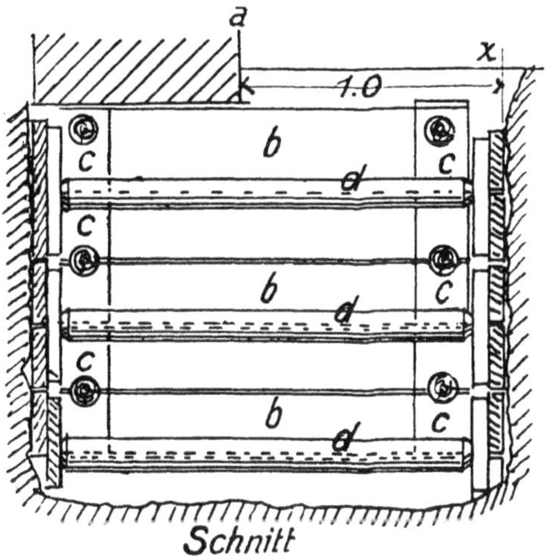

Fig. 56.

Ein fetter trockener Lehm oder Sinter braucht am wenigsten Sicherung vor Einstürzen. Aber jeder Kies- oder Sandboden ist gefährlich, ebenso weicher Humus oder eingefüllter Boden.

Bis zu einer Tiefe von 50—80 cm kann man fast überall ohne Ausbolzung auskommen, bei größeren Tiefen aber keinenfalls.

Auf Tafel XI ist ersichtlich, daß in unserem Projekt zwei verschiedene Fälle vorliegen.

Links ist das Nachbaranwesen nicht unterkellert und deshalb die dem Nachbar gehörige Hälfte der Kommunmauer mit zu unterfangen. Rechts hingegen ist das Nachbaranwesen bereits unterkellert und nur unsere eigene Mauer zu unterfangen.

Linksseitig geht man in folgender Weise vor: An der Kaminanlage der Mittelmauer wird angefangen, da man den Pfeiler für den Steinaufbau erst von außen abspreitzen muß, und ehe wir vorne ankommen, kann dies geschehen sein.

Fig. 56 stellt den Längenschnitt und Fig. 57 den Grundriß der Ausschachtung dar.

Fig. 57.

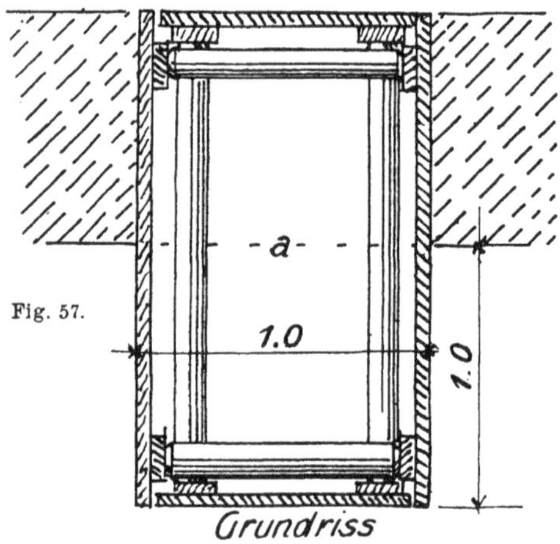

Der Schacht ist 1,0 m lang und von der Mauerflucht *a* 1,0 m tief angelegt und das schlechteste Material, Rollkies, angenommen. Die Ausschachtungsbohlen *b* sind nicht unter 5 cm Stärke und ca. 25 cm breit zu wählen. Die Bolzunterlagen *c* sind ebenso stark, 15 cm breit und 2 Brettbreiten lang. Die Bolzen selbst sollen nicht unter 10 cm stark sein und sind an beiden Enden stark abzufaçen, damit sie nicht spalten beim Antreiben. Vom Terrain *x* weg sind 40 cm nicht ausgebolzt. Von da ab ist die oberste

Schichte 3 Brettbreiten, also 75 cm tief ausgehoben. Dann wird dieser Teil mit 2 Quer- und 2 Längsbolzen ausgekeilt. Unter die Schalung wird krauses Stroh oder Holzwolle eingelegt, die Bolzen angetrieben, bis sie klingen, und dann nochmals unter die Schalung von oben und unten Holzwolle möglichst fest eingestopft. Ist dies fertig, wird weiter ausgehoben und dieselbe Prozedur mit nur 2 Brettbreiten fortgesetzt. Sieht man, daß auch bei 2 Brettbreiten schon zu viel Erdreich herausrollt, nimmt man nur eine Brettbreite auf einmal und bolzt neben der normalen Bolzung *c* provisorisch mit einem Bolzen *e* ab; ist das zweite Brett eingesetzt, gibt man diesem und dem provisorisch eingespannten Brett die Bolzung mit Bolzunterlage für diese zwei Bretter unter *e* und entfernt den provisorischen Bolz. Man muß so verfahren, weil sonst der freie Raum zwischen den Bolzen, der hier 60—65 cm im Quadrat beträgt, so beengt wird, daß die Material-Ein- und -Ausfuhr unmöglich wird. Ist man auf der Sohle angekommen, wird die Fundamentsohle mit fetter Zementmilch (Gemisch von Wasser und nur Zement) ausgegossen, bis nichts mehr versitzt, mit einem Eisenstößel festgestampft und mit dem Mauern begonnen, nachdem das unterste Brett wieder entfernt ist. Nach der Seite, wo die Untermauerung fortgesetzt wird, werden sog. Schmarzen (Zahnverband) angelegt. Soweit das Schalbrett entfernt wurde und gemauert ist, wird sogleich wieder das Erdreich eingefüllt. In derselben Weise, wie die Ausbolzung gemacht wurde, wird sie auch wieder entfernt. Die Material-Aus- und Einfuhr wird, sobald der Schacht Manneshöhe überschreitet, mittels Haspel (Walzenwinde) besorgt. Ist man mit dem neuen Mauerwerk unter dem alten angekommen, werden von letzterem alle etwa losen Steine entfernt und von hinten auf Steinbreite ausgemauert. Zwischen altem und neuem Mauerwerk werden dann noch 4—6 eichene Keile fest eingetrieben, der Mörtel dazwischen nachgestopft und so fort, bis die Einmauerung fertig ist.

Bis wir mit den Arbeiten an die vordere Umfassung kommen, ist die Abbolzung letzterer soweit fertig, daß man gleich das ganze Fundament des Steinpfeilers mit fertigmachen kann.

Auf der rechten Seite des Baues besteht die nachbarliche Kellerabschlußmauer schon, und ist infolgedessen die Arbeit weniger gefährlich und auch weniger umständlich.

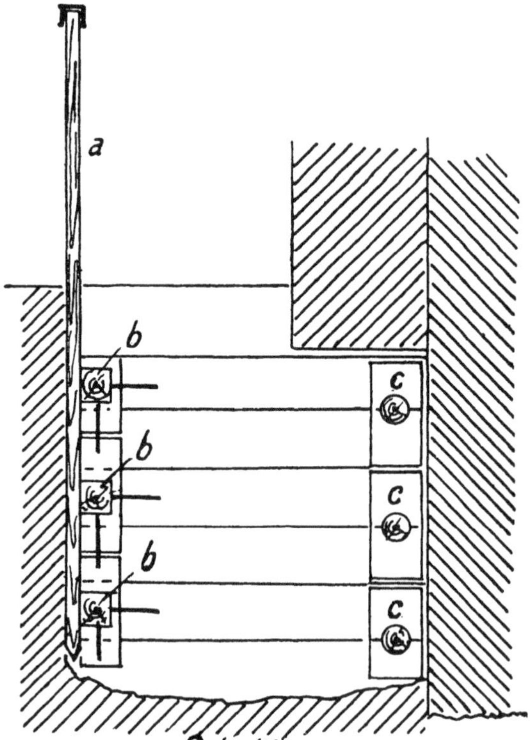

Fig. 58.

Die Ausbolzung nach der Schmalseite des Schachtes bleibt dieselbe wie vor; nach der Längsrichtung ist nur das Erdreich nach unserer Seite zu sichern. Man behilft sich da ohne Ausbolzung in ähnlicher Weise, wie man eine Spundwand anlegt.

Fig. 58 stellt wiederum den Längsschnitt der Schachtgrube dar. Linkseitig nach dem Erdreich zu werden die runden Bolzen *c* durch vierkantige *b*, *b* ersetzt. Hart an diese Bolzen, die gegen ein Ausweichen beiderseits mit eisernen Klammern gesichert werden, werden 5 cm starke Bohlen *a*, die so hoch wie der ganze Schacht sind, eingelegt und je nach Tieferführung des Schachtes von oben, wo eiserne Schuhe aufgesetzt sind, mit einem schweren Hammer nachgetrieben.

Bei der Einfüllung des Schachtes, resp. bei Wegnahme der Schalung von unten auf, werden diese Bohlen dann mittels Fußwinde und die in die Bohlen fest eingetriebenen Klammern wieder sukzessive herausgezogen. Auf diese Weise fällt die ganze Längsausbolzung weg, jedoch ist wegen der wegfallenden Ausstopfung der Schalung mit Holzwolle, die so nicht möglich ist, die erstere Konstruktion vorzuziehen.

Diese Unterfangungsarbeiten können natürlich auf beiden Nachbarseiten zu gleicher Zeit vorgenommen, bei größeren Längen der zu unterfangenden Mauern sogar an verschiedenen Stellen zu gleicher Zeit in Angriff genommen werden.

Im allgemeinen sei noch erwähnt, daß man zu solchen Arbeiten, ohne Ausnahme, nur geschultes Personal verwenden soll; in größeren Geschäften hält man sich immer einen Stamm von Arbeitern, die ausschließlich nur für Umbauten verwendet werden. Man zahle diese Leute besser, sie verdienen es, und man kann sich auf solche Leute verlassen.

14. Abbrucharbeiten.

Es sollen hier auch solche Abbrucharbeiten beschrieben werden, die bei unserm Objekt nicht vorkommen.

a) Wasserzuleitung.

Bei Abbruchobjekten, die in Straßen liegen, wo durch die größere Staubentwicklung Belästigung der Nachbarschaft eintritt, wird behördlich verlangt, daß seitens der Bauleitung

Vorkehrungen getroffen werden, diese Belästigungen tunlichst zu verhindern.

Das beste Mittel hierfür ist eine ergiebige Bespritzung der Abbruchmassen mit Wasser.

Ist die Wasserleitung schon in die Stockwerke geführt, so versieht man in jeder Etage ein oder zwei Auslaufhähne mit sog. Schlauchverschraubungen, das sind Hähne, an denen ein Gewinde angegossen ist, um einen Spritzschlauch befestigen zu können.

Ist die Wasserleitung nicht eingeführt, so lasse man dies schleunigst vornehmen und führe eine provisorische Rohranlage bis dahin, wo der Abbruch beginnt; es rentiert sich das, da man erstens zum Aufbau sowieso wieder Wasser braucht und das Hinauftragen von Wasser gewöhnlich das Vielfache von den Unkosten der provisorischen Leitung kostet. Rohre und Hähne sind ja wieder verwendbar. Den Schlauch nimmt man so lang, daß eine mühelose ergiebige Bespritzung überall möglich ist.

b) Abbruch von Dächern.

Bei Abbruch von Blecheindeckungen nehme man einen Spengler zur Hand, wenn das Blech auch nur teilweise wieder verwendbar ist; man lasse die Stehfalze der Länge nach abstemmen, Querfalze belassen und die Tafeln aufrollen. Ist nichts mehr verwendbar, gibt es nur Altmaterial, was allenfalls noch zum Einschmelzen lohnt, so besorgen das Abnehmen dann die Tagwerker. Bei Plattendächern, die Satteldächer sind, ist zu empfehlen, die Abdeckung ganz symmetrisch auf beiden Dachflächen von oben herunter vorzunehmen, damit durch einseitige Entlastung nicht etwa der alte baufällige Dachstuhl zusammenbricht. Die Platten befördert man am besten auf sog. Rutschen, schiefgeneigte Bretter, die beiderseitig eine Führung durch aufgenagelte Latten oder besser seitlich angenagelte Bretter erhalten. Am Fuße einer solchen Rutsche, die nicht höher als 2 Etagen sein sollte, schüttet man einige Karren feineren Sand auf, damit die Platten nicht zerbrechen. Rutschen, die schon außerhalb des Baues liegen, sollen ganz geschlossen sein, also viereckige, hohle Holzkästen, damit nicht eine abspringende Platte Passanten verletzt. Zum Auseinandernehmen des Dachstuhls bohrt man am besten die Holznägel der Zapfen aus, wenn sie schwer herauszunehmen sind. Schwere Dachstühle behandle man beim Abnehmen genau wie beim Aufstellen. Man schwarte sie ab, d. h. man stütze sie durch provisorisch angenagelte Brettspreizen und nehme dieselben stückweise vorsichtig ab.

Lange Stücke, wie Sparren und Pfetten, seile man vorsichtshalber an, Tagwerker können mit solchen Sachen nicht umgehen wie Zimmerleute. Das Herablassen der Hölzer auf die Straße kann nur außerhalb der Umfassungen mittels Seilen bewerkstelligt werden.

c) Tramdecken.

Zuerst hebe man die Fußböden ab. Gibt es nur Brennholz, so braucht man nicht viel aufzupassen. Sind aber die alten Bretter halbwegs noch verwendbar, so nehme man 40 bis 50 cm lange Keile aus hartem Holz und keile die Böden ab; sind die Nägel ein wenig gehoben, ziehe man sie heraus, gewöhnlich sind sie stark eingerostet und ziehen sich durch die Bretter. Zur Entfernung der Fehlbodeneinfüllung, die am meisten staubt, lege man gleich durch 2 oder 3 Etagen geschlossene Bretterrutschen an, auf die man oben einen trichterförmigen Aufsatz aufsetzt, durchnässe die Einfüllung tüchtig und schaffe sie mit Schaufel und Schubkarren in jeder Etage zur Rutsche.

Dann werden die Fehlböden entfernt und die Putzdecken mit dem Pickel heruntergeschlagen. Bevor man die Deckenbalken entfernt, muß das Auflager in den Mauern freigelegt und die Schlaudern entfernt sein. Das Herablassen auf die Straße geschieht wieder mittels Seilen außerhalb der Umfassungen.

d) Mauerabbrüche.

Beim Abbruch von Mauerwerk ist darauf zu achten, möglichst viel ganzes Steinmaterial zur Wiederverwendung zu gewinnen. Je nachdem nun das Bindemittel ist, je nachdem wird man ganzes Steinmaterial herausbringen. Je schlechter diese war, je mehr Steine gewinnt man und umgekehrt. Neues Kalkmauerwerk ist am günstigsten, Zementmauerwerk und recht altes Kalkmauerwerk am ungünstigsten für die Steingewinnung.

Der Abbruch in den Etagen kann nur mittels Pickel von oben herunter gemacht werden. Ein Umwerfen der Mauern, wie es so gern gemacht wird, ist in den Etagen unter allen Umständen zu vermeiden, da eine halbverfaulte Tramlage dadurch leicht durchgeschlagen werden und das größte Malheur entstehen kann. Die Backsteine werden, gleichviel ob man selbst Verwendung hat oder ob sie verkauft werden, gleich oben mit Mauerhämmern vom Mörtel befreit und auf Rutschen, wie schon bei Artikel »Abbruch von Dächern« beschrieben, nach dem Parterre befördert.

e) Gewölbeabbrüche.

Gewöhnliche Tür- und Fensterstürze und Gurtbögen bringt man leicht zu Fall, wenn man zuerst den Scheitel durchschlägt; aber man achte streng darauf, daß die Tagwerker nicht auf dem Bogen stehend das Gewölbe durchschlagen und samt demselben abstürzen, sondern, je nach Breite, 1 oder 2 Rüstbretter darüberlegen, auf denen sie stehen.

Bei dem Abbruch von Gewölben jeder Art ist dasselbe zu beobachten. Zuerst schaffe man einen sicheren Standplatz, bei größeren Dimensionen verwende man einige Vierkantholz, lege darüber Bretter und beginne von der Mitte aus durchzuschlagen.

Bei freistehenden, gewölbten Objekten, wie unter Fig. 55 als Beispiel angeführt, müssen sämtliche einzelne Gewölbe zu gleicher Zeit durchgeschlagen werden, damit nicht einseitiger Schub herbeigeführt wird.

Bei großen und hauptsächlich sehr schweren Gewölben, bei denen eine zu große Erschütterung oder gar ein Durchbruch der nächstunteren Decke zu befürchten ist, unterstütze man die Decke entweder durch ein ganzes Gerüst, oder doch wenigstens durch mehrere vertikalgestellte Rundhölzer, für die man oben einen wagrechten Aufsatz ausstemmt. Bis es zum Abbruch unserer neuesten, mit Eisen armierten Betondecken etc. kommt, wird sich wohl jemand finden, der das zu beschreiben mehr Erfahrung besitzt als Schreiber dieses.

f) Schuttabfuhr.

Um hierbei rationell zu verfahren, ist die Hauptsache, dafür zu sorgen, daß der Schutt nicht unnötigerweise unzählige Male hin und her geschafft wird, ehe er zum Verladen kommt. Es wird Geld und Zeit gespart, wenn man gleich vom ersten Tage des Abbruches an die unter Post *c* dieses Abschnittes beschriebenen Rutschen bis zur halben Parterrehöhe herunterführt, und unter diese Rutsche gleich die Schuttwagen zur Aufnahme des Materials schiebt. In unserm Falle ist der vordere Teil des Hauses nicht unterkellert, da geht dies ohne weiteres. Sind aber Keller vorhanden, so sind die Gewölbe in der Weise zu schützen, daß man sogenannte Holzbrücken herstellt. Man schneidet alte Balken der Länge nach so ein, daß sie auf den Mauerabsätzen Auflage haben, darüber legt man starken, doppelten Bohlenbelag, so daß die Brücke volle Wagen samt den Pferden ohne Gefahr trägt. Zu diesen Rutschen stelle man einen verlässigen Mann, der erstens Obacht gibt, daß von oben nicht verwendbares Steinmaterial mit herunterkommt, der zweitens nach oben ruft, wenn ein Wagen voll ist und eingehalten werden muß, und drittens verhindert, daß zu viel Staub entsteht.

15. Verwertung der Abbruchmaterialien.

Unter § 6 des Bauvertrages mit dem Bauherrn steht dem Unternehmer das Recht zu, aus dem Abbruch gewonnene brauchbare Materialien wieder zu verwenden, wofür eine Pauschalsumme von M. 500 vergütet ist. Kann man die anfallenden Sachen selbst verwenden, ist man immer am besten daran. Im Voranschlag ist auch die Verwendung derselben unter diversen Posten angeführt. Alte Steine, eiserne Träger, wenn nicht bedenklich vom Rost angegriffen, alte Fenster, Türen, Öfen, Herde sind leicht auf Brauchbarkeit zu untersuchen und leichter verwendbar als altes Holz. Letzteres soll man beim Bau zu verwenden vermeiden, hauptsächlich wo es zu konstruktiven Zwecken gebraucht werden soll. Jedes Stück kann man nicht selbst untersuchen, und die Arbeitsleute sind meist zu leichtsinnig bei der Auswahl.

Alte, gesunde Dachplatten werden hingegen mit Vorliebe wieder verwendet, da sie unbedingte Garantie für Wetterbeständigkeit bieten.

Bei alten Rohrleitungen ist auch Vorsicht geboten, da man sie innen nicht untersuchen kann, ob sie durch Rost zu stark gelitten haben. Mit einem Worte: alles, was man nicht außen und innen ansehen kann, vermeide man tunlichst zur Wiederverwendung. Alles läßt sich ja heute verkaufen, wenn auch zu sehr geringen Preisen.

Will man alles Abbruchmaterial dem Verkaufe unterstellen, unterhandle man am besten mit einem sogenannten Abbruchakkordanten, die es ja heute in allen größeren Städten gibt. Die Leute übernehmen gewöhnlich den ganzen Abbruch mit, machen sich entweder aus dem Erlös bezahlt und, je nachdem das alte Haus viel wertvolle Sachen enthält oder nicht, zahlen entweder noch bar Geld für den Abbruch oder verlangen eine Aufzahlung. Kann man sich mit solchem Unternehmer nicht einigen und ist man genötigt, die Sachen einzeln abzugeben, so verkaufe man sie jedenfalls, ehe sie ausgebrochen werden, denn durch den Ausbruch werden sie gewöhnlich noch beschädigt und werden auf einen Haufen zusammengestellt, wo sie nichts mehr gleichsehen.

---

16. Abbolzung oder Abspreizungen.

a) Allgemeines.

Abbolzungen dienen dazu, um in provisorischer Weise so lange die Belastungen von Mauern, Decken und sonstigen Konstruktionsteilen eines Hauses aufzunehmen, bis die alten Stützen entfernt und dieselben durch neu zu schaffende konstruktive Unterstützungen ersetzt sind.

Die Abbolzungen werden zumeist mit gesundem Rund- und Vierkantholz und mittels Eisenträgern hergestellt, deren Stärke selbstverständlich der aufzunehmenden Belastung entsprechen muß.

Die Stärke der Hölzer rechnerisch zu bestimmen ist so schwierig, daß die mathematischen Kenntnisse eines Bautechnikers gewöhnlich nicht genügen, es existieren auch nirgends behördliche Vorschriften hierfür. Zudem ist Holz ein Material, das betreffs Tragfähigkeit grundverschieden ist. Erfahrungsgemäß gilt hier der Grundsatz, lieber zu starke Hölzer als zu schwache zu verwenden. Im allgemeinen darf als Regel gelten: Rundhölzer unter 15 cm Durchmesser am schwachen Ende sollen selbst bei leichten Belastungen und geringen Längen bis zu 3 m nicht verwendet werden, bei schweren Belastungen und größeren Längen bis zu 8 m sollen Hölzer von 20—30 cm Durchmesser am schwachen Ende genommen werden.

Ebenso verhält es sich bei Schwellen und Pfetten. Die Stärken bewegen sich in den Maßen 15/15 cm als Minimum und 30/35 cm als Maximum.

Unterlagen mit Brettstücken aus weichem Holz sollen tunlichst vermieden und hierzu hartes Holz verwendet werden. Keile jeder Art sollen ausschließlich aus Eichenholz bestehen.

Die Schwellen, worauf die Vertikalbolzen sitzen, **müssen** sehr sorgfältig gelagert sein, **womöglich auf gewachsenem** Grund, **der noch mit Eisenstößeln** festgestampft wird. Ist kein gewachsener Boden zu erreichen, gieße man denselben zuvor mit Zementmilch aus und stampfe ihn fest.

Bei einem solchen Umbau, wie unser Projekt ist, handelt es sich nicht allein darum, daß das Haus nicht einstürzt, sondern auch darum, daß im Mauerwerk und Putz keine Risse entstehen.

Haben sich einmal solche Risse gebildet, öffnen sich dieselben nach wiederholtem Ausschmieren immer wieder.

In den Tafeln XX—XXII ist ersichtlich, daß die Überlagen auf den Pfetten, die sog. Reiter, aus eisernen Trägern bestehen. Man kann ja dieselben ebenfalls aus entsprechend starkem Holze machen, jedoch ist das deshalb unpraktisch, weil die Löcher, die durch das Mauerwerk gestemmt werden müssen, mindestens 3—4 mal größer werden und das Holz für Durchbiegung bei weitem nicht die Sicherheit bietet als wie Eisen; ferner ist ein Eisenträger leicht zu berechnen, was, wie schon oben erwähnt, für Holz schwer ist.

Wenden wir uns nun zur Abbolzung der verschiedenen Mauern unseres Projektes.

b) Umfassungsmauern.

Tafel XX zeigt uns die fertig abgebolzte Straßenfront. Hierbei ist folgendes zu beobachten: Die Abbolzung muß so eingerichtet sein, daß man zum Versetzen der neuen Pfeiler, Ständer und Träger genügend Platz hat. Die vertikalen Bolzen müssen wenigstens auf einer Seite so weit von der Mauer entfernt sein, daß ein Mann bequem durchgehen kann. Die Entfernung beträgt hier außen 50, innen

40 cm. Die eisernen Reiter werden so hoch gelegt, daß zwischen der Unterkante derselben und der Oberkante des über dem Steingesims liegenden neuen Trägers noch 5 bis 10 cm Zwischenraum ist.

Die Schubbolzen *a a*, welche nur an den Façaden verwendet werden, um ein Ausweichen der alten Umfassung nach außen zu verhindern, sind so zu stellen, daß das neue Steingesims noch Platz findet und daß die Schublinie unter die nächste Tramauflage fällt.

Die inneren Vertikalbolzen sind so zu verteilen, daß sie annähernd unter die Reiterschienen und so zu stehen kommen, daß die neue Trägerlage zur Decke über Parterre ungehindert verlegt werden kann. (Siehe Tafel XX, Grundriß I. und II. Stock.)

Die äußeren Vertikalbolzen sind ebenfalls annähernd unter die Reiterschienen zu stellen. Die Reiterschienen selbst sind so zu verteilen, daß unter jeden Pfeiler zwei Schienen Profil Nr. 24 und unter jeden Fensterpfeiler eine Schiene Profil Nr. 18 trifft.

Schließlich ist noch vorzusehen, daß die langen Träger *I 2, 3, 5, 6,* Tafel VIII, vor der Abbolzung längs der Umfassung auf den Fußboden des I. Stockes (siehe Tafel XX (Querschnitt bei *f*) gelegt werden und die Träger *P 1, 3* und *4* bei *g* plaziert werden, da nach der Abbolzung mit diesen langen Stücken nicht eingefahren werden könnte.

Der Gang der Arbeit ist nun folgender: Zuerst werden die Schwellen *b b*, welche sehr stark, 25/30 cm, sein sollen, gelagert. Vorne sollen sie über die Schwellen *h* ca. 50 bis 60 cm hinausgehen, im Innern mindestens 1 m über die Schwellen *c* hinaus, damit bei der späteren Fundation der Pfeiler und Ständer der Druck der ganzen Abbolzung nicht ausschließlich in die Nähe der Umfassungsmauer verlegt ist.

Auf diese Querschwellen kommt außen die Langschwelle *h*, ca. 20/25 cm stark, und innen die Schwelle *c*, welche wieder 25/30 cm stark sein soll.

Die Langschwelle *h* soll, wenn möglich, 40—60 cm über den letzten Bolz hinausgehen. Die innere Langschwelle *c*, welche aus zwei Stücken bestehen muß, da man sie sonst nicht ganz hineinbringt, wird beiderseitig 30 cm in die bis dahin schon unterfangenen Kommunmauern eingelassen. Mit sehr scharfem Werkzeug werden jetzt die Löcher für die eisernen Reiterschienen ausgebrochen, so knapp wie möglich und so, daß oben, wo die Mauer auf der Schiene aufsitzt, gerade eine Mörtelfuge trifft.

Im Innern sehen wir bei *d* einen Unterzug unter der Tramdecke über dem I. Stock, und oberhalb der Decke wieder zwei Schwellen übereinander gelegt. Es ist dies deshalb so angeordnet, weil die Tramdecke bestehen bleibt und unterbolzt werden muß, damit die sämtlichen alten Tramköpfe in der Umfassungsmauer mit zur Aufnahme der Mauerbelastung herangezogen werden, was sehr wichtig ist.

Man sieht bei der Anordnung ferner: Wenn man auf und unter eine alte Tramdecke bolzt, soll oben der Fußboden und unten die Weißdecke entfernt werden; beide Sachen sind zur Aufnahme eines großen Druckes zu elastisch.

Innen können jetzt die Stehbolzen *k* gestellt, die Pfette *d* aufgelegt und dieser Teil angekeilt werden.

Durch ungeschicktes Ankeilen kann die Solidität der ganzen Abbolzung in Frage gestellt werden.

Fig. 59.

Es gelten hierbei folgende Regeln: Die Keile sollen aus härtestem Eichen- oder Buchenholz bestehen. Sie sollen für diesen Zweck 15—20 cm breit und 25 bis 30 cm lang in verschiedenen Stärken vorhanden und an dem Kopf abgefaßt sein (siehe Fig. 59).

Zum Ankeilen eines Bolzholzes sollen immer zwei gleichstarke und gleichlange Keile verwendet werden, damit dieselben beim Antreiben immer eine wagrechte Fläche bilden.

Die Keile abzuhobeln oder einzuseifen ist nicht praktisch, weil dieselben sonst leicht wieder zurückspringen.

Ob unten oder oben ausgekeilt wird, ist gleichgültig, vorzuziehen ist unten, wo man besser dazu kann.

Sorgfalt ist darauf zu verwenden, daß die Bolzhölzer sehr schön wagrecht abgeschnitten werden und die Länge so bemessen wird, daß nur noch die Keile zwischen Schwelle und Bolz Platz haben.

Die Keile müssen von zwei Mann von beiden Seiten zu gleicher Zeit angetrieben werden.

Ist die innere Aufbolzung der Tram fertig, werden die Außenbolzen *i* und Pfette *l* aufgestellt, jedoch so, daß die Reiterschienen oben am Stein anliegen und wagrecht sind. Jetzt wird die Aufpacklung *e* vorgenommen und gut zusammengeklammert.

Ehe man die Reiterschienen einzieht und ankeilt, werden die Steine gut eingenäßt und mit Portland-Zementbrei angeworfen. Die Schienen werden oben ebenfalls mit Portlandbrei aufgemörtelt, damit das Auflager der Backsteine auf den Schienen recht gleichmäßig wird. Schließlich werden die Schubbolzen *a* aufgestellt. Die Schwellen *m* werden rechtwinklig zur Neigung der Bolze gelagert, die Löcher oben sorgfältig herausgestemmt und wie die Reiterschienen mit Portlandbrei präpariert, dann leicht angekeilt.

Nachdem die ganze Abbolzung wenigstens einen Tag ruht, damit der Zement anzieht etc., treibt man am andern Tag sämtliche Keile nochmals fest an, bis die Stehbolze klingen, wie der technische Ausdruck heißt, oder dröhnen. Darauf mauert man sämtliche Zwischenräume zwischen den Reiterschienen und Schubbolzen gut mit Zement aus, hängt Schwellen, Pfetten und Stehbolzen überall mit Eisenklammern zusammen und dieser Teil der Abbolzung ist fertig.

Als äußerste Vorsicht kann man die Keile nach der Fertigstellung noch mit starken Drahtstiften auf den Schwellen annageln, aber die Nägel nicht ganz eintreiben, damit man sie bei der Abrüstung bequem herausziehen kann.

c) Tragmauern.

Auf Tafel XXI ist die fertige Abbolzung der mittleren Tragmauer, unter welche die Eisensäulen gestellt werden sollen, in Grundriß, Ansicht und Schnitt dargestellt.

Auf den ersten Blick erscheint es sonderbar, daß hier die Abbolzung, welche an und für sich schon durch zwei Etagen geht, auch noch bis zur neuen Kellersohle hinuntergeführt ist. Die Gründe hierfür sind folgende: Jede Abbolzung muß so eingerichtet sein, daß der zukünftige neue Bestand, konstruktiv wenigstens, fix und fertig hergestellt werden kann, ohne die Abbolzung wegzunehmen oder auch nur zu verändern.

In unserm Projekt ist die Kellermauer, auf der die neuen Eisensäulen und Ständer fundiert werden sollen, einerseits frei, anderseits eingefüllt.

Die Freilegung der eingefüllten Mauerseite wird deshalb jetzt schon vorgenommen, damit man 1. den Zustand der alten Mauer auf ihre Tragfähigkeit genau prüfen kann, 2. damit man die Fundierung der Eisenteile und der beiden Eisenständer bequem vornehmen kann; 3. damit man die beiden neu zu schaffenden Öffnungen in dieser Mauer im Keller fix und fertig stellen kann, ehe man die Bolzung entfernt.

Zu dem Zweck wird zuerst der Aushub auf 1 m breit mit Böschung hergestellt.

Auf die ausgehobene Breite stellt man gleich den rauhen Beton des Kellerbodens her, um ein gutes Auflager für die Schwelle *a* zu gewinnen.

Die Querschwellen *e* werden einerseits in die alte Mauer eingelassen und fest ausgekeilt, anderseits auf dem Erdreich gelagert. Sie dienen dazu, um die Schwelle *c*, welche man nicht in ganzer Länge einbringen könnte, stoßen zu können, und hauptsächlich dazu, um ein seitliches Ausweichen der ganzen Abbolzung zu verhindern.

Man wird fragen: Warum legt man überhaupt die Schwelle an?

1. würde man Bolzen, die von der Kellersohle bis unter die Decke im II. Stock reichen und fast 10 m lang sind, gar nicht einbringen können, und 2. müßten dieselben unsinnig schwer und stark werden, um eine Ausbiegung zu verhindern.

Sind die Schwellen eingeführt, stellt man die Bolzen *b* auf und heftet sie provisorisch mit Eisenklammern fest. Oben haben wir linkseitig denselben Fall wie an der Vorderfront, darüber ist nichts mehr zu erwähnen. Rechtseitig wird die Schwelle *f* auf den Kellerumfassungsmauern des alten Stiegenhauses gelagert (siehe Tafel VI). Da die Schwelle aber gerade auf die Stürze der darin befindlichen Öffnungen trifft, müssen diese zuvor gut ausgebolzt werden, wie auf Tafel XXI, rechtseitig im Schnitt, ersichtlich ist.

Auf Kellergewölbe darf man niemals bolzen, das wäre ein unverantwortlicher Leichtsinn.

Auf dieser Seite liegen die Tram parallel mit der Tragmauer und ist deshalb oben nur eine Schwelle nötig. Die Reiterschienen werden hier so verteilt, daß zuerst je eine ca. 30 cm von der Türleibung weg eingezogen wird. Der deutsche Kamin, welcher hier abzubolzen ist, erhält zwei Reiter, wie aus dem Grundriß ersichtlich ist. Jedoch soll man nicht beide Löcher zu gleicher Zeit ausbrechen, sondern den zweiten Reiter erst einführen, wenn die ganze Abbolzung und so auch der erste Reiter fest ausgebolzt sind.

Auch hier werden vor der Abbolzung die zur Unterfangung nötigen Eisenträger auf dem nächstniederen Fußboden gelagert, da man später nicht einfahren könnte. Alle übrigen Manipulationen sind dieselben, wie schon unter Post b dieses Abschnittes ausführlich beschrieben.

d) Zwischenmauern.

Auf Tafel XXII ist folgendes veranschaulicht: Die fertige Abbolzung der vorderen $\frac{1}{2}$ Stein starken Langmauer mit den Trägern *I 8, 9*, anschließend ein Teil der mittleren Tragmauer mit dem deutschen Kamin, anschließend die alte Stiegenhausumfassung mit den Trägern *I 18*, *19, 20*, anschließend die rückwärtige Hofumfassungsmauer.

Mitte dieser Tafel ist der Grundriß, unten die Gesamtansicht, oben drei Querschnitte gezeichnet.

Beginnen wir mit der vorderen Langscheidemauer. Die alten Tram liegen parallel mit der zu unterfangenden Mauer. Statt der bisherigen Methode, die Bolzung aufzukeilen, verwenden wir hier Schraubgeschirre, was bei leichteren Belastungen dem Auskeilen vorzuziehen ist.

Die Schraubgeschirre sind ca. 30—50 cm hoch, haben starken, gußeisernen Fuß, in denen das Gewinde für die 5—10 cm starken schmiedeisernen Spindeln eingeschnitten ist. Die Spindeln haben oben breiten Kopf, durch die eine Eisenstange behufs Drehung lose eingeführt wird. Auf dem Spindelkopf sitzt nochmals eine Scheibe mit Spitzen nach oben, auf die der Bolz gesetzt wird.

Statt der eisernen Reiterschienen ist hier auch Holz verwendet, da die Mauern sehr schwach sind und das Ausbrechen der Löcher sehr mühelos ist.

Zu Schwellen, Reitern etc. genügt Holz 15/15—15/18 stark. Bolzen 18—20 Durchmesser.

Zuerst werden die oberen Schwellen *d* eingeführt und auf dem Fußboden, vorausgesetzt, daß er noch fest und gesund ist, fest aufgekeilt. Die Schwellen *a*, die auch durchgehen können, werden verlegt, die Pfetten *c*, welche aber aus zwei Stücken bestehen müssen, um die Träger *I 8, 9* einführen zu können, provisorisch aufgehängt, und die Bolzen *b* mit Schraubgeschirren angebracht. Die Weißdecke muß entfernt sein. Man zieht jetzt die Schraubgeschirre an, bis die Bolzen klingen, und die Bolzung ist fertig.

Zu bemerken wäre noch, daß man mit dem Anziehen der Schraubgeschirre vorsichtig sein muß. Man kann da mit einer meterlangen Eisenstange eine kolossale Kraft entwickeln, so daß bei zu vielem Anspannen Decken und Wandputz los werden und abfallen.

Der Vollständigkeit halber ist hier nochmals ein Teil der mittleren Tragmauer eingezeichnet, dem jedoch nichts mehr beizufügen ist.

Linksseitig der Tafel XXII ist, wie schon erwähnt, die Abbolzung der Hofumfassung und der alten Stiegen hauslangmauer gezeichnet. Beide zu gleicher Zeit in Angriff zu nehmen, wäre unpraktisch. Man würde zu sehr beengt und im Arbeiten gehindert sein. Man nimmt zuerst die Hofumfassung in Arbeit.

Wie aus Tafel VIII ersichtlich, ist projektiert, daß nur der Pfeiler zwischen den beiden Fenstern herauskommt. Die Träger werden auf Höhe der Deckenkonstruktion im I. Stock gelegt. Links (Tafel XXII, Schnitt *a—b*) muß die Fensterbrüstung noch unterstützt werden, rechts treffen die Träger in das alte Stiegenhausfenster, und ist aus der rechtseitigen Fensterleibung daselbst nur der Trägerauflager herauszuarbeiten, was einzeln geschieht und fast ohne Abbolzung gemacht werden kann. Man wird für den Zweck höchstens in das Stiegenhausfenster einen Querbalken einspannen.

Die Reiterschienen sind so verteilt, daß auf den Pfeiler zwei, auf die Brüstung eine trifft. Rechtseitig, Schnitt *A—B*, ist ein Balken *f* mit beiderseitigem Auflager auf den alten Stiegenhausmauern eingebracht, auf dem der rechtseitige Reiter sitzt. Das Holz *f* ist vorsichtshalber noch einmal durch einen leichten Bolzen g unterstützt. Die linkseitigen Reiter sind deshalb nochmals durch die Unterlagen *h* höher gelegt, damit der 50er Träger *I 21* der Höhe nach Platz findet. Die Abbolzung außen an der Hoffaçade bietet nichts Neues.

Die Abbolzung der 30 cm starken alten Stiegenhausmauer ist auf Tafel XXII in Grundriß, Ansicht und Schnitt *C—D* dargestellt. Linkseitig steht man auf Schnitt *C—D*, daß die Tramlage über dem I. Stock mit Pfette *c* und Schwelle *e* unterstützt ist. Hier liegt nicht der Grund vor, wie bei der Straßenumfassungsmauer, daß die Balkenköpfe mittragen sollen, sondern umgekehrt: die Balkenköpfe müssen später ihr Auflager im Träger *I 20* finden und sind deshalb abgeschnitten worden. Auf der Stiegenhausseite würden wir mit der Abbolzung auf die alte Stiege selbst treffen, weshalb man die Hölzer *i* (Schnitt *c—D*) einziehen muß, um eine Basis für die Bolzen zu gewinnen. Der Bolz *k* dient lediglich dazu, um dem später nötigen Träger *I 18* als provisorische Unterstützung zu dienen.

Schließlich ist noch zu erwähnen, daß der Pfeiler am Kamin durch die Pfette *l* die Mittelmauerabbolzung schon unterstützt ist, aber zur Sicherheit hierfür noch die danebenliegende Türöffnung ausgebolzt wird.

Die Abbolzung der rechtseitigen alten Stiegenhausmauer wird jeder nach Studium des Vorhergehenden leicht selbst vornehmen können.

Die vordere rechtseitige Langscheidemauer braucht keine Abbolzung, wenn man sich überzeugt hat, daß der Balken, auf dem das Sprengwerk sitzt, noch gesund und gut ist. Ist das zweifelhaft, genügt es, zwei Stück Vertikalbolzen unter dem Balken aufzustellen.

e) Gewölbe und Gurten.

Für diesen Posten e und den nachfolgenden *f* liegt zwar in unserem Projekt kein Fall vor, sie sollen aber der Vollständigkeit halber Erwähnung finden.

Ein Gewölbe oder eine Gurte bedingt zur Haltbarkeit entsprechend starke Widerlager, die so beschaffen sein müssen, daß sie den seitlichen Druck der Gewölbe mit Sicherheit aushalten.

Bei Umbauten kommen nun sehr oft Fälle vor, daß wenigstens einerseits dieses Widerlager geschwächt oder durch neue Konstruktion ersetzt werden soll, aber trotzdem das dadurch gefährdete Gewölbe erhalten werden muß.

Für die Abbolzung solcher Gewölbe sind auf Tafel XXIII in Fig. 1—3 drei Stück Schnitte gezeichnet, aus denen man ersieht, wie eine solche Unterstützung konstruiert sein muß. Fig. 1 stellt die Abbolzung einer sehr schwer belasteten Gurte dar.

Zu dem Zweck sind aus Vierkantholz, 18—24 cm stark, vier Stück Unterlagen *a* so gearbeitet, daß sie sich oben möglichst genau der Form der Gurte anpassen und an den Stößen gut schließen. Unter sich werden sie mit Gerüstklammern verbunden. Diese Unterlagen werden unterstützt durch Bolzen *b*, welche auf der Pfette *c* in Zapfen aufsitzen. Auch oben kann man sie mit kurzen Zapfen und rechtwinkeligen Einschnitten mit den Unterlagen *a* verbinden. Die Pfette *c* wird durch vertikale Bolzen *d* unterstützt, welche wiederum stumpf auf Schwellen sitzen. Alles wird mit Gerüstklammern gut verbunden. An der Gurte schlägt man an den Stellen *f*, *f* den Putz los, führt ein hartes Brettel ein und keilt mit eichenen Keilen zwischen Brett und Gerüst das Ganze so fest als möglich an.

Bei 15—30 tiefen Gurten genügt ein solches Gerüst, bei Gurten, die tiefer sind, müssen zwei dieser Gerüste konstruiert werden.

Fig. 2, Tafel XXIII, stellt die Ausbolzung eines einfachen Tonnengewölbes dar.

Auf dem Bock *e* werden mit Säulchen *b* der Länge des Gewölbes nach Pfetten *a*, die auf *b* aufgezapft sind, gelegt, und die Säulchen *b* mit 5 cm starken Bohlen unter sich verschraubt. Die Pfetten *a*, welche ca. 5 cm unterhalb des Gewölbes liegen, werden in Abständen ca. 1 m, je nach der Belastung des Gewölbes, aufgestellt. Die Gerüste selbst werden der Länge nach in Abständen von 1,5—2,5 m eingesetzt. Sind alle Gerüste aufgestellt, unterkeilt man das Gewölbe in 70 cm bis 1,0 m weiten Abständen, indem man, wie Fig. 2a zeigt, ca. 50 cm lange, 25 mm starke Bretter *e* direkt auf den Gewölbeputz legt und mit Keilen *f* antreibt. Diese Keile darf man aber nur mäßig antreiben, da man sonst leicht das ½ Stein starke

Gewölbe durchdrückt. Es ist schließlich ratsam, nach Antreibung der Keile einen Drahtstift durch Keile und Brettunterlage zu geben, damit das Ganze nicht durch zu scharfes Antreiben der nächsten Keile locker wird und herausfällt.

Fig. 3, Tafel XXIII, stellt die Ausbolzung von böhmischen Kappen, Kreuzgewölben etc. dar.

Da sich hier das vorige System nicht verwenden läßt, weil zu verschiedene Höhen existieren, stellt man einzelne Streben *a* auf, die, oben stumpf abgeschnitten, ca. 8—10 cm unterhalb des Gewölbes endigen. Darauf legt man 2—3 Stück schwache, $1\frac{1}{2}$—2 cm starke, 50 cm lange Brettstücke und treibt sie mittels zwei Keilen an das Gewölbe an. Die einzelnen Streben verbindet man nach Fertigstellung dann wieder mit Bohlen *b* unter sich.

In der Zeichnung sind die Streben *a* bis zum Boden geführt. Hindert dies den Verkehr, kann man sie ebensogut auf einem Bock, wie punktiert angezeigt, aufstellen.

f) Kommunmauern und Nachbargebäude.

Diese Abbolzungen werden nur dann nötig, wenn bei zusammengebauten Häusern eines mitten heraus ganz niedergelegt wird, oder auch nur ein Eckhaus abgebrochen wird, so daß eine der Nachbarmauern frei wird.

In Fig. 4., 5, 6, 7 ist der Fall angenommen, daß unser hier behandeltes Objekt ganz niedergelegt wird. Selbst im Fall die Nachbarmauern noch gesund und stabil erscheinen, soll man die Ausspreizungen nicht unterlassen.

Die alten Mauern sind verputzt und können allerhand Schäden verdecken.

Durch das Unterfangen, selbst wenn es vor dem Abbruch gemacht wird, können Setzungen stattfinden.

Schließlich sind bei einem Neubau und Abbruch allerhand starke Erschütterungen nicht zu vermeiden, welche ein Lockern der Verbände verursachen können. Im allgemeinen ist hier folgendes zu beachten: Vor allem müssen die Nachbarhausecken gesichert werden, was auf Fig. 4 durch die Streben und Bolzen *e, f, a, c, g, d, h* geschehen ist. Bei den zwischenliegenden Verspannungen trachte man möglichst in die Nähe der Tragmauern der Nachbargebäude zu kommen, wie bei *b* und *C* ersichtlich ist.

Der Höhe nach sind die Verspreizungen mit Ausnahme des Parterre in jeder Etage anzubringen, was am leichtesten mit dem Fortschreiten des Abbruches Hand in Hand geht.

Zu jeder solchen Verspannung gehört der Querbaum, Tafel XXIII *a''*, *b'''*, *c'''*, Fig. 4—7, welcher je nach der Länge aus Rundholz im mittleren Durchmesser von 20—25 cm besteht. Um ein Durchbiegen dieser Bäume zu verhindern, werden in Zwischenräumen von ca. 5 m Vierkantsäulen *x* aufgestellt und mit den Rundhölzern verschraubt.

Genieren diese Ständer im Parterre, läßt man, wie in der Ansicht ersichtlich ist, die erste Tramlage so lange hängen, bis der Aufbau die Entfernung nötig macht.

An den zu stützenden Mauern wird vertikales Vierkantholz, ca. 15/15 cm, 3—4 m lang, aufgestellt und mit Streben *a, b, c* mit den Rundhölzern verbunden.

Es sind hier vier verschiedene Systeme gezeichnet.

In Fig. 5 sind die oberen Streben *C* so konstruiert, daß sie zwei Zangen bilden, die, außen angelegt, mit den Hölzern *C''* und *C'''* verschraubt werden, wie es in Grundriß Fig. 4 bei *C* veranschaulicht ist.

In Fig. 5 *C'* sind zwei Zangenhölzer, 8/20 cm stark, so angeordnet, daß sie unten in *C''* mit Versatzung sitzen und oben als Zangen behandelt sind. (Siehe Grundriß Fig. 4 *e'*.)

In Fig. 6 sind die Streben *b* Vierkanthölzer 12/15 cm, die unten und oben mit Versatzungen im Holz *b'* sitzen, in *b'''* ebenfalls mit zwei Versatzungen eingreifen und mit Schrauben verbunden sind. Dieses System macht mehr Arbeit, ist aber ohne Zweifel das solideste, da Schrauben in Zangen nie so fest sitzen, daß sie nicht Spielraum haben.

Fig. 7 zeigt schließlich nur eine einfache Versatzung des Rundholzes *a* mit *a'* ohne Streben.

Bei sämtlichen Systemen werden die Vertikalbolzen *a'*, *b'*, *c''* rückwärts mit der Mauer fest verkeilt. Zur Sicherheit für vertikales und horizontales Ausweichen werden letztere Hölzer noch mit Gerüstklammern befestigt, die in Mauerfuge und Holz so fest als möglich eingetrieben werden.

In Fig. 8 derselben Tafel ist die Abbolzung dargestellt, wie sie bei *e*, *f*, *g*, *h* unseres Grundrisses Fig. 4 nötig wird; wie sie auch verwendet wird, wenn die abzustützende Mauer kein Vis-à-vis hat, und eine horizontale Ausspreizung deshalb ausgeschlossen ist.

Es ist das dasselbe Verfahren, wie es schon bei Anlage der Schubbolzen Post *b* dieses Artikels hinreichend beschrieben wurde. Zu erwähnen wäre noch, daß bei *a* auf der Parterrefußbodenhöhe Langschwellen verwendet sind, die eventuell mehrere Bolzkolonnen aufnehmen können. Bei *b* hingegen sitzen nur die drei Schubbolzen zusammen auf einer Querschwelle. Alle diese Bolzungen müssen so lange verbleiben, bis die nächst untere Decke des Neubaues und somit auch die Trag- und Verspannungsmauern hergestellt sind.

In Fig. 8 ist bei *c* noch dargestellt, wie die Parallelmauer der abgestützten Mauer herzustellen ist, ohne die Bolzung zu früh zu entfernen.

Man läßt in der neuen Mauer einen abgeschmarzten Schlitz so breit, daß gerade der Bolz Platz hat, und schließt diese Schlitze bei *d*, *d* entweder mit einem kurzen Gewölbsturz oder schließt ihn mittels Überkragung. (Siehe Ansicht *E*.) Rei dem Ausrüsten aller dieser Verstrebungen muß natürlich mit großer Vorsicht umgegangen werden, an vielen Stellen wird man die Hölzer in ganzer Länge gar nicht mehr herausbringen, wo dann nichts übrig bleibt, als dieselben in entsprechend große Stücke zu verschneiden.

17. Schutzwände gegen Staub.

Es kommen Fälle vor, wo nur ein Teil eines Wohn- oder Geschäftsraumes umgebaut werden, der andere Teil aber seiner ursprünglichen Verwendung erhalten bleiben soll. Dies ist jedoch nur dann möglich, wenn eine zu große Belästigung durch den entstehenden Staub vermieden werden kann.

Man muß also sog. Schutzwände aufstellen. Das einfachste und absolut verläßlichste ist in dem Fall, entweder eine Rabitzwand, Gipsdielenwand oder eine Wand aus stehenden Schwemmsteinen aufzuführen, da alle diese leichten Scheidewände keiner Fundation bedürfen. Sie haben nur den Nachteil, daß eine Zeitlang die Feuchtigkeit der neuen Wände lästig werden kann. Eine Bretterwand, selbst mit beiderseitigen Deckleisten versehen, hat gar keinen Wert, sie ist sehr staubdurchlässig.

Hingegen ist es absolut verlässig, aus alten recht ausgedörrten Brettern eine Wand herzustellen, die man womöglich beiderseits mit starkem Packpapier oder starker Tapete überklebt. Diese Wand ist in 24 Stunden total trocken, die alten Bretter schwinden nicht mehr und es gibt deshalb keine Risse im Papier.

18. Not- und Bautreppen.

Bautreppen sind in jedem Neubau notwendig, ebenso in Umbauobjekten, wo das alte Stiegenhaus verlegt wird. Letzterer Fall tritt bei uns ein.

Ehe man die Auswechslung der alten Stiegenhausmauern beginnt, soll das neue Stiegenhaus schon wenigstens bis zum II. Stock aufgemauert sein, wie dies auch in Artikel 8 »Bestimmung der Fertigstellungstermine« früher schon gedacht war. Die Abbolzung soll demzufolge vom 8.—28. April fertiggestellt, und die Aufmauerung des neuen Stiegenhauses vom 15. April bis 15. Mai hergestellt werden.

Zur Abbolzung der alten Stiegenhausmauern kommt man zuletzt, also vielleicht Ende April, und bis dahin kann das neue Stiegenhaus bis zum II. Stock aufgemauert sein. Dann wird daselbst die neue Bautreppe aufgeschlagen, später weitergeführt und verbleibt bis zur Aufstellung der neuen Stiege.

Je unbequemer oder steiler eine Bautreppe angelegt ist, desto mehr kostet der Transport des Materials, hauptsächlich wenn kein Mörtel- und Steinaufzug existiert. Die Träger ermüden zu viel und sind mehr genötigt auszuruhen.

Ist letzteres der Fall, soll eine Bautreppe, die gewöhnlich nur aus schief gelagerten Brettertafeln mit aufgenagelten Dachlatten besteht, 25—35° Neigung nicht übersteigen und möglichst viel Stiegenplätzchen oder Podeste geschaffen werden. Es ist polizeiliche Vorschrift, diese Stiegen mit sicheren provisorischen Geländern zu versehen, die man gewöhnlich aus Brettern und Riegeln zusammennagelt.

Wäre es in unserem Umbau möglich, daß die oberen Stockwerke bewohnt und die alte Stiege erhalten bliebe, wäre eine Benutzung derselben durch die Bauarbeiter ausgeschlossen, uns bliebe nur mehr übrig, eine sog. Nottreppe herzustellen, wie solche auf Tafel XXIV skizziert sind.

Fig. 1 und 2 stellen im Grundriß und Schnitt eine Bautreppe dar, die nur zum Hinauftragen des Materials und für den Verkehr konstruiert ist.

Dieselbe besteht, wie aus dem Grundriß, Fig. 1, ersichtlich ist, aus 6 Ständerbäumen *a*, die minimal 1,5 m in den Boden eingestampft sind. Neben diesen Ständerbäumen sind sog. Beiständer aufgestellt, ca. 12/12—15/15 cm stark, Auf diesen liegen Kappenholz *c* und darauf die Schwellen *d*, die den Fußboden aufnehmen. So ist in jeder Etage ein Zwischenpodest geschaffen und die Podeste unter sich mit Lauftreppen verbunden, die aus 3—4 cm starken Brettern bestehen, welche unten mit Querleisten *e* verbunden sind und oben auf 30—35 cm Zwischenraum mit Dachlatten 3/5 cm, besser 4/6 cm stark, versehen sind. In der Mitte werden diese Läufe nochmals durch die Rundhölzer *f* unterstützt, welche einerseits am Ständerbaum, andrerseits an zwei vertikal aufeinander genagelten Brettern mittels Trageln befestigt werden. Die Geländer bestehen aus zwei Brettern *h*, welche an den Beiständern *k* und den nur für diesen Zweck aufgestellten Riegeln *i*, 8/8 oder 10/10 cm stark, festgenagelt werden. Diese Geländer dienen hier zu gleicher Zeit für die Verstrebung der Geländerbäume und Beiständer. Jedoch ist diese Verstrebung nur genügend bei Stiegen bis zu zwei Etagen, und wenn die Ständerbäume fest im Erdreich sitzen. Da diese Stiegen immer direkt an die Hausfront gestellt werden, um von den Podesten durch die Fenster, deren Brüstungen zuvor ausgebrochen werden, ins Innere gelangen zu können, wird das ganze Gerüst durch die Fenster noch einige Male, am besten in der Mitte der Höhe und ganz oben nach innen verhangen.

Bei Stiegen, die höher als zwei Etagen sind, oder wo es Kanäle und Rohrleitungen im Boden verhindern bis zu $1^1/_2$ m mit den Ständerfüßen hinunterzugehen, legt man sog. Schubbolzen *k* an, die oben mit Schrauben und Versatzung mit den Ständerbäumen befestigt werden.

Alle diese Holzbestandteile werden mit Nägeln und Gerüstklammern in möglichst splendider Weise verbunden, so daß sog. Zimmermannsverbände, als Zapfen, Löcher, Kämme etc. gar nicht in Anwendung kommen.

Die Figuren 3, 4, 5, 6 stellen eine Notbautreppe dar, die mit Stein- und Mörtelaufzug verbunden ist. Solche Vorrichtungen werden nur dann angelegt, wenn der Umbau größere Dimensionen erreicht, hauptsächlich bei Stockaufbauten etc., wo viel Materialverbrauch vorkommt.

Auf diesen Zeichnungen sind die Schutzgeländer nicht eingezeichnet, da dadurch das Übersichtliche der Zeichnungen leiden würde. Sie werden genau so angebracht wie in Fig. 2.

Auf Grundriß Fig. 3 ist ersichtlich, daß rechts ein Ausbau für den Steinaufzug gemacht und in der Mitte eine sog. Laterne geschaffen ist, in welcher ein Mörtelaufzug primitivster Form Platz findet. Die ganze Anlage wird dadurch wesentlich größer als in Fig. 1, aber auch wesentlich praktischer.

Die Anlage ist betreffs Ständerbäumen, Beiständern, Kappenholz etc. die gleiche wie in Fig. 1 und 2.

Abweichend davon ist die Anlage des Zwischenständers *a*, der auf Fig. 5 in der Ansicht gezeichnet ist und nur den Zweck hat, die zu lang freiliegenden Kappenhölzer in der Mitte nochmals zu stützen, indem er unter und auf letztere zu stehen kommt.

Die Zwischenständer *b* erfüllen eigentlich nur denselben Zweck wie Ständer *a*, sind jedoch, wie in Fig. 6 ersichtlich ist, seitlich der Kappenhölzer gestellt und mit diesen durch durchgehende Gebälkschrauben verbunden.

Es ist dies aus dem Grund so angeordnet, daß die Ständer nicht die Stiegenläufe beengen.

Demselben Zweck dienen die Ständer *c*, welche, wie Ständer *b*, auch seitlich des Kappenholzes gestellt sind und zugleich auch das Schutzgeländer aufnehmen. Die Stöße dieser durchgehenden Ständer werden am besten direkt über dem Platzel mittels 35—40 cm langen Blattes und zweier Gebälkschrauben, wei bei *x* Fig. 4 ersichtlich ist, hergestellt.

In Grundriß Fig. 3 und Ansicht 4 sind die Lauftreppen wieder mit Brettern und Latten konstruiert.

In Fig. 5 und 6 sind die Lauftreppen mittels 12/15 cm starker Vierkanthölzer *d*, auf denen die Unterstütze *e* festgenagelt sind, welche die Trittbretter tragen, hergestellt. Derartige solidere Bautreppen sind am Platz, wenn der Bau länger als 5—6 Monate dauert und demzufolge die Stiege sehr viel und lange benutzt wird.

Die Verstrebung einer solchen Stiege kann man nur mittels Zangenhölzer *f, f* solid bewerkstelligen, die 10/20 cm stark und mit starken Gebälkschrauben mit den Ständerbäumen verbunden sind.

Im Grundriß, Fig. 3, ist rechts blau der Steinaufzug gezeichnet, der am praktischsten aus einem sogenannten Paternosterwerk aus Eisen besteht. Im Parterre steht eine sechs- oder achteckige Welle, welche hier mit Kurbel zum Drehen versehen ist. Die Kettenglieder des Aufzuges sind so groß, daß an jedem ein Blechkasten zur Aufnahme eines Backsteines Platz findet. Am oberen Ende läuft diese Kette wieder über eine sechseckige Welle ohne Kurbel.

Der ganze Aufzug soll ringsum mit Brettern eingeschalt sein, indem sich nur in jeder Etage ein Loch befindet zum Herausnehmen der Steine, damit die zwei im Parterre bedienenden Arbeiter nicht durch herabfallende Steine verletzt werden können.

Der Mörtelaufzug besteht hier aus einer Holzwelle, über die sich ein Seil ab- und aufwickelt, so daß, wenn ein Mörteleimer oben beim Ausleeren ist, der untere am Boden zum Einfüllen bereit steht. Die Welle mit zwei Kurbeln wird im letzten Stock bedient.

Ein solcher Aufzug eignet sich dann, wenn der Mörtel mittels Handtrageln getragen wird.

Wird der Mörtel aber mittels sog. Mörtelvögel (eiserne Blechkästen auf der Schulter zum Tragen) transportiert, wird ebenfalls ein Paternosterzug verwendet, der eigens für den Vögelbetrieb konstruiert ist.

Auch bei dieser Stiegenanlage ist fast jeder Zimmermannsverband vermieden.

Stiegen für größere Höhen und jahrelangen Bedarf müssen selbstverständlich vom Zimmermann kunstgerecht abgebunden werden.

19. Übernahme und Untersuchung der abzuliefernden Baubestandteile.

Unter Artikel 12c, Bauschreiberei, wurde bereits erwähnt, daß es Sache des Bauschreibers ist, die anzuliefernden Sachen nach Quantum und Stückzahl an der Hand der Lieferscheine zu prüfen.

Die Bauschreiber rekrutieren sich gewöhnlich aus jungen Technikern, die am Bau praktizieren und, um etwas zu verdienen, Bauschreiberdienste versehen.

Solche Leute können das eingangs Gesagte besorgen, haben aber zu wenig Praxis und Erfahrung, auch noch zu wenig theoretische Kenntnisse um zu beurteilen: Ist die angelieferte Ware tadellos in der Arbeit, ist das Material dazu gut, kurzum entspricht es den Anforderungen, die auf Grund des Lieferungsvertrages gestellt werden können?

Dies ist auch nicht Sache des Poliers, sondern ausschließlich Sache des Bauführers.

In sehr vielen Fällen wird diese Arbeit vernachlässigt, zu wenig Gewicht darauf gelegt, als Nebensache betrachtet.

Was sind die Folgen davon? Hier einige Beispiele: Es soll eine Eisensäule versetzt werden, die schon wochenlang angeliefert ist. Fundament und Trägerauflager sind hergerichtet. Man findet beim Aufstellen, die Säule ist um 10 cm zu kurz; man findet, ein angegossener Konsol sitzt nicht am richtigen Fleck; man findet, die Säule klingt beim Abklopfen wie ein zerbrochener Topf, hat also zweifellos einen Gußfehler oder ist beim Transport beschädigt. Jeder einzelne der angeführten Momente macht die Säule für ihren Zweck unbrauchbar. Bis eine neue Säule gegossen ist, vergehen 14 Tage bis 4 Wochen, während welcher Zeit die Bauarbeiten in diesem Teil stillstehen. Hat die Säule einen Bruchfehler, kann obendrein der Lieferant behaupten: Ja, das hätte bei der Anlieferung konstatiert werden müssen, die Beschädigung ist erst am Bau entstanden. Niemand kann das beweisen; die Säule, die nur mehr Alteisenwert hat, muß bezahlt werden.

Ein weiterer Fall: Ein großer Fensterstock wird versetzt, eingemauert und verputzt; er ist vorher grundiert worden. Die Rahmen, die herausgenommen sind, sind bereits angeschlagen und eingeglast. Es stellt sich heraus: die Fensterfutter sind statt in Föhrenholz in Fichtenholz gemacht, einige der Rahmen sind voller Äste, sind infolgedessen windschief, also unbrauchbar. Die Folge davon ist: der Stock wird wieder herausgerissen, in der Werkstatt umgeändert, der Lieferant weigert sich die Rahmen zurückzunehmen, er behauptet, sie seien am feuchten Bau ungeschickt gelagert etc. Neben Verdruß und Unkosten entsteht Zeitverlust etc.

Deshalb ist es dringend geboten, daß der Bauführer bei der Übernahme resp. Anlieferung am Bau folgendes beobachtet:

An der Hand der Lieferungsverträge ist zu konstatieren:

1. Stimmen die Maße in allen Fällen mit den in den Zeichnungen und dem Vertrag angegebenen?

2. Ist die Qualität eine solche, wie sie laut Vertrag beansprucht werden kann?

3. Sind die Sachen richtig numeriert, damit beim Versetzen keine Verwechslungen vorkommen können?

4. Stimmen die Ablieferungstermine mit den im Vertrag festgesetzten? Ist man eventuell berechtigt, die festgesetzte Konventionalstrafe anzuziehen bei nicht rechtzeitiger Fertigstellung des Baues?

Beanstandungen jeder Art sind dann dem Lieferanten sofort anzuzeigen und die Annahme zu verweigern.

20. Fundierungsarbeiten für Mauern, Ständer und Säulen.

Wie bei den Unterfangungsarbeiten, muß auch bei der Fundierung neuer Mauern beim Umbau viel sorgfältiger gearbeitet werden als wie beim Neubau, um, wie schon so oft erwähnt, ungleiche Setzungen nach Tunlichkeit zu vermeiden.

Wir haben in unserm Projekt die vordere Umfassungs- und Gangmauer mittels Schachtung, die rückwärtige Stiegenhausfundierung zu Tag zu fundieren.

Ist der Aushub fertiggestellt, soll der Bauführer mit dem Palier selbst den Grund und Boden untersuchen, ob sich gewachsener, tragfähiger Grund oder aufgefülltes oder nicht tragfähiges Material vorfindet.

Ist letzteres der Fall, stelle man eine kleine Sondierungsgrube her oder untersuche mit einem Erdbohrer, was man in größerer Tiefe zu erwarten hat, und je nachdem muß entweder tiefer fundiert werden oder ein künstliches Fundament mittels Betonplatten, mit Eisen armiertem Beton, Holzrost oder gar Pilotage geschaffen werden. Jedwede Ersparung an Kosten oder Zeit darf hier unter keinen Umständen in Betracht kommen.

Wir haben uns für solche Fälle im Vertrag mit dem Bauherrn unter § 2 gedeckt, wo auf den Artikel Diverse, Post 4 des Voranschlags, verwiesen ist.

Die Fundierung des Ständers *S. St. 1* ist schon eingehend unter Artikel 7, Absatz f, beschrieben.

Die Ausführung wird in folgender Weise vorgenommen: Auf Tafel XIII ersehen wir, daß das Betonfundament nur bis zur Grenze reicht. Der dahinterliegende Teil wird mit den Unterfangungsarbeiten gemauert und mit Stockschmarze versehen. Die vordere Hälfte der Kommunmauer wird mit zwei starken vertikalen Bolzen fest unterkeilt, so daß die übrigen Schachtbolzen entfernt werden können.

Das Fundament der Mauer reicht nur 45 cm unter die Kellersohle, während das Betonfundament 85 cm hoch ist. Selbstverständlich muß deshalb der gemauerte Teil der Kommunmauer auch so tief geführt werden. Die vertikalen Bolzen, welche so gestellt sind, daß der Fuß des Ständers und die Fundationsträger Platz finden, werden mit einbetoniert und auch über dem Fundament mit eingemauert, der Sicherheit halber. Die obersten Schienen des Fundaments werden haarscharf in die Wage gelegt und der Beton zuletzt mit feinem Portlandzementmörtel auf den Schienen abgezogen. Dies so fertiggestellte Fundament soll 8 Tage alt sein, bis man den Ständer darauf versetzt. Letzteres gilt auch für die beiden kleineren Betonfundamente der Säulen.

Die Ständer der Vorderfaçade sitzen, wie auf Tafel XIII und X angegeben ist, auf Granitunterlagen von 40 cm Breite, 90 cm Tiefe und 40 cm Stärke. Diese Steine sind oben fein abzustocken und wagrecht zu versetzen.

Die Fundationen der Gußeisensäule *PSe2* und des Ständers *PSt3* wurden ebenfalls unter Artikel 7, Absatz 1 gründlich erörtert und sind auf Tafel VI, Fig. 1 und 2, genau gezeichnet.

Bei beiden wird der große konzentrierte Druck durch Trägerunterlagen verteilt, die wiederum auf gußeisernen Unterlagplatten liegen. Die Zwischenräume der mit Schrauben verbundenen Träger werden mit Beton ausgestampft und alles sehr genau wagrecht versetzt.

Bei Herstellung aller Fundationen von Ständern, Säulen und Steinpfeilern ist noch ein sehr wichtiger Punkt zu beschreiben, die Einhaltung der richtigen Höhen.

Eisenwaren stimmen in den Maßen nicht immer auf den Millimeter, und man wird sie wegen geringer Maßdifferenzen nicht gerne zurückweisen, solange man sich anderweitig helfen kann. Ob ich die Fundation ein paar Zentimeter höher oder tiefer anlege, ist in der Arbeit ganz gleich. Man sorge deshalb, daß womöglich die Eisenwaren schon bei Anlage der Fundation am Bau liegen. Man nehme eine Latte und schneide sie genau auf Länge der Säule oder des Ständers. Es wird untersucht, ob die Wagrisse der Etagen noch intakt sind, und gleich an der Mauer, wo sich die Wagrisse befinden, die Auflagehöhe der Träger angerissen, welche auf die Ständer gelegt werden sollen. Auf Unterkante dieser Träger hefte man die Latte mit ein paar Mauerstiften an oder reiße die Höhe genau und gut sichtbar an der Mauer an, von welchem Punkte man mittels der Wasserwage die Fundamentoberkante anlegt. Mit der Maßlatte oder gar mit dem Taschenmetermaß in der Luft umher messen, ist ganz verwerflich, so eine Arbeit wird selten genau.

---

21. Versetzen der verschiedenen Konstruktionsteile.

a) Versetzen von Unterlagplatten und Unterlagsteinen.

Unterlagplatten und Unterlagsteine, die beide dem gleichen Zwecke dienen, nämlich den Auflagedruck regelmäßig zu verteilen, müssen hauptsächlich gut in Zementmörtel gelagert werden und die obere Auflagefläche nach allen Seiten vollständig wagrecht liegen.

Dann sollen dieselben drei bis vier Tage Ruhe haben, ehe man Träger oder Säulen etc. darauf stellt, damit die Platte halbwegs mit dem Zementmörtel zusammenwächst und ein Verdrücken und Verschieben möglichst vermieden wird. Gewalzte Träger sind niemals an den Flanschen geometrisch eben, noch viel weniger die gegossenen Unterlagplatten. Jeder Träger biegt sich bei horizontaler Lage etwas, wenn auch minimal durch. Die Folge davon ist, daß die Träger entweder nur auf der vordern Kante der Platte oder überhaupt nur mit einigen Punkten aufliegen und dadurch die Platte brechen kann. Es ist deshalb unerläßlich, zwischen

Träger und Platte etwas einzubringen, was diesen Übelstand sicher verhindert.

Früher verwendete man mit Vorliebe schwache Bleiplatten hierzu, was, abgesehen von ziemlich hohem Preis, den Nachteil hat, daß es sich bei sehr großem Druck wie ein zäher Teig herauspreßt. Es ist zu weich für den Zweck.

Am besten eignet sich zur Unterlage guter, fester Pappendeckel von 3—4 mm Stärke, den man vorher im Wasser solange aufweicht, bis er sich mit den Fingern etwas zusammendrücken läßt. Ein so präparierter Pappendeckel drückt sich in alle Unebenheiten ein, preßt sich aber nicht heraus und wird nach der Austrocknung steinhart. Aus obigem Grunde sind deshalb oben gewölbte Platten bei weitem den geraden vorzuziehen. Da müssen die Träger in der Mitte aufliegen. Nur muß man darauf sehen, daß die Maurer nicht den vorn sichtbaren Zwischenraum zwischen Platte und Trägerflansch mit Eisenkeilen ausfüttern, was ja den Wert der gewölbten Platte vollständig illusorisch macht. Wie bei den Eisenplatten gibt man auch auf Unterlagsteine diese Pappendeckelunterlagen.

b) Versetzen von Ständern und Säulen.

Jeder Ständer oder jede Säule soll am Fuß auf der Drehbank abgedreht sein, da nur dieses die Garantie bietet, daß Auflageplatte und Ständer winkelrecht aufeinandersitzen.

Ist dann das Fundament gut wagrecht hergestellt, so darf man nur die Pappendeckelunterlage, die auch hier nie fehlen darf, einfügen und der Ständer ist sehr schnell versetzt. Ist doch ein Fehler gemacht, und der Ständer steht nicht senkrecht, ist gewöhnlich das erste Hilfsmittel bei den Arbeitern, auf der entsprechenden Seite Eisenkeile solange einzutreiben, bis der Zweck erreicht ist. Das ist das ungeschickteste, was man machen kann. Es heißt zwar dann: das wird mit Zement ausgegossen; jedoch kann niemand hineinsehen, ob der Zement auch hineinläuft, und das ist bei geringen Zwischenräumen von 1—2 mm auch nicht der Fall, wenn er so dick angemacht ist, daß er nach der Erhärtung sein Volumen beibehalten soll.

Auch für den Fall ist das beste, einseitig weitere Pappendeckeleinlagen zu geben, dieselben recht weich zu machen, dann drückt er sich überall hin, wo er hingehört. Um dies alles leicht machen zu können, und auch der Sicherheit der Arbeiter halber, soll man solche Eisenteile immer mittels Kettenzug aufziehen und versetzen, man kann dann solche schwere Stücke behutsam niedersetzen, ohne das Fundament zu beschädigen. Sitzt dann der Ständer richtig, gieße man den ganzen Fuß ringsum mit Zement ein, so daß letzterer mit der Stein- oder Betonunterlage gut zusammenwachsen kann und der Ständer gegen Verschiebung gesichert ist. Noch besser ist freilich, Ständer und Säulenfüße mit in die Unterlage eingegossenen Schraubenbolzen fest aufzuschrauben.

c) Versetzen von Eisenträgern und Verkuppelung derselben.

Leichte Träger, die von 2—4 Mann leicht getragen werden können, brauchen keinerlei Vorrichtung, man versetzt sie frei mit der Hand unter Zuhilfenahme genügenden Personals. Bei schwereren Stücken jedoch ist schon beim Transport von der Straße ins Haus mancherlei zu beobachten. Hierzu bedient man sich sog. Walzen. Darunter verstehe ich aber nicht ein beliebiges, irgendwo abgesägtes Rundholzstück von ungleicher Stärke, womöglich mit diversen vorstehenden Aststumpen, sondern schön sauber rund gehobelte, 8—15 cm im Durchmesser starke, 40—60 cm lange Hölzer, wenn möglich aus Hartholz.

Diese liegen in Zwischenräumen von 1 ½—2 m auf 2 geschnittenen Vierkanthölzern, oder doch wenigstens auf 5 cm starken Bohlen. Auf diese Walzen wird nochmals eine 4—5 cm starke Bohle gelegt und darauf der Träger langsam an seinen Bestimmungsort gebracht.

Man erspart durch diese Vorrichtung Personal und vermeidet, was Hauptsache ist, jede Erschütterung.

Dieselbe Vorrichtung soll man unbedingt auch beim Transport der Säulen und Ständer verwenden.

Solche Transporte dürfen nie auf Gewölben oder noch jungen Betondecken stattfinden, ohne dieselben mittels starker Vierkanthölzer völlig zu entlasten.

Das Aufziehen dieser Stücke kann nur mit Kettenzügen sicher bewerkstelligt werden, von denen an beiden Enden der Träger je einer angebracht ist.

Die Kettenzüge sollen aber niemals an der Abbolzung der Mauern, sondern unabhängig davon aufgehängt werden, was ja eine leichte Mühe ist.

Ist der Träger auf der Höhe des Auflagers angelangt, kommt man zur Lagerung desselben auf die Unterlagplatten, Ständer oder Säulen.

Bei einem Neubau hat man bei solchen Arbeiten leichtes Spiel. Man hat 1 oder 2 Etagen höher den Kran, der nach jeder Richtung beweglich ist; über den zu lagernden Trägern ist alles frei etc.

Das Einbringen schwerer Träger bei Auswechselungen ist eine der mühsamsten und gefährlichsten Arbeiten.

In unserm Fall können die Träger immer nur seitlich der Lager aufgezogen werden, da der Kettenaufzug mindestens 1—1 $^1/_2$ m höher hängen muß, als die Trägerauflager liegen. Man ist demnach genötigt, seitlich die Träger einzuschieben.

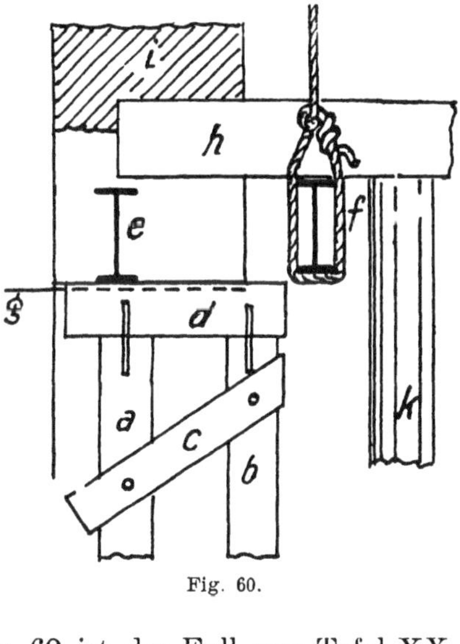

Fig. 60.

Auf nebenstehender Fig. 60 ist der Fall von Tafel XX, Schnitt der Vorderfaçade, in größerem Maßstab dargestellt.

Im Grunde genommen eignen sich die beiden nachfolgend angeführten Fälle nicht recht als Beispiel zum Aufziehen mittels Kettenzügen. Die dazu nötigen Träger haben Gewichte von 6—8 Ztr. und lassen sich mit 6—8 Mann noch leicht mit Hand versetzen. Da aber doch die meisten hier angeführten Vorrichtungen auch beim Versetzen mit der Hand nötig sind, nehmen wir an, es seien Kettenzüge zum Aufziehen nötig. *h* ist die alte Tramdecke, die von den neuen Trägern *e* und *f* mit unterstützt wird. *g* ist das Auflager der Träger. Der Abstand von *g* bis *h* muß um mindestens 3—4 cm größer sein, als die Höhe der Träger ist. Träger *e* ist bereits aufgebracht. Träger *f* ist so weit aufgezogen, daß er oben am Balken ansteht. Bevor man die Träger aufzieht, richtet man einen provisorischen Bock her, der aus 2 Säulen *a* und *b* und einem Kappenholz *d* besteht. Letzteres steht 12—15 cm vor der inneren Mauerflucht vor und liegt nur 1—1 $^1/_2$ cm höher als die Auflagefläche *g*. *K* ist die Innenseite des Bolzholzes. Zwischen letzterem und der Stirn des Kappenholzes hängt der Träger. Die Aufhängung liegt 1,5 m höher als der Träger und man kann infolgedessen den hängenden Träger so weit verschieben, daß er sein Auflager auf dem Kappenholz findet. Man läßt den Aufzug nach, löst die Aufzugsbruche und schiebt den Träger mit dem Hebeisen langsam dahin, wo er hingehört. Dieselbe Manipulation nimmt man am andern Ende vor.

Ist dies geschehen, so legt man den Pappendeckel ein. Zu diesem Zweck wird unten ein langer Hebel mit Bolz und Überlage angesetzt, so daß man beide Träger gleichzeitig etwas heben kann und der Bock frei wird. Nach Einlage des Pappendeckels entfernt man den Bock schnell, läßt den Hebel nach und beide Träger sind versetzt.

Es werden dann die Verbindungsschrauben mit den Gasröhrenstutzen eingezogen, der Trägerzwischenraum entweder ausgemauert oder ausbetoniert, die sämtlichen Balken mit je zwei Eichenkeilen festgekeilt, die Aufmauerung über den Trägern gemacht und zwischen altem und neuem

Mauerwerk fest ausgekeilt. Nach 4—6 Tagen kann man die Abbolzung entfernen. Letzteres gilt jedoch nur für den Fall, daß man keine Steinfaçade hat, also für Mittel- und Tragmauern. Die Abbolzung unserer Façade wird erst 8 Tage nach Fertigstellung der Steinfaçade entfernt.

Auf Tafel XXII, Schnitt *e* und *f*, ist die Abbolzung für die Träger *I8, 9* gezeichnet. Daraus ersieht man, daß es hier nicht geht, die Träger seitlich einzuschieben; die Träger sind auch zu lang, um zu gleicher Zeit an beiden Enden aufgezogen werden zu können. Hier verfährt man in folgender Weise:

In Tafel VIII ist ersichtlich, daß die beiden Träger *I8, 9* vorn und hinten auf den Trägerunterzügen aufliegen. Im II. Stock bricht man vorn an der Umfassungsmauer und hinten an der Tragmauer aus der zu unterstützenden Scheidemauer je ein Loch von ca. 40 cm Breite und 1,70 cm Höhe aus, groß genug, um den Kettenzug auf Mitte der Mauer aufzuhängen. Die Träger *I8, 9* sind vor der Abbolzung auf den Bodenschwellen gelagert, und da sie länger sind als der Lichtraum zwischen Umfassungs- und Tragmauer, sind in der Tragmauer 2 Löcher 20/50 cm ausgebrochen und die Träger durchgeschoben.

Die Träger, welche man angesichts ihres verhältnismäßig geringen Gewichtes halber, nachdem die Zwischenmauer im I. Stock abgebrochen ist, gleich fest zusammenschrauben kann, werden beide an der Straßenfrontseite aufgezogen, am andern Ende immer bis hart an die Mauer nachgeschoben, damit die Bruche nicht abrutscht, bis man das Auflager auf den Trägern *I2*, 3 erreicht hat. Dann beginnt man mit dem Zug an der Tragmauer zu heben und schiebt die Träger nach, bis man auch auf der Seite das Auflager erreicht hat. Die Träger werden jetzt etwas außen an der Façade sichtbar sein. Sie werden jetzt mit Hebeisen und Zug so weit zurückgeschoben, als es nötig ist, Pappendeckel untergelegt und die Züge entfernt.

Jetzt werden über dem Fußboden im II. Stock noch 2—3 Zeilen der Zwischenmauer zwischen den Reitern ausgebrochen, um das Untermauern und Auskeilen der Mauer vornehmen zu können, da dies von unten unmöglich ist.

Weitere Fälle zu beschreiben, dürfte nach vorstehendem überflüssig sein, aber man wird ersehen, mit welcher Unmasse kleiner, praktischer Vorteile man hier arbeiten muß. Man muß lernen sich zu helfen, so gut und so schlecht es geht.

Bei verkuppelten Trägern ist hauptsächlich auf eines sehr Obacht zu geben, was einen sparsamen Bauführer bei Nichtbeachtung aus Rand und Band bringen kann.

Nehmen wir den Fall Träger *I10, 11, 12* an. In der Anschaffung der Träger heißt es wörtlich:

I10, 11, 12. 3 Stück Träger Nr. 32 à 6,15 m lang dürfen eventuell 5 cm länger sein. Alle drei Träger sind mit vier Schrauben auf 26 cm Breite zu verbinden. Die ganze Montage ist so einfach, daß es einer Skizze dazu nicht bedarf. Es ist nicht angegeben, in welchen Zwischenräumen die Schrauben zu bohren sind, ist auch ganz gleichgültig. Nehmen wir an, der Monteur hat an einem Ende der Träger 50 cm bis zum ersten Loch angenommen, am anderen 70 cm. Es ist das ein kleines Versehen, was aber keinerlei Nachteil bringt, wenn die Träger auch richtig versetzt werden. Gewöhnlich werden ja gleiche Abstände genommen, hier war es nicht vorgeschrieben. Die Träger werden alle drei sorglos versetzt, es sollen die Schrauben eingezogen werden. Man sieht, die Schraubenlöcher passen nicht aufeinander. Der mittlere Träger liegt verkehrt darin. Was tun? Die Träger wieder herunternehmen und schwenken (umdrehen) geht nicht, der Abbolzung halber. Es bleibt nichts übrig, als in den mittleren Träger vier neue Löcher zu bohren; der Bauschlosser kommt, der Bohrer ist zu kurz, es muß ein passender Bohrer gemacht werden, die Löcher werden mühsam mit der Ratsche herausgeleiert, der Zeitverlust beträgt einen Tag.

Um solche Überraschungen zu vermeiden, nehme man bei gekuppelten Trägern, ehe man sie hinter die Bolzung bringt, eine Latte, merke sich die Löcher an und stelle fest, wie sie zusammengehören, markiere dies gut sichtbar am Trägerkopf mit Rotstift an und bringe sie an Ort und Stelle, wie sie zusammenpassen.

d) Versetzen von Steinmetzarbeiten.

Das Versetzen von sauber gearbeiteten Steinmetzarbeiten können nur Steinmetzen selbst richtig besorgen. Ein Maurer kann einen roh bearbeiteten Unterlagstein, nicht aber erstgenannte Arbeiten versetzen. Solche Steine muß man verstehen anzufassen, wenn sie unbeschädigt fertig dastehen sollen. Im übrigen hat der Steinmetzmeister vertragsmäßig die Verpflichtung übernommen für tadellose Arbeit und haftet ferner für die Tragfähigkeit des Materials. Beides würde und könnte er nicht eingehen, wenn andere Leute die Arbeiten versetzen würden. Ich habe deshalb immer vorgezogen, den Leuten nichts beim Versetzen dreinzureden, und mich nur darauf beschränkt, das zu beanstanden, wozu der Bauführer das Recht hat. Das ist: Zu verhindern, daß die Hebwerkzeuge an der Abbolzung befestigt oder aufgehängt werden, genau jeden Stein zu untersuchen, ob er nicht fehlerhaft ist, ob er keine Schönheitsfehler hat, worunter man ausgeflickte und verkittete Schäden versteht, ob die Struktur des Steines horizontal ist, nicht etwa vertikal, wodurch die Tragfähigkeit sehr leidet, daß die Fugen nicht übermäßig groß ausfallen, daß die Steine richtig ausgegossen werden in den Fugen, und daß die Hintermauerung, welche allerdings die Maurer besorgen, solid ausgeführt wird. Das wären so die Hauptsachen, die dabei ins Auge zu fassen sind.

Es seien nur noch einige allgemeine Regeln angeführt, die beim Versetzen von bearbeiteten Hausteinen gelten:

Zum Transport solcher Steine wird immer die Vorrichtung mit Walzen gewählt, wie sie schon beim Transport von schweren Trägern und Ständern beschrieben wurde, außerdem legt man die Steine auf der Bohle noch auf Brettstücken hohl, daß die Kanten ganz frei sind.

Zum Heben werden entweder Bruchen (starke Seile), die Glocke oder die Zange verwendet. Erstere müssen durch Unterlage von Holzstücken so um den Stein geschlungen werden, daß die Kanten frei sind.

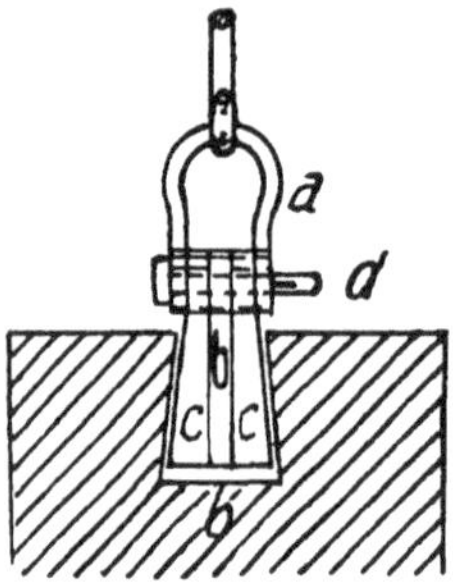

Fig. 61.

In Fig. 61 ist eine Glocke dargestellt, welche aus fünf Teilen besteht. In dem zu hebenden Stein ist oben im Mittel ein konisches Loch eingemeißelt. Dahinein werden zuerst die zwei nach einer Seite konischen Backen *c, c* eingelegt. Zwischen diese Backen wird dann das gerade Mittelstück *b* soweit eingetrieben, daß die Löcher für den Bolzen *d* auf gleicher Höhe liegen. Es wird nun der bewegliche Ring *a* beigeschoben und der Bolzen *d* hindurchgesteckt. Vor dem Einführen der Glocke wird am Boden des Loches 2—3 cm hoch trockener Sand eingeschüttet, damit die Eisenteile nicht unten am Stein anstehen. Alle Zwischenräume zwischen Glocke und Stein werden nun mit trockenem Sand ausgefüttert und das Ganze ist zum Heben fertig. Beim Ausschlagen wird die ganze Glocke etwas niedergeschlagen, wodurch das Ganze locker wird. Man zieht den Bolzen *d* heraus. Es wird zuerst das Mittelstück *a* und dann die Backen *c* herausgenommen.

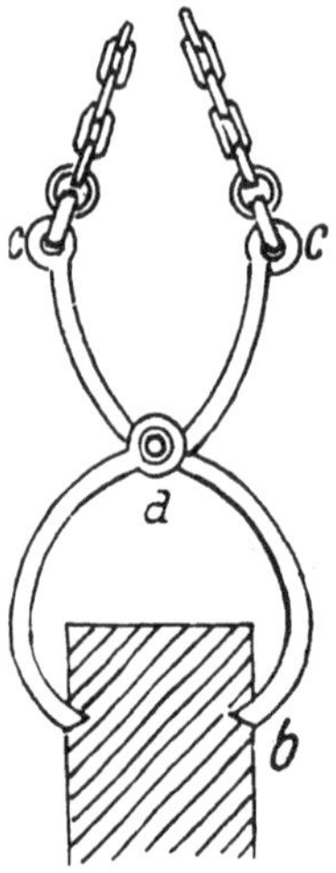

Fig. 62.

Fig. 62 stellt eine Zange dar. Sie ist nur zu verwenden bei Stücken, die auf zwei gegenüberliegenden Seiten rauh zum Verputz bearbeitet sind. Sie besteht aus einer richtigen Zange aus sehr starkem

Schmiedeeisen, bei *a* ist der Drehpunkt, bei *b* werden seitlich der Steine zwei Löcher eingearbeitet, in die beim gleichzeitigen Anziehen bei *c* die Zangenspitzen eingreifen. Sobald oben bei *c* der Zug aufhört, wird die Zange frei.

Die Steine werden mittels starker Hebeisen, die man als Hebel wirken läßt, gerückt, jedoch darf man niemals direkt mit dem Eisen der Außenkante des Steines zu nahe kommen, sonst gibt's immer Scherben. Es muß stets irgend ein kurzes Stückchen Brett ober- und unterhalb des Eisens untergelegt werden.

Steine, die von oben vertikal herunter versetzt werden können, kann man in Kalkmörtel versetzen, wobei aber auch, um gleichmäßig starke Fugen zu bekommen, an den vier Ecken Pappendeckelstücken, 3—4 cm zurück, gelegt werden.

In unserem Fall können die Steine nur seitlich auf einen provisorischen Bock gehoben werden, von welchem sie vorsichtig auf Brettstücken eventuell mit schwachen Walzen an den Bestimmungsort geschoben werden. Es werden dann aufgeweichte Pappendeckelstreifen ca. 2 cm von der Kante weg ringsum eingelegt, die Fugen von außen sauber mit Zement verstrichen und von rückwärts mittels einem Tonnest die Fugen ausgegossen.

Nach dem Versetzen werden die Steine entweder durch Nacharbeiten von Schmutz, Mörtelresten und Unebenheiten sauber gemacht, oder, wenn letzteres nicht der Fall ist, mit Salzsäure und Wasser abgewaschen, vorausgesetzt, daß es nicht ein Material ist, das sich durch Salzsäure verfärbt oder Not leidet.

22. Auswechselung der Vorderfaçade.

Die Vorderfaçade unseres Projektes ist so gut abgebolzt, daß man es ohne großes Risiko unternehmen kann, alles unterhalb der Abbolzung abzubrechen und den neuen Einbau vorzunehmen. Trotzdem tut man dies nur dann, wenn es absolut nicht anders geht. Eine Mauer, die von einer großen Anzahl Fenster durchlöchert ist, muß vorsichtiger ausgewechselt werden als eine geschlossene Tragmauer im Innern, die allerseits verspannt ist.

Man muß deshalb bei Façaden immer so viel wie möglich stückweise vorgehen und die natürliche alte Unterstützung zu erhalten suchen, so lange es geht.

Unser Projekt ist in der Beziehung deshalb sehr ungünstig für stückweises Arbeiten, weil der Vorderteil des Hauses nicht unterkellert ist und deshalb auch zuerst neue Fundamente geschaffen werden müssen.

Trotzdem wollen wir es versuchen, die Frage wenigstens halbwegs zu lösen.

Auf Tafel III des alten Bestandes ist die alte Façade dargestellt und mit grünen und blauen Linien das Gerippe des neuen Bestandes sichtbar gemacht.

Man bricht zuerst den linkseitigen alten Pfeiler *a* an der Kommunmauer samt den Stürzen über Tür und Fenster bis zur rot angegebenen Linie *c* ab, fundiert den Pfeiler, und versetzt den neuen Steinpfeiler vollständig; dann unterkeilt man die alte Mauer darauf. Dann wird der rechtseitige Pfeiler *b* an der Grenze in Arbeit genommen. Man bricht das alte Mauerwerk ab bis zur rot angegebenen Linie *d* über dem Sturz der großen Öffnung, muß aber selbstverständlich den Teil des Sturzes sehr sorgfältig ausbolzen, der noch stehen bleibt. Noch sicherer geht man vor, wenn man den Abbruch gleich bis zur linkseitigen Leibung der großen Öffnung *e* vornimmt und im I. Stock die Hälfte des Fensterpfeilers stehen läßt. Nach dem Ausbruch sind noch einige Querausspreizungen zum Nachbarhaus hin anzubringen.

Man kann jetzt beide Steinpfeiler fundieren und versetzen. Der rechtseitige ist oben auszukeilen. Sind nun die drei Steinpfeiler fertig, versetzt man zuerst die Träger *I1, 4*, dann *I2*, *3*, *5*, *6*, unterstützt sie provisorisch durch feste Bolzen neben *c* und *d*, Tafel III, und mauert oberhalb der Träger alles aus.

Schließlich nimmt man den mittleren Rest des alten Mauerwerks weg, fundiert die Ständer, schiebt sie unter die oberen Träger und keilt sie mit breiten, flachen Eisenkeilen gut aus.

Es erübrigt jetzt nur noch die Steinverkleidung und das Abschlußgesims fertig zu versetzen. Nach 6—8 Tagen entfernt man die ganze Abbolzung.

Geht man auf diese Art vorsichtig zu Werke, kann und darf sich nicht das leiseste Rißchen an der alten Façade zeigen.

23. Herstellung neuer Kaminanlagen in alten Mauern.

Wir haben in unserm Projekt deren vier Stück neu anzulegen und ist einiges darüber zu bemerken. Die Öffnungen für die neue Anlage müssen so groß ausgebrochen werden, daß der Kamin ringsum minimal mit 12—15 cm starkem neuen Mauerwerk umgeben ist, da sonst leicht der Fall eintritt, daß sich Risse bilden, aus denen die Verbrennungsgase in die Zimmer eindringen etc. Die Kamine werden immer ca. 2—3 m hoch ausgebrochen und dann erst wieder nachgemauert, wobei die Hauptsache ist, recht saftigen Mörtel zu verwenden. Nach der Fertigstellung ist darauf zu achten, daß nicht gleich zu stark geheizt wird, da sonst der Zementmörtel seine Bindekraft vollständig verliert.

24. Ausbruch für neue Fenster und Türen in alten Mauern.

Jede Tür und jedes Fenster muß oberhalb entweder mit einer Trägerüberlage oder mit einem gewölbten Sturz versehen werden. Bei geringen Breiten bis zu $1^1/_2$ m und nicht zu großen Belastungen genügt ein gemauerter Sturz, der in alten bestehenden Mauern in folgender Weise hergestellt wird.

Man nimmt die Einwölbung stückweise vor; in Fig. 63 ist dies dargestellt.

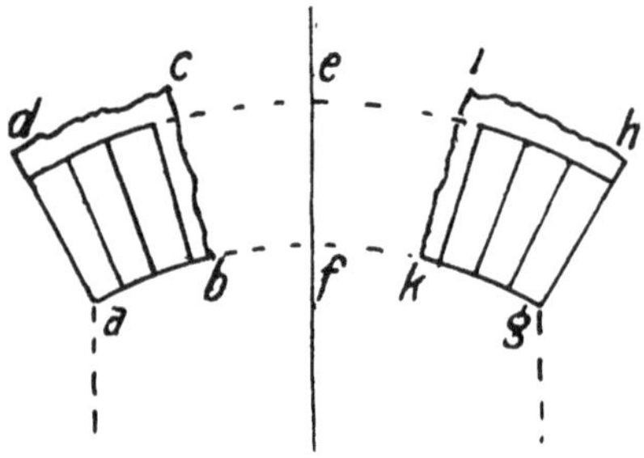

Fig. 63.

Man reißt zuerst den Bogen auf beiden Seiten der Mauer an, nimmt zuerst die beiden Widerlager vor, indem man beiderseits je ein Loch *a*, *b*, *c*, *d* und *g*, *h*, *i*, *k* ausbricht, bei welchen die untere Fläche *a*—*b* und *k*—*g* mittels Kalkmörtel gleich als Scheibe für die neue Gewölbeleibung hergerichtet wird. Darauf wird die Wölbung begonnen, nach einigen Zeilen gleich oberhalb gut mit Zementmörtel ausgestopft und eingekeilt, dann das Stück *b*, *c*, *e*, *f* ausgebrochen und ausgemauert und schließlich das letzte Stück *f*, *e*, *i*, *k* fertiggestellt. Nach einigen Tagen, wenn der Zement erhärtet ist, bricht man dann die unter dem Bogen liegende Tür- oder Fensteröffnung aus. Der frische Kalkmörtel am Gewölbe ist leicht zu beseitigen.

25. Herstellung neuer Façaden auf alten Mauern.

Zu dem Zweck werden alle vorhandenen Gesimse und auch der alte Verputz sauber abgehauen und die Mörtelfugen gut ausgekratzt. Neue Gesimse werden auf folgende Art hergestellt.

Für Bänder und flache Profilierungen bis zu 4—5 cm Stärke ist gar nichts vorzusehen; in Zementputz sind dieselben sehr schnell mit schnellbindendem Material herzustellen. In Kalkmörtel ist dies schon schwerer zu machen, weil derselbe zu langsam bindet. Man hilft sich bei flachen Gesimsen in der Art, daß man entweder Nägel oder Mauerstiften einschlägt und mit verzinktem Draht überspinnt, darauf putzt.

Bei Ausladungen bis zu 18 cm haut man, je nach Bedarf, eine oder zwei Zeilen altes Mauerwerk heraus und bindet neue, gut gebrannte Backsteine mit Zement und Keilen mit der nötigen Ausladung ein.

Für noch größere Ausladungen, Hauptgesimse etc., verwendet man schließlich mit starkem Bandeisen armierte Betonsteine oder Tafeln, die sich in jeder Dimension und Tragfähigkeit herstellen lassen und wie die Backsteine eingebunden werden.

Zum Zweck der Vornahme des glatten Wandverputzes sind die Mauerflächen sehr sorgfältig mit steifer Bürste oder Besen und Wasser vom Staub zu reinigen, gut einzunässen, dann erst zu verputzen.

26. Bauübergabe und Schlufsabrechnung.

Ist der Bau in allen Teilen fertiggestellt, ist es Sache des Bauführers, die Baubehörde hiervon in Kenntnis zu setzen. Es erfolgt dann sehr bald die Schlußbesichtigung durch den betreffenden Beamten. Kommen Beanstandungen vor, sind dieselben schleunigst zu beheben und zu untersuchen, ob nicht Sachen verlangt wurden, die man vertragsmäßig berechtigt ist dem Bauherrn auf Regie zu verrechnen. Vorausgesetzt wird, daß das Baujournal gehörig in Ordnung gehalten wurde, wie es unter Artikel 9 sehr genau angegeben ist.

Der Bau ist nun in Gegenwart der betreffenden Geschäftsleute und Unternehmer von oben bis unten einer sehr eingehenden Revision zu unterwerfen. Die zu beanstandenden Sachen notiert man genau und sorgt, daß jeder der Beteiligten die Reparaturen oder Ergänzungen schleunigst vornimmt.

Sehr wünschenswert, aber gewöhnlich sehr schwer durchzuführen ist, daß vor der Übergabe an den Bauherrn alle Rechnungen der Geschäftsleute eingelaufen sind. Der Bauführer hat dafür zu sorgen, daß, wie in den Lieferungsverträgen bestimmt ist, mit den Geschäftsleuten alle nötigen Ausmaße am Bau genommen sind.

So lange der Bau noch nicht bezogen ist, läßt sich letzteres sehr leicht bewerkstelligen. Ist er aber bereits in Benutzung genommen, kommt man mit dieser Arbeit gewöhnlich sehr ungelegen; es kann sogar der Fall vorkommen, daß man gar nicht mehr überall dazu kann.

Nach Einlauf der Rechnungen hat dann seitens des Bauführers die Revision der Rechnungen stattzufinden, welche an der Hand der Ausmaße und der Lieferungsverträge sehr sorgfältig vorzunehmen ist. Selbstverständlich ist es, wird aber häufig vernachlässigt, alle Rechnungen auch rechnerisch zu prüfen, da mir auch Leute unter die Hand kamen, die sich durch absichtlich gemachte Rechenfehler unberechtigte Vorteile zu verschaffen suchten.

Um die ganze Abrechnung womöglich vor Übergabe an den Bauherrn fertigzustellen, richtet sich der Bauführer am besten so ein, daß nach jeder fertiggestellten Arbeit darauf gedrungen wird, daß sofort die Rechnung hereinkommt. Es werden ja nicht alle Arbeiten gleichzeitig beendet, dadurch findet man auch Zeit, die Rechnungen sukzessive zu revidieren; lieber ziehe man zu dem Zweck geeignete Hilfsarbeiter bei, als sich nach der Übergabe noch monatelang damit herumzuschlagen.

Diese rechtzeitige Erledigung der Abrechnung hat den großen Vorteil, daß man allenfallsige Regie- und Mehrarbeiten, die dem Bauherrn zur Last fallen, nicht vergißt im Baujournal zu verrechnen. Wie die Übergabe an den Bauherrn zu erfolgen hat, ist auch unter Artikel 9 »Anlage des Baujournals«, Schlußpassus, sehr eingehend behandelt.